1 月龄雪纳瑞

1 岁雪纳瑞

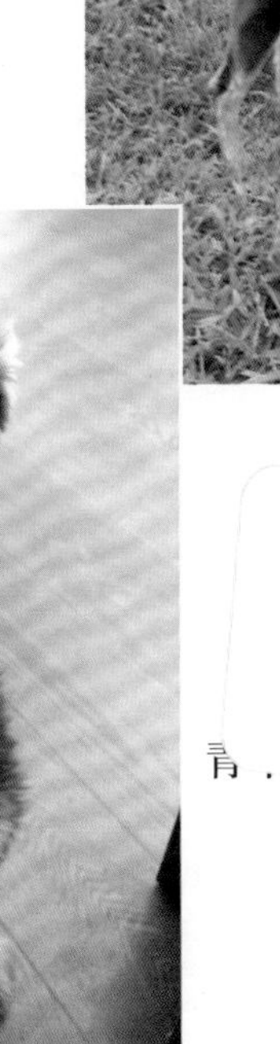

青 .

诊　室

彩超室

CT 检查

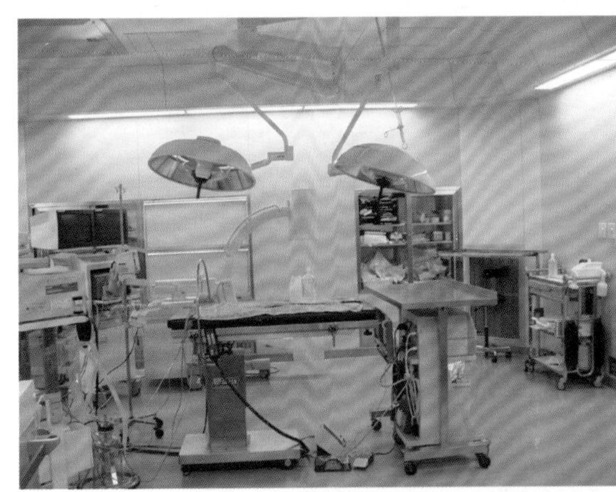
手术室

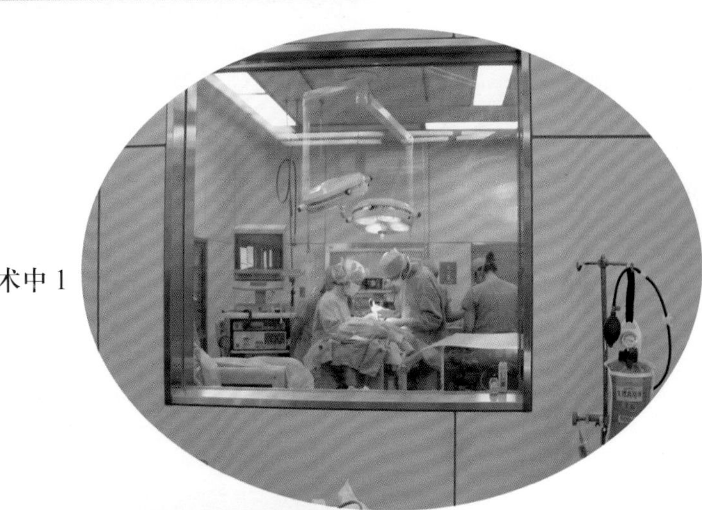
手术中 1

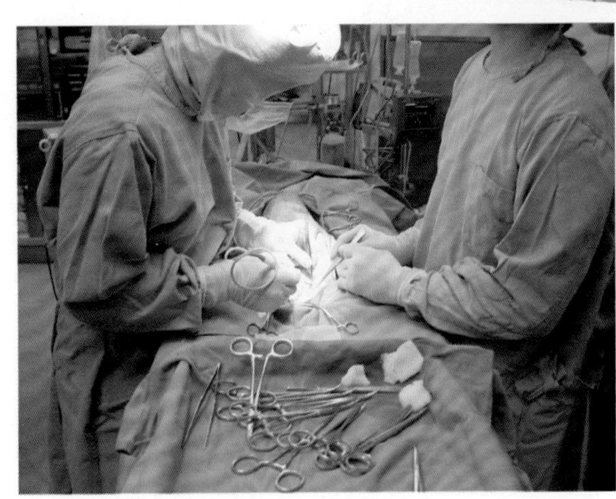
手术中 2

口腔软组织增生

口唇肿瘤

牙结石与牙周炎

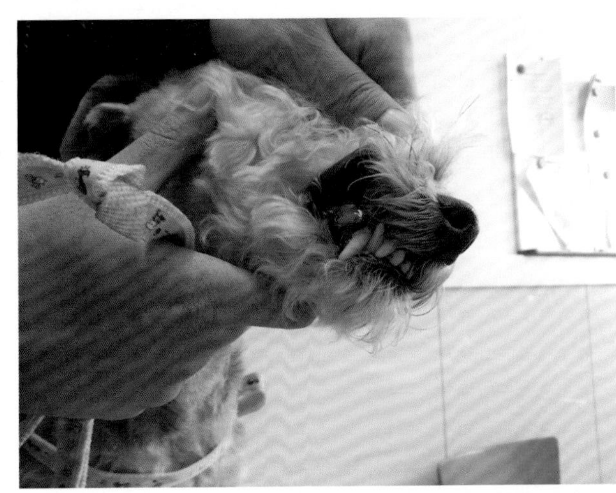

牙龈肿

牙龈肿瘤

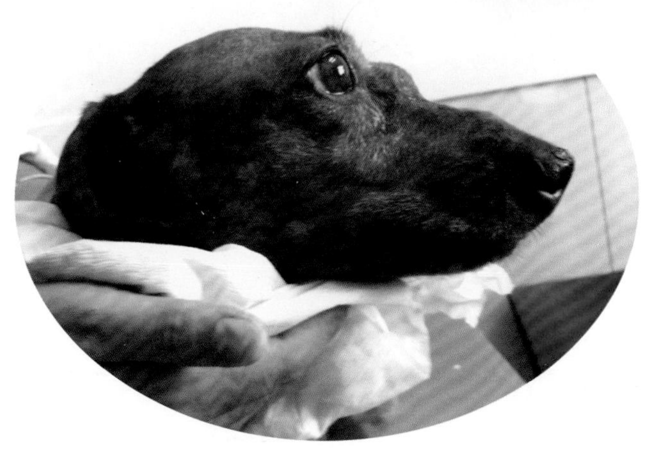

鼻窦真菌感染

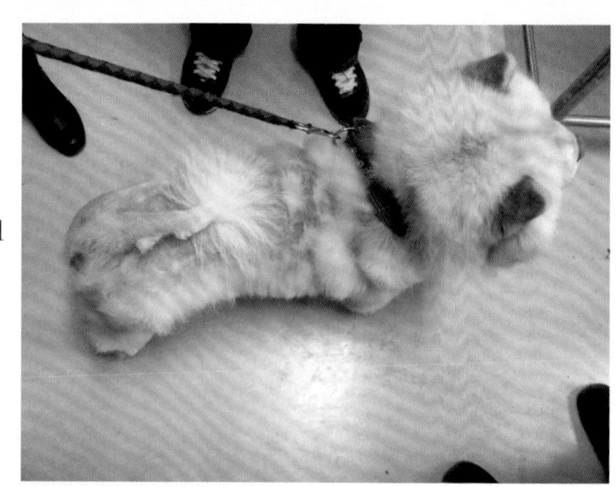

甲状腺功能减退 1

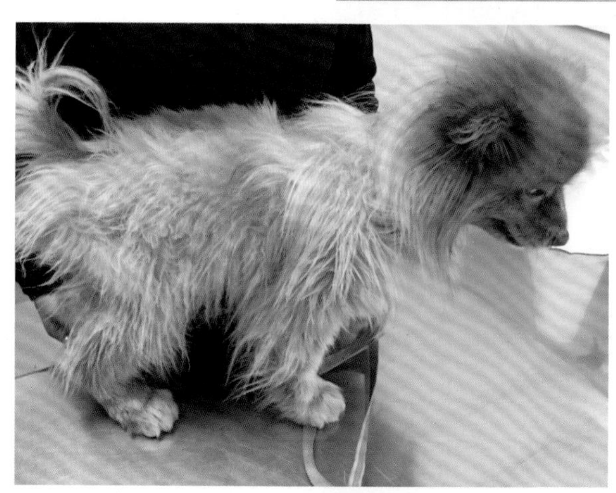

甲状腺功能减退 2

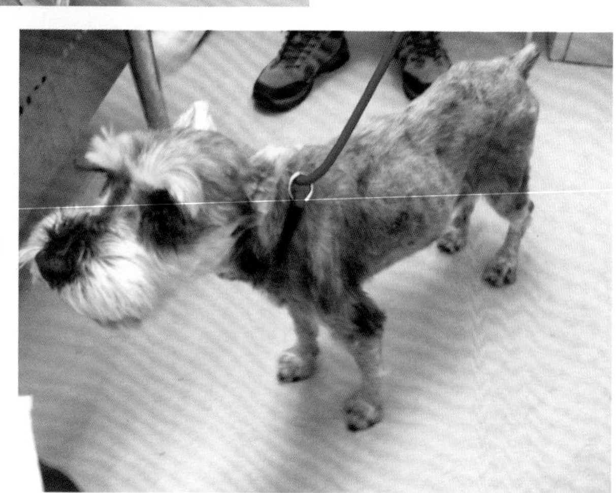

糖尿病

食物过敏

食物过敏：腹部色素化

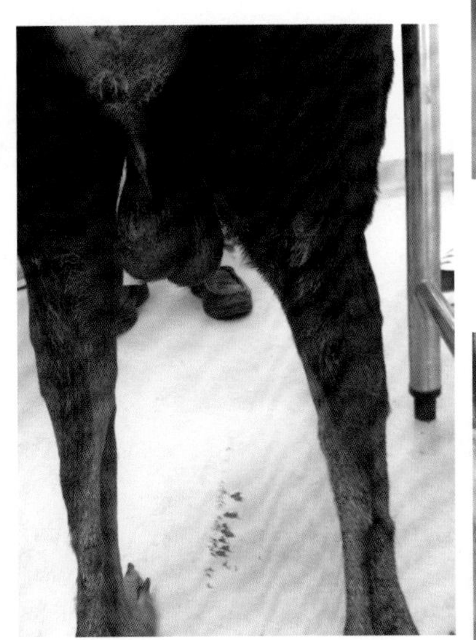

食物过敏：阴囊色素化

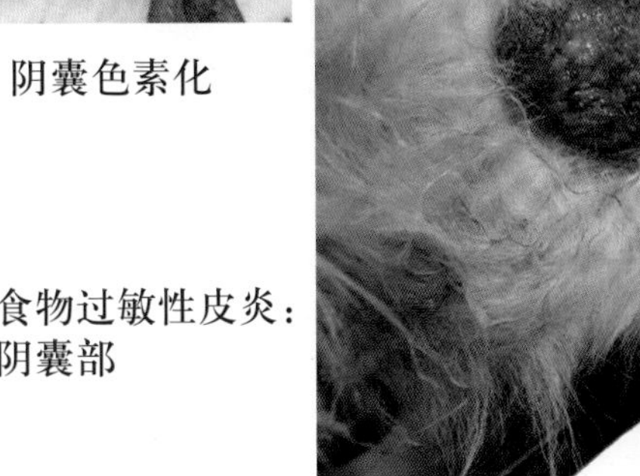

食物过敏性皮炎：
阴囊部

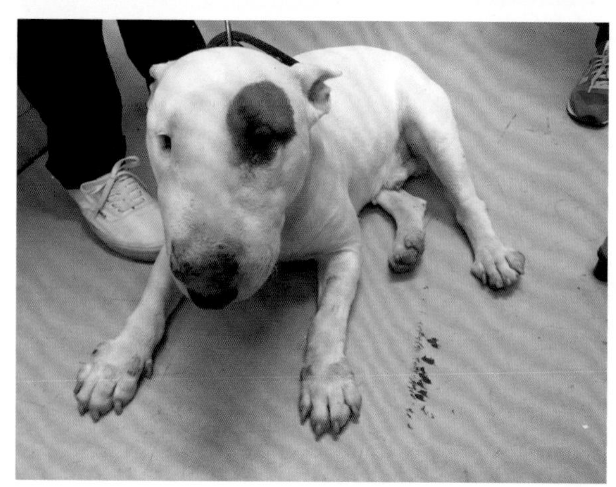

食物过敏性皮炎：
口唇部

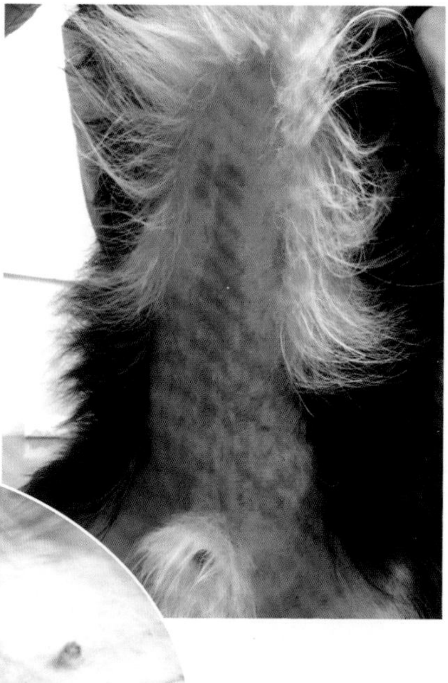

食物过敏性皮炎：
腹部

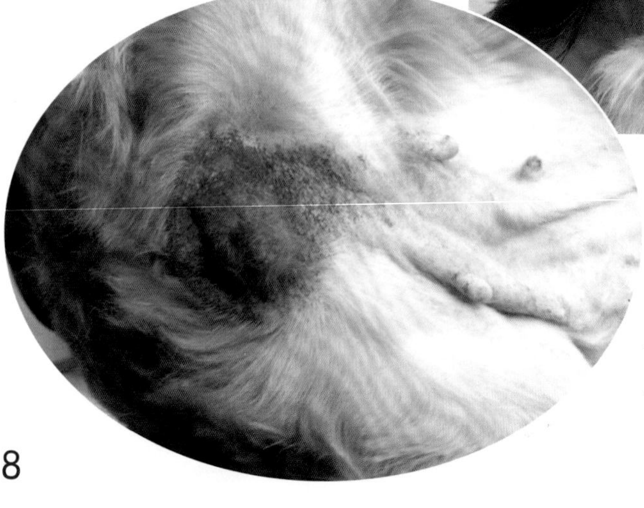

食物过敏：阴蒂
周围色素化

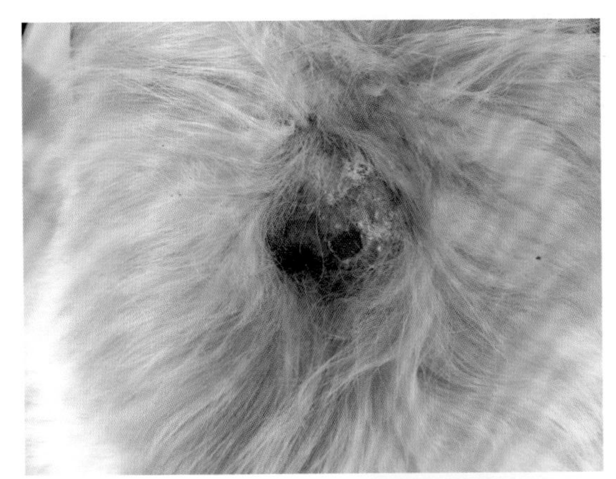

肛周瘤

子宫蓄脓

乳腺肿瘤

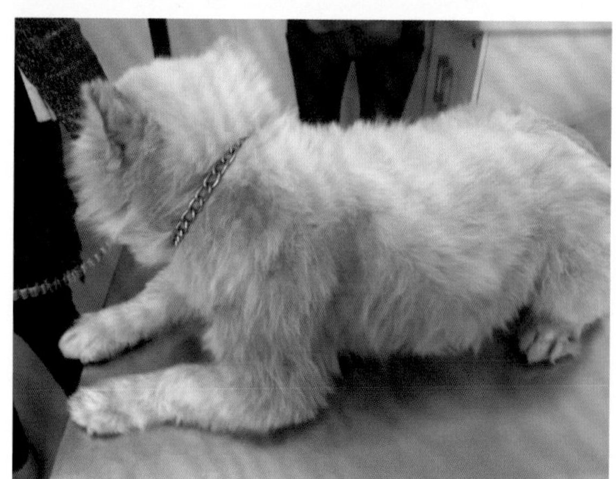

疖　螨

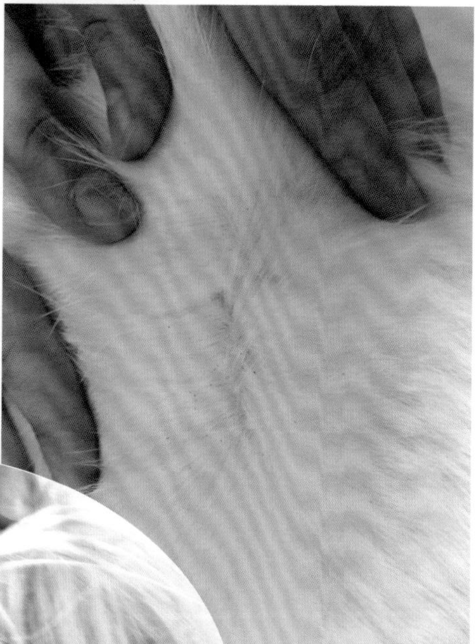

跳蚤：蚤粪

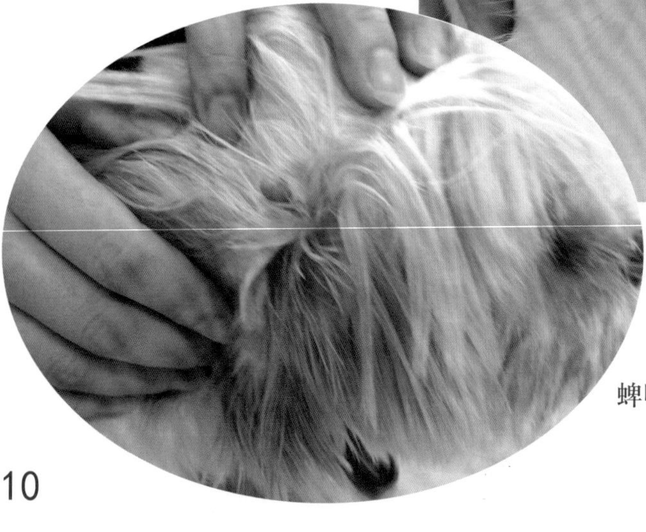

蜱叮咬犬耳部

蚊虫叮咬性皮炎

敌百虫洗泡中毒

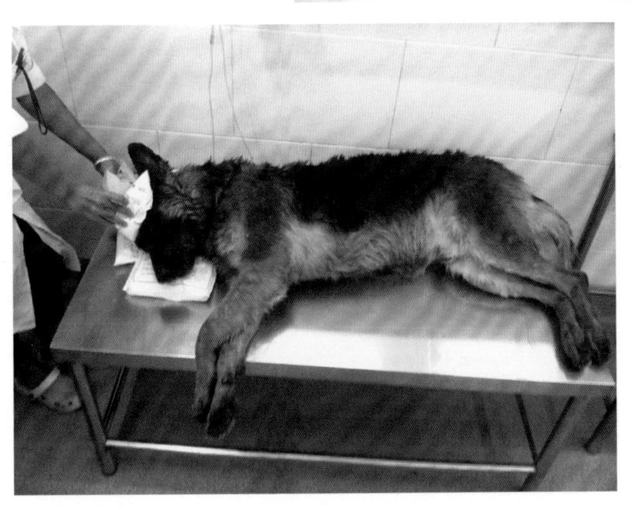

中暑犬的抢救

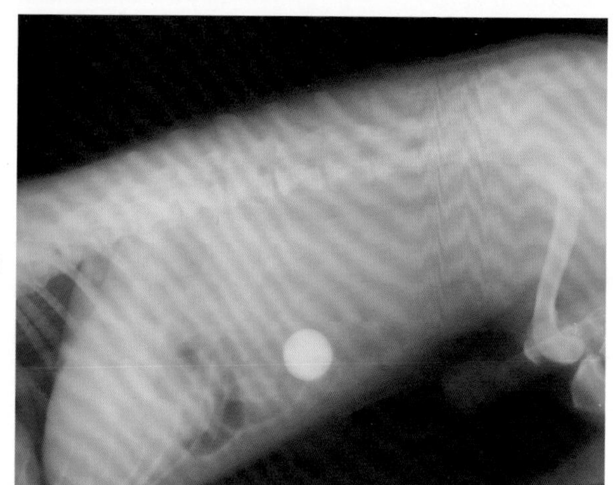

胃肠异物

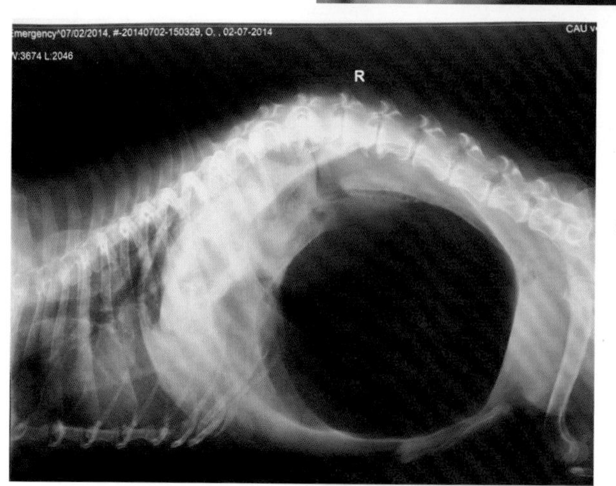

胃扭转

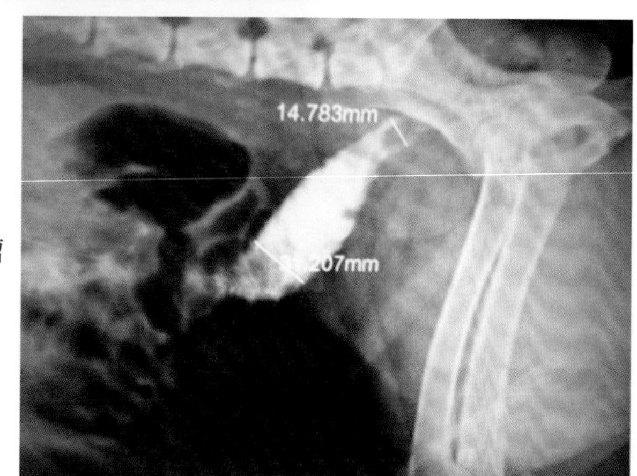

结肠肿瘤

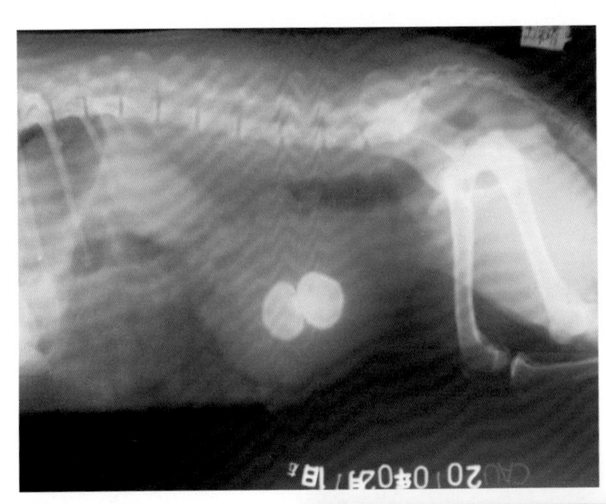

膀胱结石

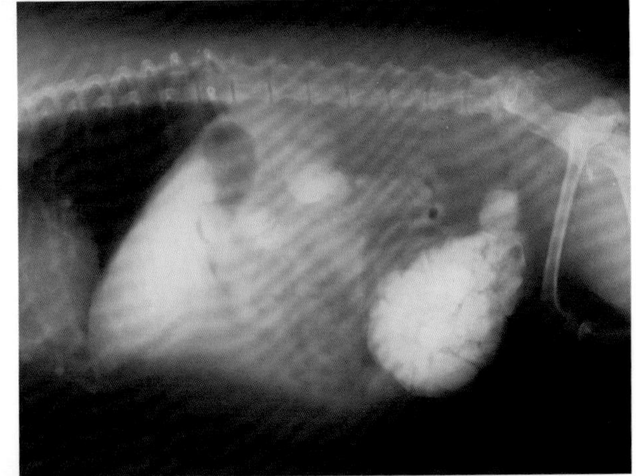

肾和膀胱结石

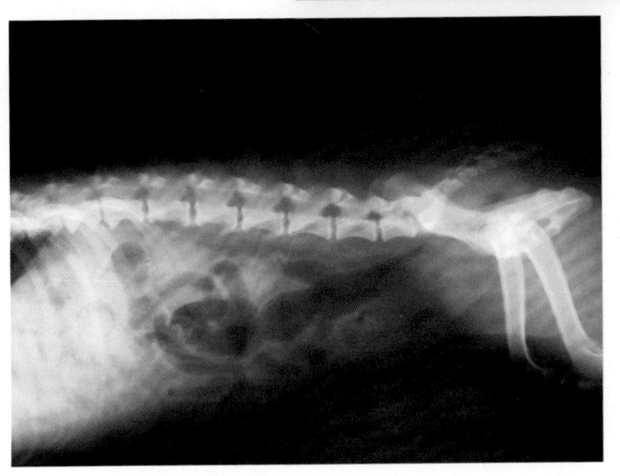

膀胱结石与椎骨病患

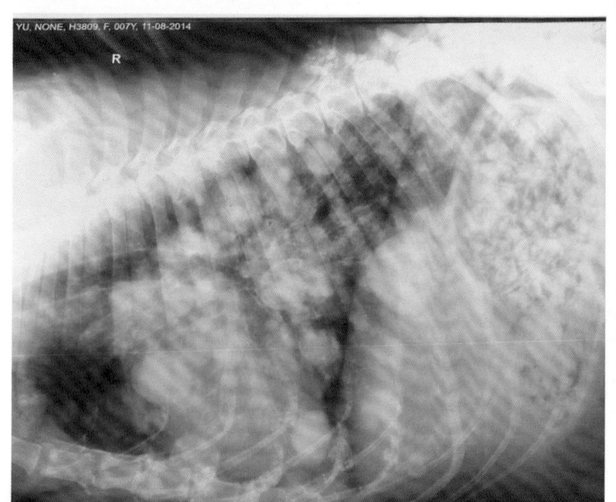

肿瘤肺部转移病灶

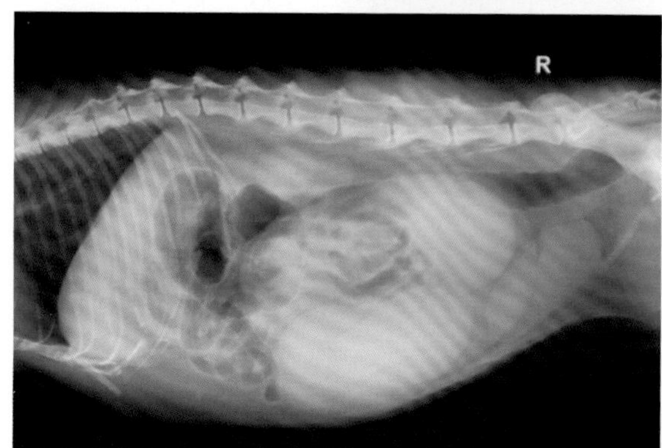

子宫蓄脓

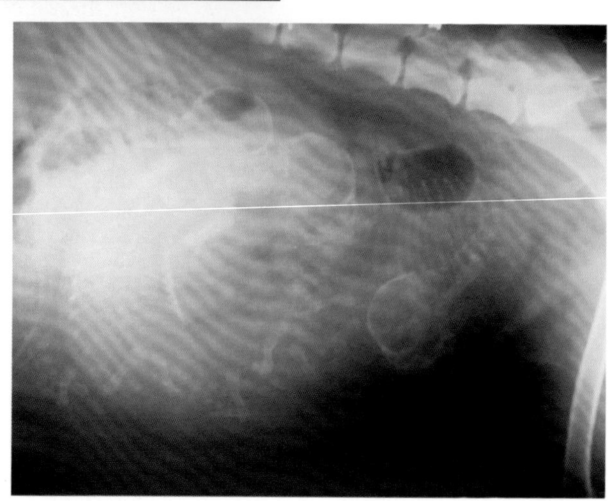

妊娠犬

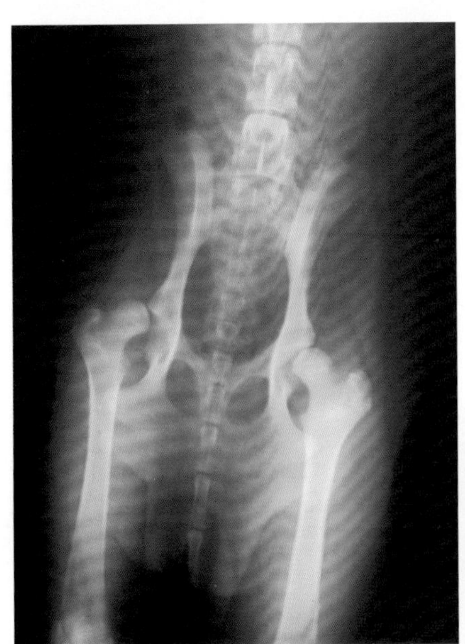

股骨头脱位

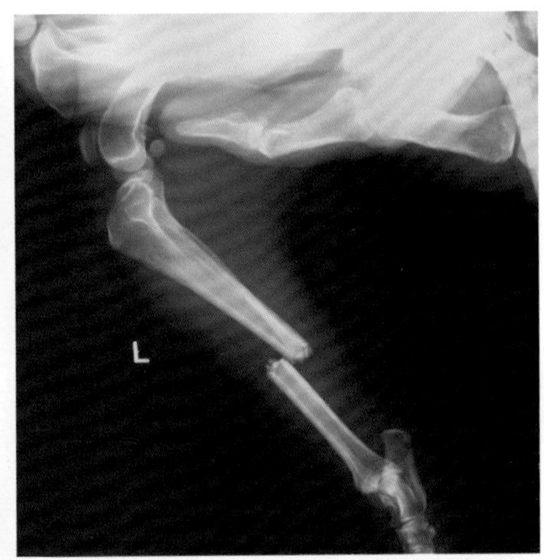

肱骨骨折

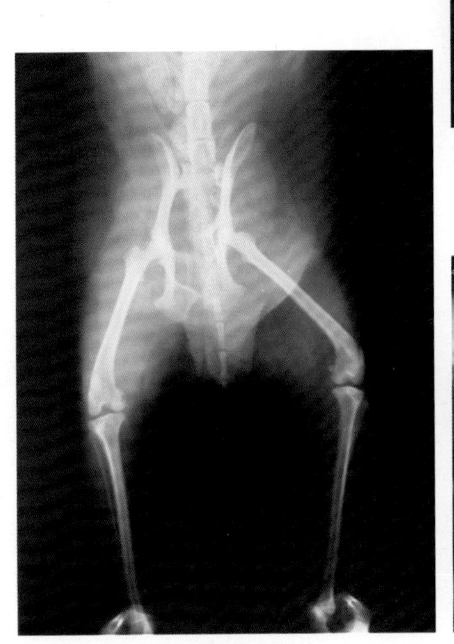

骨盆骨折

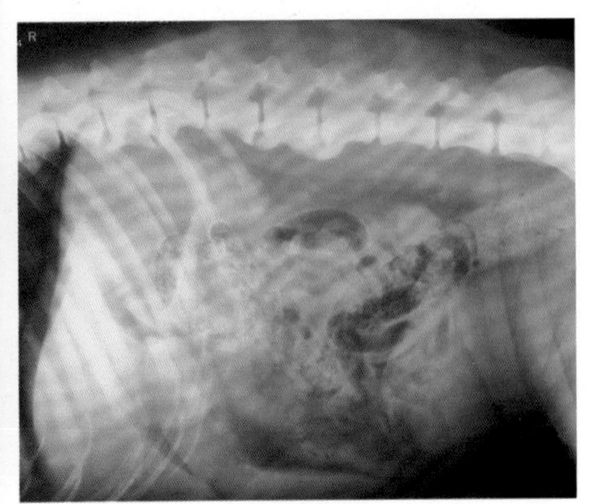

椎骨骨赘

椎骨骨刺与骨赘

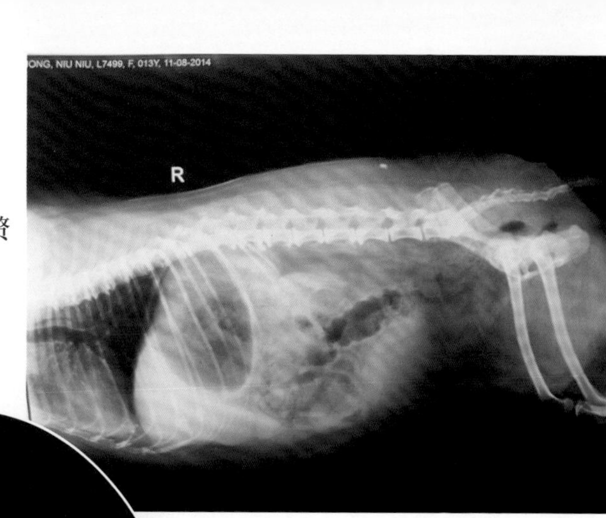

肘部骨刺

骨　桥

狗病防治手册

（第 2 版）

林德贵　编著

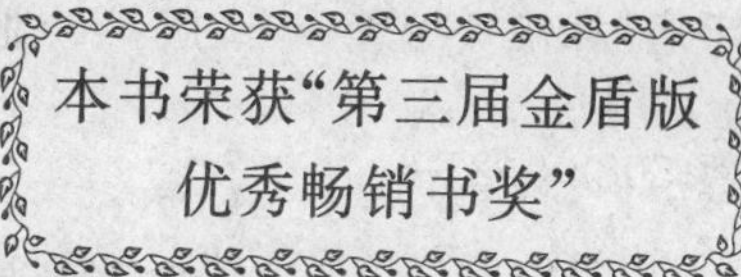

金盾出版社

内 容 提 要

本书由中国农业大学动物医学院林德贵教授编著，第一版于 2000 年出版，距今已经 14 年，我国的小动物临床诊疗水平已经大幅度提高，本次修订增加了新技术、新药品。内容包括：健康狗的一般标准，狗的健康免疫与保健，狗的保定与制动，狗的临床麻醉，狗病诊断技术，狗的传染病，寄生虫病，内科病，外科病，眼病，皮肤病，常见产科病，常见手术，中毒与急救，病狗的护理，临床用药注意事项，临床化验技术，共 17 章。本书内容丰富，技术实用，专业性较强，既适用于兽医技术人员、兽医专业师生，也可供军、警犬训练人员和养狗爱好者阅读参考。

图书在版编目(CIP)数据

狗病防治手册/林德贵编著．—2 版．— 北京 ：金盾出版社，2015.1(2018.5 重印)

ISBN 978-7-5082-9421-6

Ⅰ.①狗… Ⅱ.①林… Ⅲ.①犬病—防治—手册 Ⅳ.①S858.292-62

中国版本图书馆 CIP 数据核字(2014)第 093278 号

金盾出版社出版、总发行

北京市太平路 5 号(地铁万寿路站往南)

邮政编码：100036 电话：68214039 83219215

传真：68276683 网址：www.jdcbs.cn

北京军迪印刷有限责任公司印刷、装订

各地新华书店经销

开本：850×1168 1/32 印张：11.25 彩页：16 字数：250 千字

2018 年 5 月第 2 版第 12 次印刷

印数：130 001～133 000 册 定价：29.00 元

前　言

《狗病防治手册》自 2000 年第 1 版出版以来，至今已经印刷 9 次，总印数已达 12 万以上，受到了广大读者的热烈欢迎。

经济在发展，宠物医疗技术也在提高，新的疫苗，新的药物，新的诊疗技术、设备的广泛使用，极大地提升了宠物临床诊断的水平。有些过去认为的绝症，如犬瘟热，现在有了简便的临床诊断方法，使我们在疾病的早期就可以发现并及时治疗，治疗手段的进步使狗的生存率大大提高。

近年来各地宠物医院和诊所的数量在增加，设备在完善，技术在提高。同时，越来越多的优良宠物狗品种走进千家万户，广大宠物饲养者的饲养和疾病防治水平也在提高。第一版的《狗病防治手册》已经不能满足读者的需要。因此，笔者决定重新修订此书，本次修订补充了新的临床诊断技术、治疗药物及措施，删除了一些过时的内容，使本书更加规范和实用。

通过本书我们相识，相信本书能够成为您的助手，为您爱犬的健康成长保驾护航！

中国农业大学动物医学院副院长

林德贵　教授

目　录

第一章　健康狗的一般标准

狗是否处于健康状态，可以从一些生理指标中反映出来。临床上主要涉及狗的体表状况，体温、呼吸和心跳三大指标，主要脏器的功能，血液、尿液和粪便状况，运动姿态，繁殖和生长发育状况等方面。

一、体　表

狗的体表状态，涉及被毛、皮肤、爪甲、眼、耳、口、鼻、舌、肛门、公狗的阴茎和母狗的阴道等器官。从外观上看，尽管狗的被毛长短不同，浓密或稀少，皮肤颜色多样，但是健康狗的体表应该呈以下状态：

①被毛有光泽，毛顺不逆立，无掉毛区（正常春秋季换毛和母狗妊娠后期掉毛除外），皮肤弹性正常，不易破损，无皮疹、结节、异常隆凸或凹陷，无肿瘤、疖、痈、脓皮病，皮屑少，厚度均匀，不瘙痒，无外寄生虫寄生。

②爪甲是皮肤的衍生物，正常爪甲以一定的速度代谢；正常状态下，爪甲应结实有力，无肿痛，不易劈裂，趾甲不过长；同时指（趾）间皮肤颜色不红、不湿。

③眼睫毛不倒睫；眼睛明亮，角膜无损伤、无溃疡、无角膜翳，透明并呈一定的隆凸度。虹膜结构正常，纹理清晰。眼房液适量，不出现混浊。晶状体和玻璃体透明。眼底清晰，无血管增生，不突起，更无出血点。结膜颜色正常，无增生的血管。眼分泌物少，泪液分泌正常。视力正常。

④耳的听觉正常而灵敏，无褐色、带异味的耳分泌物，触诊耳

部无痛感,耳壳皮肤不瘙痒,无掉毛和皮屑。

⑤口腔黏膜呈淡粉红色,无流涎或异味,黏膜完整,无溃疡(炎症时潮红,贫血时苍白,黄疸时黄染);牙齿整齐,无牙结石,牙龈不红肿,牙齿不松动。舌黏膜不增厚,颜色粉红(松狮犬的舌正常时呈黑蓝色),运动自如。

⑥鼻镜湿而凉,鼻黏膜无充血、无破溃,鼻液少,无脓鼻液或鼻卡他。鼻头颜色正常;体温升高或在疾病状态时,狗的鼻镜干燥,在犬瘟热后期鼻镜干裂(脚垫硬)。

⑦肛门干净,肛门腺分泌正常,排粪通畅,肛门腺不红肿。

⑧公狗的包皮无脓性分泌物,阴茎不红肿,排尿量和尿液的颜色正常。母狗的阴道无异常分泌物,无异味,阴蒂和阴唇无增厚,不瘙痒,无异常色素变化;非发情期时阴蒂不肥厚或肿胀。

二、体温、呼吸和心跳

体温、呼吸和心跳是临床三大指标,是反映狗体况正常与否的三项重要内容。狗的体温在 37.5～38.5℃之间均属正常。可以测皮温(5min),也可以测肛门温度。一般情况下,上午的体温略低于下午的体温,幼狗的体温稍高于成年狗的体温(约高 0.5℃)。

运动后体温会因产热而升高,属于正常变化。以下因素可能使正常狗的体温上升:乘汽车后,奔跑后,处于陌生环境的紧张状态时;母狗产后缺钙、夏季闷热天气散热不利等情况下,会引起抽搐或中暑等。

呼吸的变化与肺功能和环境变化有关。狗正常的呼吸数为 10～30 次/min。当睡觉时,呼吸均匀而深;运动后及有天气闷热、母狗产后缺钙、肺功能差或炎症时,呈喘息,呼吸浅而快。

正常狗的心跳(心脏搏动)次数为 70～120 次/min。运动后、腹痛、炎症等病症时心跳次数增加,心功能异常时心脏搏动的节律会改变，严重疾病，如休克时，心跳弱而快。

狗在全身麻醉状态下，体温、呼吸和心跳数都下降，是麻醉药物作用的结果。

三、主要脏器的功能

狗的主要脏器指大脑、心脏、肺脏、肝脏、肾脏、胰腺和胃肠道。

大脑是神经中枢，外周神经的感受器接收各种刺激，并将刺激的信号传入大脑，大脑再将有关指令通过神经传至外周效应器，协调支配各个器官的生理活动。狗脑炎很少发生，主要见于犬瘟热病和中毒性脑炎的过程中，以神经症状为主，抽搐（以小肌群为主，如咬肌等）而且不能自控，预后不良。

心脏是循环系统的动力器官，在神经与体液的调节下，有节律地收缩和舒张，将血液从心脏中泵入动脉管并分布全身，在毛细血管中进行物质交换后，经静脉管汇入心脏。心脏的搏动次数和功能，可以通过听诊和心电图来检查；当然，彩超也适用于心脏功能的检查中。狗患心脏节律异常有一定的比例，但心肌炎的发病率并不高，常见于狗（尤其是幼狗）的细小病毒病。而随着年龄的增长，老龄狗会出现肺心病，咳嗽、喘等症状明显。

呼吸靠肺来完成，并在肺中进行外呼吸活动，吸入氧气，排出二氧化碳等代谢产物。肺脏的功能和状态十分重要。通过听诊、血常规检查和血气分析，可以判断肺功能状态。临床上狗的支气管炎、气管炎时有发生，尤其是突然降温时，鼻子短的狗（北京犬等）发生率不低，如果未进行过免疫，幼狗易患犬瘟热、传染性支气管炎和副流感病。某些内寄生虫的幼虫在体内移行时，常引起幼狗咳嗽，并引起肺实质变化。

狗的肝脏比较大，分叶明显，肝脏在季肋部几乎占据了横膈膜的整个凹面，主要位于腹前部偏右侧。胆囊明显，胆汁从胆管排出,开口于十二指肠前部。肝脏的主要功能是分泌胆汁,帮助消化脂肪,还有代谢、解毒、造血和防御的功能。在肝脏中合成的胆汁酸盐与牛磺酸或甘油合成或结合成牛磺胆汁酸盐,或甘油胆汁酸盐。肝功能检查需要一定的实验设备。狗的肝功能正常值如下:丙氨酸氨基转移酶(ALT),30℃为 4～66U/L;天门冬氨酸氨基转移酶(AST),30℃为 8～38U/L;γ-谷氨酸转移酶(GGT),30℃为 1.2～6.4U/L。在某些寄生虫病、黄疸性肝炎、传染性肝炎以及腹腔积液等情况下,或服用对肝脏有害的药物前后,应检测肝功能。

肾脏起着排尿和重吸收的作用,维持着血内的离子平衡。肾脏的主要功能包括:排泄(如蛋白质代谢的废物)、调节(如酸碱平衡)和生物合成(如红细胞生成素)。肾炎和慢性肾衰竭时,应检查肾功能。老龄狗、肥胖狗、泌尿道炎症病狗等应该检查血液和尿液。正常血尿素氮(BUN)为 1.8～10.4mmol/L,肌酐(CRE)为 60～110μmol/L。尿液检查项目包括:尿色、透明度、气味、酸碱度、相对密度(旧称比重)、隐血、蛋白、葡萄糖、尿胆原、尿胆红素、酮体、亚硝酸盐、尿沉渣检查、肾细胞和管型等。慢性肾衰竭时,应定期体检。

胰腺由内分泌部和外分泌部组成。外分泌部属于消化腺,胰腺经胰管开口于十二指肠前段,在消化过程中分泌无色透明的碱性(pH 值为 7.8～8.4)胰液,它富含胰脂肪酶、胰蛋白酶、胰淀粉酶和胰核酸分解酶。内分泌部为胰岛,有 3 种细胞:A 细胞——产生胰高血糖素,B 细胞——产生胰岛素,C 细胞——产生生长抑素。这些激素被分泌并进入血液,调节体内糖的平衡。胰腺还分泌大量的碳酸氢盐进入十二指肠,维持肠腔适宜的 pH 值,以利于保持胰酶和肠酶的活性。胰腺的功能对消化很重要。胰腺是否发炎,可以通过检测血中淀粉酶(正常值在 30℃时为 185～700U/L)和脂肪酶(正常值 30℃时为 0～258U/L),以及粪便中的胰蛋白酶、中性脂肪和淀粉来进行分析。某些品种的狗易患胰腺炎。

狗是杂食动物，虽然消化道比较短，但消化腺发达。食物在狗消化道中的平均存留时间是22.6±2.2h。食物大分子降解成简单分子化合物的过程叫作消化，而物质穿越肠黏膜的过程叫作吸收。咀嚼肌和消化肌的收缩，机械性地使食物颗粒变小，在消化道的胃和小肠中分泌的富含酶的消化液，起着化学分解的作用，寄生在消化道末端肠段的细菌也产生具有化学消化作用的酶。

消化道的活动既有自主控制，又有非自主控制。咀嚼、吞咽、肛门括约肌收缩为自主控制，而胃和肠道的所有消化分泌活动都处于神经和激素相互作用的调控之下。

在口腔中，日粮的消化主要通过机械性咀嚼磨碎大的颗粒，并且与唾液充分混合。腮腺、颌下腺、舌下腺和颧腺，将唾液分泌入口腔中。唾液由99%的水分。1%的黏液、无机盐和酶组成。

由于舌的运动，使食团形成并经过吞咽进入食管。食管不产生消化酶，但可以分泌黏液起到润滑作用。食团经食管的蠕动通过贲门进入胃中。不管胃内的压力如何，都不会刺激贲门括约肌舒张。而呕吐是一种特殊的反射方式，处于大脑呕吐中心的特殊控制之下。

胃是食物的贮存器，有暂时存贮食物、控制消化物进入小肠速度的功能，还分泌胃盐和胃蛋白酶参与食物的初步消化。胃壁肌肉的节律性收缩将食物推向幽门，并且促进食物与消化液的混合和消化物的分解。胃的分泌活动受神经和激素的控制，进入胃的食物与胃液混合，并且受到胃收缩的机械性压力而进一步分解。

消化物的酶消化在小肠完成。例如，所有的可消化蛋白质、脂肪和碳水化合物被消化成氨基酸、二肽、甘油、脂肪酸和单糖，这些消化物连同水、维生素和无机盐一起被小肠吸收。狗的食物和饮水中的液体，50%在空肠吸收，40%在回肠吸收，只有10%在大肠段的结肠吸收。在消化产物的吸收过程中，肠腔中的所有消化营养物和超过90%的钠离子(Na^+)、钾离子(K^+)和氯离子(Cl^-)被吸收。

狗大肠的主要作用是吸收盐和水分。大肠的运动慢,一般每分钟蠕动少于5次,推动肠内容物做前后来回的混合运动,有时也有团块状密集性运动。细菌发酵主要集中在大肠,主要细菌种类是链球菌、乳酸杆菌、类菌体和梭菌。未消化的食物在大肠中的存留时间为12h左右。狗的大肠较短,能发酵纤维素的7%~35%。

胃肠道的功能正常,狗才能消化吸收日粮中的营养成分,以使机体健康发育。胃肠道的状态决定于牙齿、消化酶、胃功能、肠功能和胰腺、肝、胆的功能以及是否患病,客观指标是粪便的物理性状、成分和排粪次数。粪便检查项目包括:潜血、寄生虫、细小病毒单抗、胰蛋白酶、中性脂肪、淀粉、肌纤维以及冠状病毒等。

四、血粪尿检查

狗的血液、粪便和尿液的检查是临床体检的主要内容,也是诊断病症的基础与依据。

血液是由血浆和有形成分(红细胞、白细胞和血小板)组成,血细胞占30%~40%。相对黏度为4.7,相对密度在1.051~1.062之间,总血量为体重的7.7%。主要分布为:循环血量约占一半,脾脏中贮存1/6,肝脏贮存1/5,皮肤中贮存1/10左右。红细胞可携带氧和二氧化碳,其表面有8种同种抗原(8种血型)。白细胞有细胞核,是血液中的“军队与警察”,起保护和防御的作用。血小板主要参与凝血过程,并且保持血管内皮的完整性。

血浆含水量为91%~92%,只有8%~9%为固体物质。固体物质中以血浆蛋白(白蛋白、球蛋白和纤维蛋白原等)为主,参与运输营养物质、激素和代谢产物。其中,球蛋白是抗体的主要成分,有免疫功能;纤维蛋白原参与止血。

狗的正常血常规生理值如下:红细胞(RBC)为5.5~8.5×10^{12}L,血细胞比容(HCT)为0.37~0.55L/L,平均红细胞压积

(MCV)为 $60 \sim 77 \times 10^{-15}$/L，平均红细胞血红蛋白(MCH)为 19.5～$24.5 \times 10^{-12}$g，血红蛋白(Hb)为 120～180g/L，白细胞总数(WBC)为 $6 \sim 17 \times 10^{9}$/L，叶状中性粒细胞为 60%～77%，杆状中性粒细胞 0～3%，单核细胞 3%～10%，淋巴细胞为 12%～30%，嗜酸性粒细胞为 2%～10%，嗜碱性粒细胞少见，血小板(p)为 $200 \sim 900 \times 10^{9}$/L。

狗血液中生化正常值如下：总蛋白(TP)为 54～78g/L，白蛋白(ALB)为 24～38g/L，丙氨酸氨基转移酶(ALT)30℃时为 4～66U/L，天门冬氨酸氨基转移酶(AST)30℃时为 8～38U/L，碱性磷酸酶(ALP)30℃时为 0～80U/L，肌酸激酶(CK-NAC)30℃时为 8～60U/L，乳酸脱氢酶(LDH)30℃时为 100U/L，淀粉酶 30℃时为 185～700U/L，脂肪酶 30℃时为 0～258U/L，γ-谷氨酸转移酶(GGT)30℃时为 1.2～6.4U/L，血葡萄糖为 3.3～6.7mmol/L，总胆红素为 2～15μmol/L，直接胆红素为 2～5μmol/L，尿素氮(BUN)为 1.8～10.4mmol/L，肌酐(CRE)为 60～110μmol/L，胆固醇(CHOL)为 3.9～7.8mmol/L，甲状腺素(T_4)为 10～40ng/mL，钙 2.57～2.97mmol/L，磷 0.81～1.87mmol/L，氯 104～116mmol/L，钠 138～156mmol/L，钾 3.8～5.8mmol/L，镁0.79～1.06mmol/L，碳酸氢盐为 18～24mmol/L。

血液检查可用于贫血、炎症、细菌和病毒性感染、寄生虫感染、过敏以及机体抵抗力评估。常用于了解疾病程度，血液酸碱度，是否贫血，某些酶的变化，离子浓度，异常细胞，犬恶丝虫微丝蚴、焦虫、锥虫、钩虫幼虫以及甲状腺素等激素变化。

狗的粪便成形，含水量为 65%～75%，颜色以土黄色为主。成年狗每天饲喂 1 次的每天排粪便 1 次。粪便中的主要成分除水分外，还有未被吸收的食物残渣、脱落的肠细胞等成分。临床上狗的粪便检查主要用于诊断狗细小病毒病(通过诊断试剂盒)，胃肠道出血(潜血)，大肠炎或小肠炎以及胰蛋白酶、肌纤维和淀粉含量等,也用于诊断寄生虫。但应注意:有的寄生虫是间歇性排卵,需多次检查才能确诊。采食过量的狗粪便黏稠。每天饲喂2次不如饲喂1次科学,这与狗的自然进化有关。

狗的尿液颜色变化大,一般为淡黄色、黄色至褐色,澄清透明,pH值平均为6.1(5~7),相对密度在1.015~1.050之间。尿液检查用于临床诊断意义广泛,可以检测尿量、尿液颜色、透明度、气味、尿蛋白质、酸碱度、相对密度、尿糖、丙酮、乙酰乙酸、胆红素、尿胆原和尿胆素、血红蛋白、乳糜尿、尿沉渣、尿内生肌酐清除率、尿素氮、钠钾钙磷铅汞砷的含量、碱性磷酸酶、淀粉酶、绒毛膜促性腺激素(HCG)、肌酐等项目。

五、运动姿态

狗在运步、慢跑及奔跑时,动作协调自如,关节屈伸自如,动作灵巧。常见的运动姿态异常多与以下情况有关:腰伤,多数与狗以吃肉为主而发生腰椎间盘突出、椎骨骨刺、骨赘甚至骨桥有关,造成双后肢无力,甚至拖拽而行。髋关节脱位,多与外伤有关,并常呈习惯性脱臼,以一侧为主,主要见于小型犬,是一种遗传病。膝中直韧带断裂或膝盖骨脱位,与先天性结构缺陷有关。爪伤,多因被尖锐物体损伤或趾甲过长引起,肢不敢着地负重。发生骨折时,以异常的肢活动和假关节的形成为特点,而肢伸长或缩短,不敢负体重,多由外力损伤引起。

六、繁殖能力

狗一般在1岁之前已达性成熟,表现出发情现象(俗称"闹狗"),但体成熟的时间因狗的品种而有差异。一般而言,小体型的狗体成熟早于大体型的狗。对于北京犬、西施犬等小型犬,以第二次发情时(12～14 个月龄)配种和受胎为宜;大丹犬、德牧等大型犬,以 18 个月龄之后配种较好,因为此时已达体成熟。

受胎率最高的时间是在母狗发情的 11 至 13d,当然,发情期母犬检测引导角化上皮的比例和孕酮含量,更能准确地判断配种时间。受胎后,母狗经 64±4d 的妊娠期而分娩,分娩后哺乳期 45d 左右。每胎产仔数平均为 4～6 只,具体因品种而异。

难产主要发生在以下情况:胎儿个体大,尤其是只怀 1 个胎儿时;母狗未达体成熟就妊娠,骨盆口狭窄;母狗以肉食为主,骨骼发育欠佳;胎儿胎位不正;母狗体质弱,宫缩无力;未到正常分娩时间,受外界刺激而早产等。有时,小型犬的母狗体型过小,而公狗体型过大,也是造成难产的因素之一。

出生后 7～14d,幼狗睁眼。幼狗寻找母狗乳头吃奶靠嗅觉,而母狗辨认自己的幼狗也靠气味。出生后 7 天,幼狗生长发育进入快速期,易造成或加重母狗产后缺钙,母狗表现为喘息、高热(达 40℃左右)和抽搐,应在兽医的指导下及时补钙。

七、生长发育

出生后头 2 周,幼狗是在吃和睡中度过的,其能量由母狗供给,不需要额外补充食物,除非母乳不足。

生长期幼狗对能量及营养的需要远远大于成年狗,这是生长发育的需要,此期推荐用宝路或皇家的幼犬狗粮,其营养价值全面均衡,有适度硬度的饼干,对幼狗牙齿的发育有益处。幼狗的生长速度快,到 5～6 月龄时,其体重平均已达成年狗的 50%。由于品种不同,达到成年狗体重所需的时间和相对速度也不一样,较大体型的狗,达到成年体重的时间比小型犬长。饲喂方式对大型犬和巨型犬的生长速率尤为重要,生长速度最快的时期(如大丹犬为 4～8 月龄)也最容易出现骨骼发育紊乱。

饲喂次数,在断奶后推荐每日4次,而体重达成年狗的一半时,改为每日2次,直到成年,再改成每日1次。幼狗不宜自由采食,以免肥胖。有些狗粮中蛋白质和脂肪含量过高,虽然这样的口粮适口性好,幼狗爱吃,但如果缺乏运动,尤其是每天运动量严重不足的幼狗,会导致脂肪细胞数量猛增,成年后减肥困难极大,对心血管系统和寿命的影响尤其大。

小型狗的体成熟期约在出生后12～14个月,如北京犬、西施犬、雪纳瑞、藏狮等品种。中型狗的体成熟期在16～18个月龄,如拉布拉多猎犬、塞特犬、柯利犬、波音达犬、笃宾犬、洛威纳犬等。大型犬和巨型犬的体成熟期平均为22～24个月龄,如圣伯纳犬、大丹犬、纽芬兰犬和高加索犬。

何时成为老龄狗取决于品种,寿命也与犬的体型有关。小型犬和中型犬的寿命比大型犬长,例如,比格犬在8岁前不能认为是老年,而大丹犬8岁就是老年了。狗随着年龄的增长,每天的能量摄入逐渐减少。对于老龄狗来说,应注重食物的质量和消化率。

第二章　免疫与保健

一、疫苗注射

狗一生之中最重要的防病措施是接种疫苗。常见疫苗有狂犬病单苗，进口的四联疫苗、五联疫苗和八联疫苗等，以及已经获得注册的国产多联犬用疫苗。

幼狗 50 日龄以上就可以接种疫苗，而小犬二联疫苗可以在 30 日龄时接种。接种多联苗时，第一次接种时若幼狗处于 50 日龄至 3 月龄之间，则每 4 周接种 1 次，第一年共接种 3 次；若第一次接种时幼狗大于 3 月龄，则第一年需要接种 2 次，间隔 4 周。接种狂犬病单苗时幼狗应大于 3 月龄，以后，每 1 年接种 1 次多联疫苗（如 MSD 公司、辉锐公司、维克公司、富道公司和梅里亚公司等）和狂犬病单苗（法国维克公司等），或每年接种 2 次国产的五联疫苗。

进口六联苗用于预防犬瘟热、细小病毒病、传染性肝炎、副流感、钩端螺旋体病和腺病毒Ⅱ型或传染性支气管炎。

目前，因价格不同，大城市小动物临床上主要使用进口六联苗。国产狗五联苗价格便宜，一般用于中小城市、部队军犬和养狗场。

健康狗才能接种疫苗。应按照疫苗使用说明定时接种。如果幼狗在接种疫苗前刚注射过犬血清、单抗或犬瘟蛋白，则应在15～20d 后再接种疫苗。一般认为，按要求接种完整的次数后才会产生免疫力，而且，狗的免疫力在疫苗接种后 7d 左右才能达到高保护力的状态。建议每年分别为犬接种多联疫苗和狂犬病疫苗，间隔 2 周。

近 20 年来,大中城市的伴侣犬和军警犬,由于定期接种狂犬病疫苗,在接种的狗中未见狂犬病发生的病例。

二、驱　虫

狗自出生后,因吃奶、舔毛、舔地面等,会感染寄生虫,有的内寄生虫(如蛔虫)可经胎盘感染而寄生于狗体内。

幼狗体质弱,肠腔窄,寄生虫严重寄生时,会发生寄生虫性肠炎,俗称"翻肠子"。表现为腹泻与便秘交替;有的粪便稀,便中带黏液,有的带血丝或呈酱油色,伴发呕吐,不食,精神差,黏膜苍白,消瘦,贫血。

幼狗的寄生虫病主要由蛔虫、钩虫、球虫、绦虫、滴虫和吸虫引起,但寄生不严重时多不出现临床症状。成年狗感染内寄生虫很少发病,这与成年狗的体质和免疫力强有关。

定期驱虫是预防肠道内寄生虫感染的有效手段,可以口服或注射驱虫药。目前,通常采用在幼狗断奶后 2 月龄时驱虫的方法,与第一次接种疫苗同步进行。此后,根据体检、粪便检查和狗的体质,决定驱虫的时间。目前,常用的驱肠道寄生虫药物包括注射用的净灭、通灭、害获灭等,口服的内虫清、体虫清或者拜宠清等,外用的大宠爱滴剂也有效。

应当注意的是,当幼狗发生严重的内寄生虫性肠炎时,应先增加营养(如输液)再驱虫,也就是说:驱虫要在健康状态下进行,并且每年至少 1~2 次。

三、日　粮

狗的日粮是指狗每日所需要的食品。狗是杂食动物,幼狗和成年狗、病狗和老龄狗的营养需求各有差异，唯一标准是营养均衡而全价。

从营养角度来看，日粮中主要营养物质有五种：蛋白质、脂肪、碳水化合物、无机盐和维生素。水无营养价值，但不可缺少。

狗日粮中的碳水化合物供给机体能量，并可能转化为体内脂肪。碳水化合物包括：单糖（如葡萄糖）和由简单糖链组成的大分子（如淀粉）。

脂肪以最浓缩的形式提供能量，其有益于脂溶性维生素的吸收，并且提供必需脂肪酸。

蛋白质由氨基酸组成，它提供狗机体组织生长和修复所必需的氨基酸，氨基酸经过代谢可提供能量。

无机盐包括常量元素和微量元素。常量元素包括钠、钾、钙、磷等元素。微量元素在体内含量少，如铁、铜、锌和硒等元素，但却是骨骼、酶和组织所必需的成分。

维生素帮助机体的代谢过程，分为水溶性维生素（维生素 B，维生素 C）和脂溶性维生素（维生素 A，维生素 D，维生素 E，维生素 K）2 大类。

水不是营养物质，不能产生能量，但水是维持生命必不可少的，狗对水的需要仅次于氧而排在第二位。

很少有任何一种食物仅含有一种营养物质，大多数食物是复杂的混合物，含有各种类型的碳水化合物、脂肪、蛋白质和水，食物中矿物质和维生素的含量一般较少。

狗的常用食物有家庭自制食品和市售狗日粮成品两大类。狗可以吃主人自制的食品，但由于主人不了解狗不同生活阶段（幼狗、生长发育期狗、成年狗、繁殖期狗、老龄狗）和不同生活状态下的营养与能量需求，自制食品尽管好吃，但并不科学，不利于狗的生长发育及健康。

市售狗粮研制者多为动物营养专家、食品专家、动物行为专家和兽医专家,工厂化生产,品种多样,营养均衡、全面。以世界销量第一的宝路狗粮为例,其配方由英国威豪宠物营养中心的科学家研制,在全球生产和销售,其产品成分经过科学分析,尽管其适口性可能不如宠物主人家庭自制的食物,但其营养的均衡和全价,远非家庭自制食品所能比。

食物的适口性主要取决于脂肪和盐,也可能与蛋白质等成分有关。但是,兽医和动物营养专家不推荐脂肪含量过高的食品,因为这种食品虽然狗爱吃,但会导致肥胖,我国尤其应注意这一问题。宠物主人对食物的科学选择,决定了狗的食物是否合理,也决定了狗的健康状况。

日粮的摄取量要适当,这一点也非常重要。与成年期相比,狗的生长期、妊娠期和泌乳期等特殊生活阶段需要更多的营养。怎样才算适量呢?每天为狗提供身体代谢所需营养的最低值被称作每日最低需要量,然后根据狗的个体大小、活动量、品种、体重、性别和生长发育阶段而适量增补,推测出每日推荐增补量,最后得出确保狗个体健康的实际需要量。

食物中的能量不同于营养,能量的摄入必须与狗的实际需要量相适应,这对于国内的狗尤为重要,因为普遍运动时间短,摄入能量过多只能导致肥胖。日粮中能量的含量取决于碳水化合物、脂肪和蛋白质的含量。水无能量价值,食物中能量的多少与食物中的含水量成反比。能量的单位是焦(J),1J=0.239cal。

动物机体通过氧化食物获得能量,能量经过酶调节的一系列复杂的化学反应逐渐释放出来。酶是控制化学反应速率的特殊蛋白质,使这些复杂的化学反应在体内适宜的条件下发生,而许多酶需要微生物和矿物质配合才能发挥正常的生理功能。

没有任何动物能够利用食物中的全部能量。能量的摄取量被划分为3个不同的含量:总能、消化能和代谢能。三者关系可按下列公式计算:

总能＝消化能＋粪尿中排泄的能

代谢能＝消化能－粪尿中排泄的能

能量消耗可以分为两部分，即基础代谢率和产热。基础代谢率，是维持狗的基础状态的能量需求量，表示满足细胞和器官基本功能所需要的能量，包括呼吸、循环、肾功能等过程。体重、身体结构、年龄和激素状态（尤其是甲状腺素）等因素，可以影响狗的基础代谢率。

另一部分能量的消耗来自于产热。这种产热可能是消化、吸收和营养物质利用过程的能量消耗，肌肉做功或运动的消耗，紧张或寒冷环境中维持体温的消耗。吃入某些药物或者激素，也可能成为产热的原因。狗的平均能量需要量计算公式如下：

$E=523W^{0.75}(kJ/d)$或$E=125W^{0.75}(kcal/d)$

W为体重，单位为kg；E为能量需要量。此公式被称为体型变异方程，表示与能量相对的身体重量。环境的剧变会显著影响狗的营养需要量。

能量的平衡，是一定时期内能量的产生与消耗相均衡，主要通过摄入量进行调节，属于负反馈机制。神经和激素对摄食有调节功能。

宠物主人若无法精确地算出每只狗每日的精确能量需要量，可以根据狗日粮说明与推荐量，结合狗的体重变化与活动量等总体情况，对采食量加以调整。狗不善于控制摄食量，因此人为控制更显得重要。

四、运动保健

处在生长期、成年期、妊娠期、老年期的狗，每天都需要进行一定量的运动，以确保身体健康，减少肥胖发生率。

运动量的大小与生长发育阶段、狗的品种和不同个体均有一定的关系。处于生长发育期的狗活泼好动,即使在室内也有很大的活动量,成年期的狗则有一定规律和一定量的运动,老年狗的运动量比青年狗和成年狗低,妊娠期母狗的运动量暂时下降是正常的生理行为。从品种上看,猎狗的运动量应远大于一般观赏狗,因此,格力犬、大麦町犬、猎獾犬、猎狼犬、塞特犬等比北京犬、西施犬、狮子犬的每日运动量都要大一些。这些品种的狗,如果运动量不足,对身体发育极为不利。

导致肥胖的原因之一是运动量减少而摄食量不下降。运动量大的狗,日粮中脂肪和蛋白质的含量应稍高于一般标准,不然,摄食量就应加大。

工作狗是指军犬、警犬、导盲犬、雪橇犬、猎犬和赛犬。由于其所需完成的任务不同,训练、工作和休息的程序也不一样,需要不同的日粮和饲喂方式。应根据运动量、环境温度和工作性质,确定额外的能量需求。例如,1 只 1d 奔跑 5km 左右的狗,其每日增加能量消耗约 10%,长距离奔跑的狗,其能量需要量是一般狗的 2~3 倍。

劳累诱发应激,高运动强度狗的食物应考虑应激及肌肉活动的需要,运动前摄食碳水化合物,可以最大限度地增加肌糖原。工作狗的运动类型分两种。第一种是以格力犬为代表的短距离赛狗,比赛时活动强度大,时间短,肌纤维收缩快,肌肉收缩功能的维持靠葡萄糖而非脂肪,因此日粮中应含有相对大量的碳水化合物。另一种工作狗的运动时间长,有时处在恶劣的环境中,如雪橇犬和雪地巡逻犬,需要较多的能量以维持运动、保持体温,这类狗的主要能量来源是脂肪,肌纤维通过脂肪酸需氧发生氧化而产生能量,对长时间、高强度作业的狗,给予无碳水化合物而含高脂肪的日粮大有益处。

工作狗的饲喂方式与日粮一样重要。在工作之前只喂 1/3 的全日量,以免吃得过饱影响工作效率;工作休息时吃正餐,即全日量的2/3。饮水要充足。

由于工作狗的运动量大,日粮应适口性好、营养高、易消化、营养均衡,一般不加添加剂。

五、洗　澡

狗因为皮毛易脏,需要定期洗澡。在了解给狗洗澡的必要性之前,先分析一下人与狗的皮肤在结构和生理方面的5个不同点(表2-1)。

表2-1　狗与人的皮肤在结构、生理方面的不同点

皮肤结构	狗	人
皮肤pH值	7.5(中性)	5.5(微酸性)
表皮层	3～5层,较薄	10～15层
表皮新陈代谢周期	20d	28d
被毛生长特点	周期性生长	连续性生长
外分泌腺(汗腺)	脚垫有	全身有

由此可见,狗的皮肤对外界刺激的抵抗力比人差。犬的皮肤呈中性,不适合用人用的洗发香波,要使用狗用香波。每次洗澡时,应将狗用香波放入水中搅匀,再将狗放在水中洗澡,清水冲洗后将被毛擦干。洗澡的次数以夏季每周1次,冬季每10～15天1次为宜。洗澡次数过多或使用人用洗发香波会引起皮肤刺激和影响表皮角质层,而有利于细菌等微生物的感染,不利于狗的皮肤保健。

第三章　保定与制动

在许多情况下,为了治疗、诊断或注射药物,需要对狗进行保定,以限制狗的活动,防止伤人。

一、器械保定

对于陌生的狗或性格暴烈的狗,为防止其伤人,采用一些简单的物品进行保定非常实用。

1. 绷带保定

用绷带或布条打一个活结或猪蹄扣,套在狗鼻梁部的中部,结在下颌下,将绷带两端自下颌处分别向后上方引至颈背部打结,将狗的口固定住,使狗不能张口。此方法适用于口鼻较长的狗。

2. 戴狗口笼罩

将专用于套口的狗笼罩套入狗的口鼻部,并将罩的游离固定带系在颈部。主要用于大型犬和中型狗。笼罩主要由牛皮制成,结实而且卫生,可多次使用。

3. 铁环法

用 2 个与狗嘴大小相似的金属环,由 2 根带子相连,将 2 个金属环套在狗嘴上,再将 2 条带子在狗下颌下做“十”字交叉,向后上方引至脖子上打结,将狗嘴固定,使之不能张口咬人。

4. 棍套法

用 1 根 1m 长的金属管和 1 条 4m 左右的尼龙绳,将尼龙绳对折后穿入金属管内,在金属管的另一端穿出并形成一个绳套,在金属管进绳的一端把绳子的两头固定。将绳套套在狗的颈部,拉紧绳索并固定于铁管后端的把柄上,使狗与保定者保持一定的距离。

此方法适用于较凶猛的狗。

5. 颈钳法

狗用颈钳的钳端由2个半圆形的钳嘴组成，钳柄长约1m。保定者手握钳柄，张开钳嘴夹住狗的颈部，再握住钳柄使狗头颈部活动受限制。用于凶猛狗的检查和药物注射。

6. 伊丽莎白圈

伊丽莎白圈由塑料品制成，呈圆片状，中心空，空处直径与狗颈部粗细相似。套在狗颈部后将按扣扣好，形成前大后小的漏斗状。用于限制狗的回头和后爪搔抓头部。

7. 铁笼保定

对于凶猛的狗，可将其关入铁笼内，插入木板将狗固定于笼内一侧。用于药物注射。

8. 四肢捆绑固定

将狗呈侧卧、仰卧或腹卧姿势后，用绷带将四肢分别拴系于检查台或手术台上，也可将前、后肢分别拴系在一起，进行侧卧、仰卧或腹卧保定。用于处理狗的外伤或手术。

二、徒手保定

1. 双耳固定法

保定者一只手握住狗的双耳，另一只手按压住腰部或握住前肢。可用于小型犬的药物注射，或者一般检查。但是这种方法有些强制的意味。

保定者一只手握住狗的双耳，另一只手从下颌部向上固定，同时用腿夹住狗的后肢(保定者坐着)。可用于眼部注射。

2. 头部前肢固定

将狗放在检查台上，保定者用一只手臂夹住狗的颈胸部，手向上托住狗的下颌，另一只手将狗的一前肢远端握住，并稍用力将此前肢伸直。用于前肢的静脉注射。

3. 四肢徒手保定

若想检查狗腹下部的隆肿、皮炎或腹部创口拆线,可由 2 人分别握住狗的四肢,使狗仰卧于保定架或检查台上。

4. 头部固定

让狗后肢站立在地上或检查台上,前肢离地或不离地,保定者一手握住狗的口鼻处,另一只手固定狗的头部,可用于短暂的诊断。主要用于温驯的狗。

三、药物制动

药物制动是通过注射药物,使狗达到镇定、镇静、肌肉松弛或者浅麻醉的临床效果,从而便于诊断或进行处理。

1. 氯胺酮

本药属于分离麻醉剂。注射前 15min 先皮下注射硫酸阿托品,然后按 10～15mg/kgbw 肌内注射氯胺酮,5～10min 后狗即平稳地进入浅麻醉状态,一般可获得 20min 左右的安静期。在 1h 之内狗可自然恢复苏醒,副作用小,安全。

2. 复方噻胺酮

复方氯胺酮注射液是以 15%氯胺酮和 15%隆朋为主的复合麻醉剂,对狗的麻醉效果确实,肌松作用良好。可用 5%溶液按 0.1mL/kgbw 肌内注射。特异苏醒剂为育亨宾、咪唑克生。

3. 保定 1 号

本品是噻芬太尼和氯丙嗪复合注射液,按说明书使用可以得到较好的止痛和肌松效果。注意其诱导期可能出现短时兴奋现象。

4. 舒　泰

本品有舒泰 50 和舒泰 100 两种型号。将注射用液体溶解药粉后，分别配成 50mg/mL 和 100mg/mL 两种浓度。诊断时，可采用 6～10mg/kgbw 肌内注射，效果可靠而且安全。是目前国内最常用的注射用麻醉药物。

5. 芬太尼和氟哌啶合剂

本品作为狗的镇痛和安定剂，以 5∶1 比例混合，每毫升含氟哌啶 20mg，芬太尼 4mg。麻醉前先皮下注射阿托品 0.045mg/kgbw，可以防止心动徐缓。临床效果良好。

6. 三碘季铵盐

本品为合成的非去极化肌松剂，作用快，时间短，用于肌松或保定。静脉注射 1mg/kgbw，1～2min 肌肉完全麻痹，维持 15～20min。

7. 846 合剂

由静松灵和乙二胺四乙酸合剂配成保定宁，将保定宁与氟哌啶醇、双氢埃托啡组成 846 合剂。以不超过 0.1mL/kgbw 肌内注射，可以获得 60min 左右的浅麻醉状态。个别狗有短时兴奋或强直抽搐的表现。

8. 隆 朋

隆朋即二甲苯胺噻嗪，具有镇静、镇痛和肌松作用，尤其肌松作用强于静松灵。其作用开始快，用量少，对组织无刺激性，是强安定剂，麻醉时间足以完成临床检查或小手术。

隆朋属于 α_2-肾上腺素受体激动剂，临床上以 2.2mg/kgbw 皮下注射、1.1mg/kgbw 肌内注射或静脉注射。注射后有些狗有呕吐现象。

拮抗剂可选用苯噁唑或育亨宾。

9. 苯二氮䓬类

临床上主要有安定和利眠灵，安定以 5～10mg/kgbw 静脉注射，常用于抗焦虑和镇静。

10. 氯丙嗪

本剂主要用于镇静、限制狗的自发性运动和镇吐。常用剂量为 0.5～1mg/kgbw,肌内注射。

11. 乙酰丙嗪

本品作用与氯丙嗪相似。可静脉、皮下或肌内注射,注射剂量为 0.8～0.9mg/kgbw;也可口服,剂量为 0.5～2mg/kgbw。

12. 盐酸丙嗪

本品副作用比氯丙嗪小,镇痛作用不如隆朋,作用时间为 2h。狗按 2～4mg/kgbw,静脉或肌内注射。

第四章 临床麻醉

狗的麻醉分为局部麻醉和全身麻醉，全身麻醉又分为吸入麻醉和非吸入麻醉。吸入麻醉主要应用氟烷和异氟醚，非吸入麻醉主要以 α_2-肾上腺素受体激动剂隆朋和右美托咪啶为主。均衡麻醉是兽医临床追求的目标。

一、局部麻醉

利用某些药物有选择性地暂时阻断神经末梢、神经纤维以及神经干的冲动传导，从而使其分布或支配的相应局部组织暂时丧失痛觉的麻醉方法，称为局部麻醉简称局麻。

1. 表面麻醉

表面麻醉是利用麻醉药的渗透作用，使其透过黏膜而阻滞浅层的神经末梢。麻醉结膜和角膜时，可用 0.5%丁卡因或 2%利多卡因溶液；麻醉口、鼻、肛门黏膜时，可以选用 1%～2%丁卡因或 2%～4%利多卡因溶液。每隔 5min 用药 1 次，共用 2～3 次。

2. 浸润麻醉

沿手术切口皮下注射或深部分层注射麻醉药，阻滞神经末梢，称为局部浸润麻醉。常用 0.25%～1%盐酸普鲁卡因溶液。注射时，为防止药物直接注入血管中产生毒性反应，应该在注药前先回抽一下，无血液流入注射器内时再注射药物。

浸润麻醉时先将针头刺入所需深度，而后边抽边注入局麻药。局部浸润麻醉有多种方式，如直线浸润、菱形浸润、扇形浸润、基部浸润和分层浸润。肌肉层厚时，可边浸润边切开。也可用于上下眼睑封闭。

3. 传导麻醉

传导麻醉也叫神经阻滞,是在神经干周围注射局部麻醉药,使神经干所支配的区域失去痛觉。这种方法用药量少,可以产生较大区域的麻醉,临床上常用于椎旁麻醉、四肢传导麻醉和眼底封闭。常用药物为2%盐酸利多卡因或2%～5%盐酸普鲁卡因溶液。麻醉药的浓度、用量与麻醉神经的大小呈正比。

4. 硬膜外麻醉

硬膜外麻醉是脊髓麻醉的一种,将局麻药注入硬膜外腔中。注入点主要有3处:第一、第二尾椎间隙,荐骨与第一尾椎间隙,以及腰、荐间隙。多选择3%盐酸普鲁卡因3～5mL或1%～2%盐酸利多卡因2～5mL。

二、吸入麻醉

吸入麻醉是利用挥发性较强的液体或气体麻醉剂,通过呼吸道以蒸汽或气体状态吸入肺内,经微血管进入血液以产生麻醉的方法。临床上主要采用气管插管直接将麻醉气体送入气管,也称气管内麻醉。其优点是能迅速而有效地控制麻醉深度和较快地终止麻醉,安全而且麻醉效果确实;缺点是需要麻醉机,费用较高。

为了便于将导管插入气管内,也为了节省麻醉药,临床上常用一些麻醉药做浅麻醉或短时麻醉(诱导麻醉),而后再接上吸入麻醉机做吸入麻醉。常用的诱导麻醉药有丙泊酚、右美托咪啶、硫喷妥钠、隆朋或舒泰等。

1. 氟烷与甲氧氟烷

氟烷是目前临床上应用最广泛的狗用吸入麻醉剂,为无色透明、有香味的挥发性气体,无局部刺激性。在强光下分解,应放在棕色瓶中保存。

氟烷的诱导和恢复都比甲氧氟烷快,虽然肌松效果不如甲氧氟烷，但足以满足临床需要。

由于氟烷汽化压高，不能用于开放式给药，只能采用标准蒸发罐(这是吸入麻醉机的关键部件)。当吸入浓度为3%～5%时，氟烷诱导麻醉快，完成气管插管后，可用低浓度0.75%～1.5%维持麻醉。由于麻醉起效快，因此麻醉浓度变化也快，麻醉监护非常必要。心率和呼吸频率可作为判断麻醉深度的指标。

临床上先以丙泊酚或者硫喷妥钠按15～20mg/kgbw剂量做基础麻醉，而后插入气管，给予氟烷吸入麻醉。体重5kg左右的狗，维持剂量为0.5%～1%流量，体重10kg的狗，维持剂量为1%～2%流量。

甲氧氟烷在室温下汽化热低，最大汽化压是3%～5%，在脂肪等组织内溶解度高，麻醉诱导期长。常先用硫喷妥钠诱导麻醉，然后用甲氧氟烷维持麻醉，在气管插管后15～20min内麻醉浓度应维持在3%左右，以确保手术的需要。

甲氧氟烷的镇痛作用强，当狗处于浅麻状态时，眼睑反射、角膜反射和足底反射均已减弱，狗靠本身的呼吸吸入甲氧氟烷，血中药物浓度不易达到致死的浓度，随着麻醉加深，呼吸变慢。因为甲氧氟烷的麻醉深度较难控制，所以麻醉时对呼吸和心率的密切监测非常重要。甲氧氟烷的缺点之一是使血液变成鲜红色，同时对肾有不良影响。氟烷对肝、肾均有不良影响。

2. 异氟醚与安氟醚

安氟醚是不具有可燃性的液体，味甘，自然光一般不影响其稳定性，麻醉效力小于氟烷和甲氧氟烷。狗增加吸入麻醉浓度，呈现呼吸抑制，减少呼吸次数和深度，二氧化碳分压缓慢上升，pH值下降。当采用高浓度(5%)时，某些狗有呼吸暂停时间延长的现象。

异氟醚是带有轻度刺激性的挥发性气体，对中枢神经系统不增加大脑的应激性，对心血管抑制作用较轻，对呼吸也有抑制作用。

异氟醚和安氟醚对肝、肾的有害影响比氟烷和甲氧氟烷轻，但价格稍贵些。

3. 乙　醚

乙醚是早期应用广泛的吸麻药，效果确实，使用简便，安全范围大，肌松良好。乙醚是无色透明的液体，相对密度低(0.7)，沸点也低(35℃)，其蒸汽易燃，应在阴凉、无明火处保存。现代小动物临床上已经很少用乙醚。

乙醚的麻醉力相对弱些，诱导时间长，诱导浓度达13%以上。对呼吸道黏膜的刺激性强，诱导期间能反射性地促进呼吸，增加支气管黏膜的腺体分泌，是造成术后肺炎的原因。因此，麻醉前应给予阿托品。轻度乙醚麻醉能引起呼吸道反射性的肺换气过度，使血中二氧化碳分压下降，这种碱中毒或低碳酸血症，可引起不规则的呼吸。在乙醚浅麻时呈机械样呼吸，呼吸量较正常狗有所增加，深麻时呼吸中枢受抑制。

乙醚在吸入后1h对肝、肾的影响轻微，随着时间的增加，其不良影响加重。

临床上多用注射药诱导麻醉后，再用乙醚维持。乙醚与氧化亚氮(笑气)混合较实用，但增加了爆炸的危险，应予注意。乙醚在体内不被破坏，90%由肺排除，吸入停药后5min在体内减少50%，4h内可从体内排完。

三、非吸入麻醉

1. 复方氯胺酮

复方氯胺酮又称噻胺酮注射液。由15%氯胺酮和15%隆朋为主，配成15%噻胺酮溶液。本药由军事医学科学院毒物药物研究所研制，经中国农业大学动物医学院外科教研室配合临床动物实验，对狗的麻醉效果确实而安全。肌内注射后5min内平稳地进入麻醉状态，狗无兴奋和挣扎，痛觉消失，肌肉松弛。5mg/kgbw 肌内注射，有效麻醉可达 60～80min；7.5mg/kgbw，可维持60～100min 麻醉期；10mg/kgbw 剂量，可维持 130～150min 有效麻醉期。

在麻醉诱导期，未禁食的狗可能出现呕吐现象。催醒可用 0.5%育亨宾或苯噁唑。临床上将 15%噻胺酮溶液配成 5%浓度，以 0.1mL/kgbw 肌内注射。

2. 846 合剂

846 合剂是原长春农牧大学军事兽医研究所研制的复合全麻注射药，1mL 846 合剂含有静松灵 35mg，依地酸（EDTA）25mg，双氢埃托啡 3.5μg，氟哌啶醇 2.5mg。临床上以 0.1～0.2mL/kgbw 肌内注射，可使狗麻醉 1h 左右，应用广泛，镇静效果良好。但 846 合剂在临床应用中可引起呕吐现象，有的狗出现短时抽搐，肌松效果不太理想（相对于噻胺酮）。

苏醒药为 1∶1 的苏醒灵 4 号。

3. 麻保静

本品药理作用广，有安定、镇静、镇痛、催眠、松肌、解热消炎、抗惊厥、局麻等作用。可以单独应用或与其他镇静剂、止痛剂合用。对呼吸影响较小，恢复快。临床上常用 0.5～2.5mg/kgbw，肌内注射。

4. 舒　泰

舒泰是法国维克公司生产的麻醉药，已经在我国农业部完成了兽药的注册，目前有舒泰 50（50mg/mL）和舒泰 100（100mg/mL）两种规格。本药以 5～10mg/kgbw，静脉注射，可以产生 20～30min 的麻醉期；以 7～25mg/kgbw（一般用 15mg/kgbw）肌内注射，能得到 30～45min 的有效麻醉期。

舒泰肌松效果好，麻醉效果确实，可用于狗的中小手术，尤其是需要良好止痛与肌松的手术，如立耳术、良性肿瘤摘除、去势术和卵巢、子宫摘除术等。恢复迅速。本品应用前 20min 应皮下注射硫酸阿托品。麻醉时间短、价格贵是此药的缺点。

将舒泰与右美托咪啶按照1∶1的剂量合用,麻醉效果很好。

5. 二异丙酚

本品为全身麻醉的诱导剂和麻醉剂,常见10mg/mL包装的注射剂。狗用6.5mg/kgbw静脉注射,麻醉效果好。但在麻醉恢复期可出现呕吐和兴奋症状。

6. 氯胺酮

氯胺酮是分离麻醉剂。在单独使用前,应先皮下注射硫酸阿托品预防流涎和腺体分泌。10～15min后肌内注射氯胺酮10～15mg/kgbw,5min后起效,可有20～30min的安定时间,能够完成小手术;以20～25mg/kgbw的剂量肌内注射,可得到30～60min的安定时间。个别狗若出现强直性痉挛而一时不能自行停止时,可以肌内注射1～2mg/kgbw安定或苯巴比妥。

7. 隆朋与氯胺酮配合使用

隆朋是良好的镇静、镇痛和肌松剂,与氯胺酮配合应用效果好。首先皮下注射硫酸阿托品,再肌内注射或皮下注射1～2mg/kgbw隆朋,10～15min后肌内注射5～15mg/kgbw氯胺酮,5～10min后痛觉消失和出现肌松,可持续20～30min。

8. 氯丙嗪与氯胺酮配合使用

先肌内注射氯丙嗪3～4mg/kgbw,10～20min后肌内注射氯胺酮5～9mg/kgbw,可以得到30min的浅麻醉。

9. 安定与氯胺酮配合使用

先肌内或皮下注射安定1～2mg,15～30min后肌内注射氯胺酮15～30mg/kgbw,呈现全麻状态时,可实施内脏手术,必要时可增加止痛剂。

10. 丙酰丙嗪与氯胺酮配合使用

首先,皮下注射硫酸阿托品0.03～0.05mg/kgbw,10～15min后肌内注射丙酰丙嗪0.3～0.5mg/kgbw,10～20min后肌内注射盐酸氯胺酮 5～9mg/kgbw，可维持 30min 的轻度麻醉。肌内注射氯胺酮 10～15mg/kgbw 时，可以维持 40～60min 的中度麻醉；肌内注射 16～20mg/kgbw 时，可以维持 60～120min 的深度麻醉。

11. 846 合剂与氯胺酮配合使用

846 合剂的肌松作用欠理想，以 0.1～0.2mL/kgbw 一般剂量应用时，可将剂量减少 1/4 左右，而补用 1/4 左右的氯胺酮，使总剂量仍保持为 0.1mL/kgbw 左右，临床效果比单独应用 846 理想，副作用也减少。

12. γ-羟基丁酸钠与硫喷妥钠复合液

γ-羟基丁酸钠 50mg，用生理盐水配制，与硫喷妥钠一起应用。静脉注射量为 1～1.5mL/kgbw，推注速度为 1mL/3～5s。一般注入全量的 3/4 时，即达全麻诱导，继续注入药液，可维持 3～4h 的有效麻醉期。可实施气管内插管。腹腔注射量为 2～4mL/kgbw。

13. 巴比妥类

2.5%硫喷妥钠溶液，按 25mg/kgbw 剂量静脉注射，以每分钟 0.2mL 的速度推注，可得到 45min 左右的有效麻醉期。多用于吸入麻醉的基础麻醉。

3%戊巴比妥钠溶液，静脉注射，剂量为 40mg/kgbw，可获得 30～180min 的麻醉期；腹腔注射剂量为 48～50mg/kgbw。注射后 6～8h 才能完全苏醒。

长效巴比妥药物因苏醒期太长，一般不用于临床。此类药物以 5%苯巴比妥钠溶液为代表，狗按 90mg/kgbw 静脉注射。不足 1 月龄及肝、肾功能差的狗禁用。

14. 咪底托咪啶

咪底托咪啶（medetomidine）和右美托咪啶是较新的狗用镇静肌松药物，由美国辉锐公司生产，其临床效果与隆朋相似，可以产生较好的镇静和镇痛效果，剂量增大则作用时间延长。它属于 α_2-

肾上腺素受体激动剂,作用与隆朋、静松灵相似。

咪底托咪啶可以提供有效的镇静作用,可用于体检、拍X光片、美容、清洁耳道和清理牙结石,剂量为10～80μg/kgbw,静脉、肌内或皮下注射均可。镇静效果达15～30min。皮下注射起效慢。静脉注射时呕吐反应小。

妊娠期、患心血管病、肾功能不全、严重呼吸紊乱的狗禁用。

咪底托咪啶可与巴比妥类药物、二异丙酚、氯胺酮、氟烷或异氟醚联合应用。临床证实,肌内注射20～40μg/kgbw的咪底托咪啶对狗的镇静效果好。静脉注射2μg/kgbw的芬太尼和肌内注射20～40μg/kgbw的咪底托咪啶的麻醉效果好。

四、麻醉的并发症及抢救

吸入麻醉过量时,呼吸受到严重抑制,应当立即停止麻醉气体的供给,而只供应氧气。若效果不明显,应该立即人工按压胸壁做人工呼吸,并注意兴奋心脏,增进呼吸。

肌内注射麻醉药时常遇到以下症状:呕吐、舌回缩、呼吸停止和心搏停止,此为麻醉的并发症。

呕吐是非吸入麻醉药最常见的症状之一,多出现在肌内注射后2～5min时或静脉注射后1～2min时。为了减少呕吐的影响,手术前24h应绝食(但不限制饮水),尤其是采用静松灵系列的药物(如846合剂)时更应注意。为防止呕吐出的食物进入气管,应将狗的头部放低一些。

舌回缩是因为麻醉药使肌肉松弛,舌根向会厌软骨方向移动,造成喉头通道狭窄或者被堵塞。当听到异常呼吸音或出现痉挛性呼吸并且发现有发绀症状时,一定要检查狗的舌头状态,观察其是否露在口腔外。

呼吸停止常因舌回缩、呼吸被抑制、机体功能衰竭或用药过量等因素造成呼吸困难以至停止。常用解救药有麻醉药的拮抗剂、尼克刹米(兴奋呼吸),必要时配合人工呼吸。

心搏停止多因狗机体功能衰竭、药物过敏或麻醉药过量等因素引发。解救药有安钠咖、肾上腺素(兴奋心搏)、地塞米松(抗过敏)和麻醉药的拮抗剂,如使用静松灵、隆朋、咪底托咪啶等 α_2-肾上腺素受体激动剂时,用 α_2-肾上腺素受体拮抗剂苯噁唑、育亨宾、妥拉苏林或苏醒灵等,同时注意采用人工呼吸和按压心脏。

第五章　狗病诊断技术

狗病的诊断技术,包括临床问诊、视诊、触诊,各系统检查,运用内窥镜、X光机、B超仪、心电图仪、多导仪进行检测,以及血液、粪便、尿液、抽取物、腹腔液的涂片染色及生理生化值化验,皮肤刮取物检查,免疫学分析和病理切片检查,微生物培养和药敏试验等多种方法。

一、问　诊

问诊是疾病一般诊断方法的一种。根据病狗主人的介绍,在临床上有的放矢地询问病情。一般问诊的内容如下。

1. 基本情况调查

包括年龄、体重、性别,是否驱过虫及注射过疫苗,有无与病狗接触史,生活环境与食物种类,每日饲喂次数,食物成分,洗澡方式,是否与其他犬或猫一起饲养等。注意某些品种、性别和不同年龄的犬有常发的疾病。例如,小型贵妇犬和其他玩具犬膝关节较易脱臼,拳师犬肿瘤发病率较高,短头犬较易发生呼吸系统疾病;内寄生虫、吞咽异物、肠套叠主要见于年轻犬;肥胖症、心肺病、会阴疝、前列腺问题、慢性肾衰竭在老龄犬更常见;检查母犬时必须考虑子宫、卵巢、阴道及乳腺方面的疾病;母犬常见糖尿病、腹股沟疝和输尿管异位等,而去势犬肛周腺和脱肛的发病率降低;食物中肉食比例高的犬容易患椎骨病,采食狗粮又加钙的犬容易出现佝偻病、牙结石、肾结石、尿结石和胆结石病;纯种犬免疫机能较差;可卡犬易患遗传过敏性皮炎。

2. 病史调查

包括何时发病，病初情况，病情发展情况，有无呕吐、腹泻、疼痛症状，摄食与饮水情况，体温、呼吸变化，有无排便排尿，是否流涎，有无抽搐症状，是否让人触摸等。

3. 治疗情况

在哪里看过病，诊断结果，用过什么药物(包括环境消毒药、杀虫剂)，用药方式与药量，用药后效果如何(作用明显、作用不大或无作用)，用药时间等。

通过问诊还可对狗主人进行引导，有助于对疾病进行更为深入的了解。如询问呕吐时，要了解呕吐开始时间，是进食前还是进食后呕吐，呕吐物情况(是否带血，是水还是食物)，胃空虚时是否呕吐等。明确这些有助于确诊疾病。如进食后即反流出未消化的食物提示食道疾病，如食道狭窄、持久性右主动脉弓或者食道异物。

问诊结合病狗主人对病情的介绍，是进一步诊断的基础。

二、视　诊

视诊包括对狗全身情况的检查和对病症有关局部的检查。

视诊首先应观察站立时狗的精神状态，营养情况，有无肢体姿势的改变，整体外观情况，体表有无出血、隆凸或凹陷，有无掉毛或皮屑，眼结膜、口腔黏膜的颜色，是否有充血、贫血或黄疸，运步时的姿势，是否跛行。注意其生理活动的异常，如呼吸(有无咳喘)、进食动作(进食困难、咀嚼障碍、吞咽痛苦)等。

三、触　诊

触诊包括徒手检查、器械触诊、叩诊和听诊等。

1. 徒手检查

在全身检查中,用手抚摸被毛和皮肤,可以发现皮肤的隆肿或凹陷、局部疼痛点,有无骨折或脱臼,爪的状况与趾甲长短,有无牙结石,耳壳是否增厚,鼻镜干湿度与温度,全身淋巴结是否肿大,肛门腺是否增大,有无疝或软组织肿物,颈部、腰部灵活程度,母狗乳腺是否肿胀,腹腔器官的状况,狗对触诊的反应等情况。

如果狗排粪后有蹭屁股的动作,应检查肛门腺是否肿胀发炎,有无寄生虫。跛行,应活动爪、各关节并触摸肌肉和腱,以检查有无外伤、异物、骨折或脱臼。多日无尿,应触诊膀胱、公狗阴茎软骨后,查明有无膀胱积尿、尿道结石(多堵塞在阴茎软骨后)。便秘、腹泻或无粪,应触诊胃、各肠段,以检查有无异物、粪结、肠套叠、腹腔脏器扭转或者疝的发生;粪便不成形,要询问食物量和饲喂次数。皮肤隆肿时,应检查肿胀物的质度、波动性、表面是否光滑、有无"蒂"和痛感,患部是否有毛等。

对于皮肤上的肿物,指压留痕并有捏粉样感觉的,多见于皮下气肿或水肿。波动性大的,主要是血肿、脓肿或淋巴外渗。质度坚实的,多为组织增生或新生物。质度坚硬的,以骨瘤为主。发生恶性水肿、皮下气肿或气性坏疽时,感觉软而有弹性,触摸可听到类似捻发音。

2. 器械触诊

对外伤用探针探查伤口,用导尿管检查尿道结石,注射器抽取肿物内的液体,眼压计测量眼内压。

3. 叩　诊

叩诊在狗病临床诊断上不如大动物临床应用广泛,但仍可以采用手指直接叩击局部或用小叩诊锤叩诊局部的方法,根据清音、浊音、半浊音和鼓音来判断某些脏器的状态。在正常情况下,肺部为清音,肌肉、肝脏、心脏为浊音,肝边缘为相对浊音区(半浊音),盲肠底部为鼓音。

4. 听　诊

听诊是用听诊器检查某些脏器的健康状态，主要用于心脏听诊、肺呼吸音听诊、妊娠时胎儿心跳检查、胃肠蠕动音听诊和疝的听诊等。听诊时应避免摩擦，并让犬安静。

四、皮肤与被毛的检查

1. 皮肤的组织结构

皮肤由表皮、附属系统、真皮、竖毛肌、肌膜及皮下脂肪层等多种细胞和组织成分组成。

表皮主要产生角蛋白和黑色素，表皮内的郎氏细胞是一种树枝状的非神经细胞，在主动免疫中起作用，在角蛋白形成中可能起调节作用。表皮最重要的部分是角质层，角质层的完整性依赖于所含角蛋白的分布，并且可能与脂类含量有关。

附属系统是由表皮衍生的，由平囊、皮脂腺和顶泌腺组成。毛是季节性脱落，主要出现在初春和初秋，与光周期性有关。神经、激素、血液供应等控制因素可以影响毛的生长，蛋白质、脂肪和维生素等营养因素也能影响毛的生长。有毛囊处就会有顶泌汗腺，其分泌管在皮脂腺分泌管入口的上方。狗的外分泌性汗腺存在于脚垫和鼻镜部，直接排汗于皮肤表面。

真皮由纤维（胶原纤维、网状纤维、弹性纤维）、基质（黏多糖凝胶）、细胞成分（成纤维细胞、肥大细胞和组织细胞）以及大量的神经丛和血管丛组成，能感觉热、冷、疼、痒和触压。

皮肤是机体的保护屏障，可提供机械性保护，也是重要的过滤系统和隔离层。毛发通过机械性过滤作用和带阴性电荷的毛角蛋白对带阳性电荷分子的吸附，有助于阻止有毒物质或过敏原通过皮肤。皮肤能够阻隔光辐射，紫外线经过被毛的过滤，被表皮和毛内的黑色素吸收。

另外,表皮也承担免疫信使的功能,抗原和过敏原可经过郎氏细胞的处理转移给局部淋巴结中的T细胞,以诱发过敏反应。表皮蛋白质可以和外源半抗原结合,增强其抗原性。7-脱氢胆固醇、维生素D前体也在表皮中形成。

2. 皮肤反应类型

(1)原发性病理变化

①斑点　为皮肤表面局部色泽的变化,不隆起,无质度变化,直径小于1cm。主要是色素的增加或者减退,如白斑点、急性炎症因充血而形成的红斑点、塞尔托利氏细胞瘤。

②斑　直径大于1cm,称为斑。如中毒性出血斑。

③丘疹　为皮肤表面的局限性隆起,直径小于7～8mm,针尖至扁豆大小,形状为圆形、椭圆形和多角形,质度较硬。顶部含浆液的称为浆液性丘疹,不含浆液的称为实质性丘疹。这些小的隆起,是由于炎性细胞浸润或水肿形成的,常与过敏和瘙痒有关。

④结或结节　突出于皮肤表面的隆起,大小在7～8mm,有的可达3cm,是深入皮内或皮下有弹性的坚硬病变。其隆起比丘疹大,损害更深,在器官中常有炎性细胞或新生物存在。

⑤肿瘤　比结节大,有良性和恶性之分。

⑥脓疱　为充满脓汁的小脓肿,常见葡萄球菌感染、毛囊炎、痤疮(粉刺)等感染引起皮肤的损害。

⑦风疹　为顶部平整、与周围界限清楚的隆起,是因水肿造成的,与荨麻疹反应有关,皮肤过敏试验呈阳性反应。

⑧水疱　为突出于皮肤表面、内含清亮液体、直径小于1cm的皮肤损害。常成片出现,疱囊易破,露出湿红色的缺损。

⑨大疱　直径大于1cm,易破,在病损部位常因多形核白细胞浸润而出现脓疱,如狗的大疱性类天疱疮。

(2)继发性病理变化

①鳞屑　是皮肤表层脱落的角质片,成片的鳞屑蓄积是由于

表皮角化异常,并在颜色和量上有变化。鳞屑发生在许多皮肤慢性炎症的过程中,特别是在皮脂溢、慢性跳蚤过敏和泛发性蠕形螨感染的皮肤病中。

②痂　由干燥的渗出物形成,包括血液、脓汁、浆液等,黏附于皮肤表面。患部常有损伤,临床上常见泛发性耳痒螨性皮肤病,在耳部形成痂。

③瘢痕　皮肤的损害超过真皮,造成真皮和皮下组织的缺损,由新生的上皮和结缔组织修补或替代,因纤维成分多,有收缩性,但因缺乏弹性而变硬。瘢痕的收缩,引起皮肤的皱纹。

④糜烂　当水疱和脓疱破裂,由于摩擦和啃咬,丘疹或结节的表皮破损而形成糜烂创面,表面因浆液漏出而湿润。若破损未超过表皮,则愈合后无瘢痕。

⑤溃疡　是皮肤或黏膜久不愈合的病理性肉芽创,指表皮变性、坏死脱落而产生的缺损,病损已达真皮。

⑥表皮脱落　因为瘙痒,动物自己抓、摩、啃、咬,使表皮剥落。常见于外寄生虫感染、特异反应性皮炎等,易继发细菌性感染。

⑦苔藓化　因为瘙痒,动物自我摩擦、啃咬患部皮肤,使皮肤增厚变硬,表现为正常皮肤斑纹变大。病患部位常呈高度色素化。

⑧色素过度沉着　是由黑色素在表皮深层和真皮表层过量沉积造成的,可能随着慢性炎症过程和肿瘤的形成而出现,常与狗的一些激素性皮肤病的脱毛相伴发生(如甲状腺功能减退)。

⑨色素改变　身体表面黑色素的变化比其他颜色的色素变化要多,有时与卵巢或子宫内膜过度增生有关。

⑩低色素化　色素消失多因色素细胞被破坏,色素停止产生。它常发生在慢性炎症过程中,尤其是盘形红斑狼疮。

⑪角化不全　棘细胞未经正常角化而转变为角质细胞,它含有细胞核并有棘突,堆积较厚,称为角化不全。只有棘细胞增厚的,称为棘皮症,也称表皮层肥厚。

⑫角化过度　表皮角化层增厚,常常是由于皮肤压力变化造成的,如多骨隆起处胼胝组织的形成,犬瘟热病狗脚垫增厚以及慢性炎症过程中。

⑬黑头粉刺　是由于过多的角蛋白、皮脂和细胞碎屑堵塞毛囊形成的,常见于某些激素性皮肤病(如肾上腺皮质功能亢进症)。

⑭表皮红疹　由于角质化皮片剥落而形成红疹,是破损的囊疱、大疱或脓疱顶部消失后的局部表现,如葡萄球菌性毛囊炎或细菌性过敏性反应。

3. 皮肤病的临床分类

将犬的皮肤病分成以下16类:①寄生虫性皮肤病;②细菌性皮肤病;③真菌性皮肤病;④病毒性皮肤病;⑤与物理性因素有关的皮肤病;⑥化学性因素有关的皮肤病;⑦嗜酸性肉芽肿;⑧皮肤过敏与药疹;⑨自体免疫性皮肤病;⑩激素性皮肤病;⑪脂溢性皮炎;⑫中毒性皮炎;⑬代谢性皮肤病;⑭与遗传因素有关的皮肤病;⑮皮肤肿瘤;⑯其他皮肤病。

4. 皮肤病的临床诊断

犬皮肤病的一般症状是脱毛或掉毛,多因瘙痒,动物抓挠、啃咬、摩擦患部而引起感染。

许多因素引起的皮肤病变有相似性或表现相同,例如刺激剂、感染、顶浆分泌囊破损等均可出现脓疱。有时某一种因素产生的反应可能多种多样,例如真菌的感染有时无症状,产生炎性或非炎性脱毛,或者表现为丘疹、脓疱或肉芽肿结节。

确诊需要根据病史、病变分布、病原的培养、抹片、刮片和组织病理学变化来确定。有时自我损伤和继发感染可能掩盖原发病变,这样,病史和局部病变常常更有重要的临床诊断意义。诊断时应按以下步骤进行。

(1)问　诊

①病程　应询问狗的主人病狗在患病初期的表现,用过什么

药,用药后病症是逐渐减轻(有效)还是逐渐加重?是否有瘙痒?用药后瘙痒的程度?狗生活的小环境,包括散养或群养,狗舍在室内还是室外,居室内有无地毯,是否常去草地,是否有固定的铺垫物等。

②病史　有无药物过敏史和接触性皮炎,有无传染病史,是否与患皮肤病的狗接触过等。

③其他　是否处于分娩后期,是否突然变换食物,用什么洗发香波,香波的使用方式(直接涂抹于皮肤被毛上还是对水之后使用),洗澡的次数等。

(2)一般检查

①皮肤局部观察　被毛是否逆立,有无光泽,是否掉毛?掉毛是否为对称性的?局部皮肤的弹性、伸展性、厚度、有无色素变化等。

②病变　大小、部位、形状,散在或集中,单侧或对称,表面是隆起、凹陷、扁平还是呈丘状?病变部位皮肤光滑还是粗糙,湿润还是干燥,质度如何?紧张度及局部颜色等。

(3)实验室检查

①寄生虫检查　包括玻璃纸带检查(用透明胶带,逆毛采样,易发现寄生虫)、皮肤材料检查(将皮肤挤皱后,用刀片刮取)、粪便检查(饱和盐水漂浮法等,检查虫卵)。

②真菌检查

A. 镜检。采集病料时剪毛要宽一些,将皮肤挤皱后,用刀片刮到真皮,将刮出的毛和刮取物放在载玻片上,滴数滴20%氢氧化钾溶液,微加热后加盖玻片,检查真菌的特征性菌丝或分生孢子。

B. 紫外线灯检查。伍德氏灯是波长360nm的紫外线灯,照在许多真菌上产生荧光,对真菌有一定的检出率。

C. 真菌培养。使用皮肤真菌培养基(DTM)。用水或70%的酒精轻轻清洗感染部位，以减少腐生菌的污染，取下毛和鳞屑置于培养基琼脂板上，然后盖上盖或密封，以减少蒸发，在室温下培养3～7d，皮肤真菌常常生长明显。但也有可能需要培养3周左右。皮肤真菌在真菌培养基上开始形成可见菌落时，培养基颜色从黄色变成红色，菌落本身为白色或灰白色。确诊和鉴别真菌种类需要用醋酸盐胶带从菌落表面去掉菌丝和大型分生孢子，用乳酸酚棉蓝染色，进行显微镜检查。

③细菌检查　用直接涂片或触片标本染色检查，或进行细菌培养和药敏试验等。

④皮肤过敏试验　抽血检测IgE或62项过敏原。

⑤病理组织学检查　直接涂片或行活组织检查。

⑥变态反应　做皮内反应和斑贴试验。

⑦免疫学检查　用免疫荧光检查法。

⑧内分泌功能检查　检查甲状腺、肾上腺和性腺的功能与激素在血中的含量。

总之，对皮肤和被毛的检查，应了解以下情况并加以分析：①何时发病，发展过程如何。②有无瘙痒，瘙痒的程度。有疥螨、耳螨、跳蚤过敏、食物过敏性皮炎时，瘙痒较重。③药物疗效如何。如类固醇类药可以控制多种疾病，有抗炎、抗过敏、抗毒素、抗休克等作用；消炎药对自身免疫疾病、食物过敏反应、性激素紊乱、疥螨等的治疗作用不大；抗生素类对脓皮病治疗有效，但对于真菌病、接触性皮炎、自身免疫缺陷性疾病和脂溢性皮炎无效。④单发还是群发。多数细菌感染是非接触性传染的，同舍或同群的狗发生同样症状的皮肤病时，应该考虑寄生虫以及日粮和环境的变化。⑤是否与年龄有关。1岁以内的狗易患幼犬脓皮病、蠕形螨感染、锌反应性皮炎、体癣、先天性皮炎，1～3岁的狗可发生特异性皮炎(吸入性皮炎)，7岁以上的狗内分泌性皮肤病和肿瘤的发生率较高。⑥是否与品种有关。拳师犬易患肾上腺皮质功能亢进症、特异反应性皮炎、蠕形螨病(皮褶多的狗易患)、舔食性肉芽肿、鼻镜皮炎、狼疮,爱尔兰猎犬易患脂溢性皮炎、特异反应性皮炎、神经性自我损伤,德国牧羊犬易患脓皮病、食物过敏性皮炎、蠕形螨感染、肛瘘等。⑦原发性还是自发性损伤。区分病初症状与继发病表现。⑧性周期。去势狗在手术后2～4年内易患某些皮肤病,用睾酮治疗有效。⑨日粮和环境是否突然改变。⑩发病的季节性。特异反应性皮炎、性激素紊乱、跳蚤过敏、脂溢性皮炎、脓皮病、蠕形螨病等均有明显的季节性。⑪独特的发病部位。特异反应性皮炎(吸入性过敏)多发生于脸部、腋窝、爪部,食物过敏多见于脸部、腋下、爪部、后背、会阴部,内分泌紊乱多出现在躯干、头部、肢末端的无毛、少毛区,与性激素有关的皮肤病多发生在后背、会阴、腹股沟、腹胁部皱褶、腋窝、趾部、面部,脂溢性皮炎以耳郭、眼周围、唇部周围、躯干中部、尾脂区、肛门周围、腹股沟、腋窝、脐部、乳头和趾间多发,接触性皮炎以爪、阴囊、腹沟部、腋窝、耳郭和唇部多发。

充分考虑以上因素,结合实验室皮肤刮取物检查、病原定性染色及分离培养、药敏试验、血液及粪便分析,有利于对皮肤病的检查确诊。

五、头部检查

头部检查包括口腔黏膜、牙齿、舌、鼻、咽、唇、眼、耳、唾液腺、淋巴结等方面。检查时,首先对头部形状进行观察。包括比较两侧面部是否对称,是否有单侧性面瘫,是否有肿块或其他异常,眼、鼻是否单侧或双侧出现分泌物。蠕形螨病往往首先在头部见到小的与周围分界比较明显的脱毛斑。

1. 口腔黏膜检查

检查口腔时,用两只手握住狗的上下颌骨部,将唇压入齿列,使唇覆盖臼齿上,然后将口打开。也可用绷带或布条置于上下犬齿之后,两手适当用力拉开口唇。

口腔黏膜检查可以发现口炎、口腔溃疡,是否黄染,还可以检查毛细血管恢复充盈的时间。方法是将狗的头部保定,上提上唇,露出上切齿的齿龈黏膜,用手指压齿龈黏膜1～2s,手指离开,正常情况下齿龈黏膜颜色恢复需1s左右;若恢复时间较长,见于心力衰竭、脱水及休克等情况。

健康的狗上下唇呈闭合状。一侧面神经麻痹时,唇向健侧歪;患破伤风时牙关紧闭;患嗜酸性细胞肌炎时,口唇闭合不全;患口炎时,口唇脱皮。正常的口腔黏膜呈粉红色,有光泽。当口腔黏膜潮红时,多因口炎或体温高。黏膜发绀或苍白,预后多不良。口腔黏膜溃疡有时与缺乏烟酸有关;口腔过分湿润甚至流涎,与唾液分泌过多、吞咽障碍有关,而口腔干燥,见于高热、脱水、腹泻或者阿托品中毒。

舌苔的厚薄、颜色与病程和病症有关。舌苔黄而厚,多表明病重或病程长;舌苔薄而白,一般表明病情轻、病程短。

健康的狗口腔无异味。当食欲差、口炎或口腔溃疡时,口有异味或臭味;胃扩张时,有酸臭味。

2. 牙　齿

正常乳齿细并呈乳白色,永久齿粗而白。当发生牙结石时,牙齿上有黑色或棕黄色牙结石,常流涎、不食,齿龈发炎,易出血,牙齿多松动,易脱落。

3. 咽　部

咽部位于喉的上方。检查时可用一只手的拇指和食指、中指在咽的两侧进行触压。若狗缩头抗拒,或连声咳嗽,说明患咽炎,若按压不发生吞咽动作则患咽麻痹。

4. 鼻　部

首先检查鼻梁的形状和对称性:如果出现肿胀或有慢性分泌物,应对两鼻孔进行比较;其次检查鼻黏膜的颜色和缺损情况;然后检查鼻孔是否通畅：将一放大镜片置于鼻前，不用触及鼻子就可检查鼻孔伴随着呼吸的翕张情况。鼻孔内部检查时需要全身麻醉或镇静；有鼻出血时要注意有无真菌感染、溃疡灶、肿瘤。

健康狗的鼻镜（鼻头）湿而凉。鼻镜干燥而热，甚至龟裂，可见于犬瘟热、高热病、上呼吸道感染、眼炎（鼻泪管相通）。浆液性鼻液，见于呼吸系统疾病的初期。脓性鼻液，多见于喉炎、上颌窦或鼻窦蓄脓、流感中后期、犬瘟热、鼻卡他、肺脓肿等疾病过程中。

5. 腺　体

主要检查舌下腺、颌下腺、腮腺。腺体发炎或感染后，肿胀增大，局部升温，病初较软，病症发展后变坚实。

6. 淋巴结

主要检查下颌淋巴结（位于下颌骨角的腹侧）。在某些病症时，2 个下颌淋巴结构均较正常时增大。

7. 眼　睛

检查时首先应将双眼作为一个整体进行观察，然后逐个检查单个眼睛。观察眼睛的大小、位置、分泌物特征，有无眼睑内翻或外翻，皮褶是否有毛刺激角膜，是否有结膜红肿、畏光、流泪。

正常狗的角膜透明，虹膜呈棕色，上睫毛不倒睫，结膜颜色呈淡粉红色，无增生的血管。眼炎时，内眼角处出现较多的浆液性或脓性眼分泌物；结膜潮红，角膜溃疡或角膜翳出现；眼房液增多，甚至发生晶状体混浊。

泪液试验、检眼镜检查，也用于眼病诊断。

8. 耳　部

首先检查耳的轮廓、位置及皮肤变化。正常时外耳郭应对声音及耳内轻微的触摸做出反应。然后大致检查耳道，观察其清洁度和气味，以及耳郭和软耳道的厚度及适应性，而后用耳镜彻底检查耳道和鼓膜。

健康狗耳部活动灵活，听觉好。发生外耳炎、中耳炎或内耳炎时,耳流出褐色分泌物,有臭味;感染耳螨时,瘙痒严重,常自我抓伤,引起耳壳肿胀(血肿、淋巴外渗),结厚痂皮,并可能继发真菌与细菌感染;发生食物过敏性耳炎时,耳道分泌物湿而红,犬常抓挠垂直耳道的皮肤投影部位。

六、颈胸部检查

颈胸部检查包括喉、颈椎、胸椎、肋骨、食管、心脏、气管和肺脏。

1. 咳嗽检查

用拇指和食指压迫喉头下部可以诱发狗咳嗽。一般情况下狗不咳嗽或仅发出一两声咳嗽,连声咳嗽说明喉、气管敏感性增大,干咳出现在支气管炎初期或患喉炎时,湿咳多发生在咽喉炎、支气管炎和肺炎时,痉挛性咳嗽多见于上呼吸道有异物或异物性肺炎。

2. 喉部检查

徒手检查喉部是否肿痛增温。打开口腔,用压舌板向下压舌根,借助灯光检查喉黏膜情况,看是否有红肿、出血、溃疡、分泌物或异物等。喉部化脓,见于咽峡炎、腮腺炎、喉炎、流感,甚至犬瘟热病中。

3. 气　管

用拇指、食指和中指由喉部向下触压气管,至胸腔入口处,观察有无痛感或变形。发生支气管炎时,气管触诊敏感,咳嗽。

4. 食　管

颈部食管可以触诊,先用手轻轻托起颌部,用拇指和食指沿颈静脉沟(偏左)自上而下地触摸食管。当食管阻塞时,可摸到硬的物体;食管损伤或发炎时,指压有痛感。

胸段食管无法用手触诊,可用胃管或胃镜检查。胃管的长度和直径应根据狗的体形而定。经口插入食管(先放置开口器),若有异物可以向下推入胃中。胃扩张时，胃管插入胃后有酸臭味气体、食糜排出。

5. 颈　椎

检查时使狗的颈部适当弯曲、拉伸及向各个方向转动，以检查是否有疼痛感。在此过程中观察是否有眼球震颤现象，轻压颈椎，看是否有疼痛症状。

狗的颈椎病主要有斜颈、外伤性脱臼、代谢性颈椎病等。诊断方法有徒手检查和X光片诊断。

正常狗的颈部肌肉发达，颈椎活动自如。外力性斜颈、脱臼时，犬的姿势发生变化，活动不灵活，X光片可以确诊。

代谢性颈椎病与维生素A有关。食物中动物肝脏比例大，易造成维生素A中毒，而维生素A多则必然影响维生素D的吸收，进而影响钙、磷代谢，造成颈椎易受损伤。所以，了解狗的日粮成分非常必要。

6. 胸椎与肋骨

狗的胸椎与肋骨疾病并不常见。检查时应首先注意胸廓的形状、对称性及呼吸运动均匀与否。一侧胸廓扩大或缩小，见于单侧胸膜炎、气胸和肋骨骨折等；营养不良时，胸廓狭而平；患佝偻病时，肋骨及肋软骨结合部有串珠状肿。胸壁增温或敏感度增大，包括触压疼痛，可能与胸膜炎、胸壁脓肿或肋骨骨折有关。

7. 肺部检查

肺部检查包括叩诊、听诊和放射学诊断。

(1)叩诊　多采用指叩诊法，主要用于判定肺和胸膜腔的病理变化。

①肺叩诊区　狗的肺叩诊区为一不正三角形。其前界为自肩胛骨后角并沿其后缘所引之线，下止第六肋间下部；上界为距背中线2～3指宽与脊柱平行的直线；后界自第十二肋骨与上界之交点开始，向下向前经髋结节水平线与第十一肋骨之交点，坐骨结节水

平线与第十肋骨之交点,肩关节水平线与第八肋骨之交点所连接的弓形线,而止于第六肋骨之下部与前界相交。肺叩诊区的病理改变主要表现为扩大或缩小。肺叩诊区扩大,见于肺泡气肿、气胸;肺叩诊区缩小,见于腹腔器官膨大或腹腔积液,如胃扩张、肝肿大、妊娠后期、腹水、肠积气等。

②肺叩诊音　健康狗肺的中部,叩诊呈清音,略带鼓音性质;肺的上部和肺边缘,叩诊呈半浊音。肺叩诊呈浊音,见于肺炎、肺水肿等;半浊音,见于肺结核、肺脓肿、肺坏疽等;水平浊音,见于渗出性胸膜炎、胸水及血胸等;鼓音,见于肺空洞、支气管扩张、气胸等;过清音,见于肺气肿等。

(2)胸部听诊　对支气管、肺和胸膜疾病的诊断具有特别重要的意义。狗的肺听诊区与叩诊区基本相同。听诊时,一般先从胸壁中部开始,然后再听上部和下部,每个部位听 2～3 次呼吸音,直到全肺。

①正常听诊音　健康狗的肺区,可听到类似"夫"的声音,即肺泡呼吸音,其特征是吸气时较明显,时间也长,呼气时则短而微弱,仅在初期可听到。肺泡呼吸音以胸壁中前部较明显,上部较弱。健康狗在第三至四肋间肩关节水平线上下,可听到支气管呼吸音,其类似"吓"的声音,呼气明显,持续时间长,吸气时短而微弱。

②胸部病理听诊音　主要有以下几种:

A. 肺泡呼吸音增强。普遍性增强,即全肺区均可以听到类似重读"夫夫"的音,较粗厉,呼气时也能听到,见于发热、贫血、酸中毒等病理过程。局限性增强,即肺泡呼吸音增强仅限于某一侧肺或一部分肺组织,见于肺炎等。

B. 肺泡呼吸音减弱或消失。肺泡呼吸音极为微弱,听不清楚,见于肺炎、肺水肿、肺气肿、渗出性胸膜炎等。

C. 病理性支气管呼吸音。即在正常范围以外的部位出现支气管呼吸音,见于大叶性肺炎肝变期。

D. 啰音。是伴随呼吸而出现的一种附加声音,可分为干性啰音和湿性啰音。

干性啰音:类似笛音、哨音、咝咝声,吸气与呼气都可听到,但以呼气时较为清楚,是由于支气管管腔狭窄,气流通过狭窄部而发生的狭窄音,或是支气管内有黏稠的分泌物,气流通过分泌物时引起振动而发生的声音。出现干性啰音,一般表明支气管有病变,见于支气管炎。

湿性啰音:又称水泡音,类似含嗽、沸腾或水泡破裂的声音,吸气与呼气均可听到,但以吸气末期明显。湿性啰音是由于支气管或肺泡内积有稀薄的液体,气流通过液体时,振动液体,或形成水泡并立即破裂而发出的声音;当肺部存在含有液体的较大空洞时,也可产生湿性啰音。按湿性啰音发生的部位,可分为大水泡音、中水泡音和小水泡音。大水泡音,表明病变在气管、大支气管或肺空洞,见于支气管炎、肺脓肿、肺坏疽及肺结核。中水泡音,表明病变在中支气管或细支气管,见于支气管炎。小水泡音,表明病变在细支气管或肺泡,常见于细支气管炎和支气管肺炎。广泛性小水泡音,常见于肺水肿。

E. 捻发音。是一种细小而均匀一致的类似在耳边用手捻搓头发所发出的声音,只能在吸气时听到,尤以吸气顶点最为明显。捻发音是由于积有少量液体而互相黏合的肺泡,于吸气时被气流冲开而产生的细小破裂音,见于支气管肺炎、肺水肿的初期等。

F. 胸膜摩擦音。类似粗糙的皮革互相摩擦而发出的断续性声音,吸气和呼气均可听到。见于胸膜炎初期和渗出液吸收期。

G. 胸腔拍水音。类似振荡半瓶水或水浪撞击河岸时所发出的声音,吸气和呼气均可听到,是由于胸腔内有液体和气体同时存在,随呼吸运动或体位改变,振荡或冲击液体而产生的声音,见于腐败性胸膜炎和气胸伴发渗出性胸膜炎。

8. 心脏检查

心脏检查,主要是心脏听诊和心电图检查;彩超仪对于心脏病的诊断很有意义。心率和脉搏须同时测量以检查脉搏是否正常。心率可分为正常、介于正常到不正常(如窦性心律不齐)之间,以及不正常(如心房纤颤)3 种。心房和心室的病变可引起心律不齐,心电图通常是诊断心律不齐的必要手段。心音通常在瓣膜的上方听诊到,主动脉瓣和二尖瓣在左侧,三尖瓣在右侧。

(1)正常心音　在每个心动周期中,可以听到“扑-嗒”2 个心音。前一个音调低而钝浊,持续时间长,尾音也长,称为第一心音,因其发生于心室收缩期,故又称为缩期心音。第一心音是在心室收缩期,由 2 个房室瓣同时突然关闭而产生的振动音与心肌收缩、心脏射血冲击动脉壁所产生的声音混合而成。后一个音调较高,持续时间较短,音尾终止突然,主要是由于心室舒张时,2 个动脉瓣同时突然关闭所产生的振动音而形成的,故又称为张期心音。

在心脏区域的任何一点,都可听到 2 个心音。听诊心音最清楚的部位,称为心音最强听取点。狗的第一心音最强听取点:二尖瓣口在左侧第五肋间,胸廓下 1/3 的中央水平线上;三尖瓣口在右侧第四肋间,肋间与肋软骨结合部稍下方。第二心音最强听取点:主动脉瓣口在左侧第四肋间肱骨结节水平线上;肺动脉瓣口在左侧第三肋间,接近胸骨处。

(2)心音的病理改变　包括心音频率、强度、性质和节律的改变。

①心音频率的改变　窦性心动过速,指兴奋来自窦房结,由于兴奋起源发生紊乱,使心率均匀而快速。狗心率超过每分钟 200 次的,见于发热及心力衰竭等。窦性心动过缓,是由兴奋形成发生障碍或迷走神经兴奋性增高所致。狗的心率在每分钟 60 次以下,见于黄疸、颅内压增高或洋地黄中毒等。

②心音强弱的改变　两心音同时增强见于热性病初期、剧烈

性疼痛、贫血、心肥大及心脏代偿功能亢进等。第一心音增强，见于房室瓣口狭窄及贫血。第二心音增强，是由于主动脉或肺动脉血压升高所致，见于急性肾炎、左心肥大、肺淤血、慢性肺泡气肿、二尖瓣闭锁不全等。两心音同时减弱，可见于心脏衰竭的后期，及其他疾病的濒死期等。渗出性胸膜炎时，两心音亦减弱。第一心音减弱，较少见，仅见于心肌梗死或心肌炎的末期。第二心音减弱，见于血容量减少性的疾病，如大失血、严重脱水、休克，以及能引起主动脉根部血压降低的疾病，如主动脉瓣口狭窄或闭锁不全。

③心音性质的改变　心音混浊，指心音低浊，含混不清，两心音缺乏明显的界限，可见于心肌变性以及瓣膜肥厚。金属样心音亢进，指心音异常高朗、清脆，而常有金属样音响，可见于肺空洞、心包积气、气胸等。

④心音节律的改变　期前收缩，是窦房结以外的异常兴奋灶发出的过早兴奋而引起的比正常心跳提前出现的搏动。每一次正常心跳后有一次期前收缩的，则称为三联律。偶发性期前收缩，可见于正常狗；频发性的，常见于洋地黄中毒、心肌疾患及危重疾病等。

(3)心脏杂音　指心音外的附加声音，其音性与心音完全不同。心脏杂音分为心内杂音和心外杂音 2 类。心内杂音又分为器质性杂音和非器质性杂音。器质性杂音包括缩期杂音、张期杂音和连续性杂音。心外杂音包括心包摩擦音、心包拍水音和心肺杂音。

①心内杂音　缩期杂音，是发生在心室收缩期，跟随第一心音之后或与第一心音同时出现的杂音，可见于房室瓣闭锁不全或半月状瓣口狭窄。张期杂音，是发生在心室舒张期，跟随第二心音之后或与第二心音同时出现的杂音，见于房室瓣口狭窄或半月状瓣闭锁不全。

器质性杂音的性质多粗糙、尖锐，如锯木或箭鸣声，既可发生于收缩期,又可以见于舒张期,且与心脏区域甚至瓣膜的部位相关,杂音可数月甚至数年持续存在。非器质性杂音的性质较柔和,如吹风音或喷射音,多发生在收缩期,且以心基部较明显,有的可不限于心脏区域。另外,适当运动或给予强心剂后,器质性杂音可增强,而非器质性杂音则减弱或消失。

②心外杂音　心包摩擦音,是心包发炎时使心包的脏层与壁层变得粗糙,互相摩擦而发出的杂音。心包拍水音,是心包发生腐败性炎症时,由于心包腔内积聚多量的液体和气体,伴随心脏活动发生的一种类似河水击打岸边的声音。心肺杂音,多出现在心肺交界处,在吸气时增强。心外杂音在狗较少见。

9. 前肢和腋下检查

犬出现突发性跛行,可通过触摸、弯曲和拉伸确定患肢和具体部位。前肢的检查从肩胛骨开始,到指尖为止。检查腋下,观察肩胛骨和肢体之间是否有病变;检查肩前淋巴结的大小和形状,腋下淋巴结可在胸部、肩关节的近尾端触到。检查肢体时要弯曲和拉伸每一个关节,触摸关节,看是否有渗出物、疼痛和发热等现象。将犬的前肢弯曲并且将掌背侧平放于桌上,若犬立即恢复正常状态,表明反应和感受正常。

七、腰腹部检查

1. 腹部视诊

主要观察腹部外形轮廓的变化。腹围膨大,除母狗妊娠后期及饱食等生理情况外,可见于急性胃扩张、腹水、肠便秘等。腹围缩小,见于慢性消化道疾病、寄生虫病及营养不良等。从背部观察,可以看出胸段和腰段是否匀称,判断肥胖的程度。

2. 腹部触诊

将双手拇指置于腰部作支点,其余4指伸直置于两侧腹壁,缓慢用力压迫，直至两手指端互相接触为止，以感觉腹壁及腹腔脏器的状态。也可将两手置于两侧肋骨弓的后方，逐渐向后上方移动，让内脏器官滑过指端，以便触摸。如将狗两前肢提高，几乎可触知全部腹内器官。

触诊腹腔时要轻且有力，在检查过程中有的狗肌肉出现紧张性收缩，必须确定这种现象是由疼痛还是焦虑引起的。触诊须系统性进行，以确保检查的彻底性。从前到后，从背侧到腹侧，指尖应敏锐地感觉到器官的大小、形状及触到的任何块状物。触诊时犬可能出现弓腰现象，若主要原因是腰痛，检查者可能会误认为腹痛，故在触诊腹部前应先检查是否有腰痛现象。连续沿着腰椎施加压力也可引起弓腰现象。触诊腹壁时应检查是否有肿块和疝，对于幼龄犬来说检查是否存在脐疝非常重要。当触诊肠道感觉其中气体较多时，要注意是否为肠道细菌过度繁殖、椎骨病影响肠道蠕动机能等因素。

腹部触诊往往可以确定胃肠充满度，胃肠炎、肝炎、泌尿生殖器官疾病的疼痛，十二指肠寄生虫，肝、脾和肾的肿胀和炎症，粪块滞留、异物及肠变位、肠套叠等，均表现有显著的局限性压痛。胃炎时，在胃区有压痛。胃扩张时，左侧肋弓下方有膨隆。大肠秘结时，在骨盆腔前口可摸到香肠粗细的粪结。肠套叠时，可以摸到坚实而有弹性的圆柱形肠管。

3. 腹部听诊

主要目的在于了解肠运动功能和肠内容物的性状。肠蠕动音听诊部位在左右两侧肷部。健康狗肠音如哔发音或捻发音。肠音增强，见于消化不良、胃肠炎的初期。肠音减弱或消失，见于肠便秘、肠阻塞及重度胃肠炎。

4. 胃的检查

狗的胃可从外部进行触诊。狗取站立姿势或伏卧，术者两手置于两侧肋骨弓的后方，用拇指于肋骨内侧向前上方触压，当狗患有急性胃炎、胃溃疡时,触压有疼痛反应。胃叩诊区后界在最后二、三肋骨坐骨结节水平线上下。胃扩张时,胃叩诊区后界可达脐部。

胃内异物可用手触摸检查,尤其是大的固体物质,如大骨块、棋子、果核、石子等,但对塑料袋、线团、袜子等异物的诊断以钡餐造影拍 X 光片为宜,胃窥镜检查是直观的方法,准确率高。

5. 肝脏的检查

在右侧第七至第十二肋间,肺后缘 1～3 指宽,左侧第七至第九肋间沿肺后缘,均有肝浊音区与心浊音区的融合。患肝脏疾病时,肝浊音区扩大,向后方伸延,后缘可达到背部和侧方,特别是右侧肋骨弓下部显著,触诊有疼痛感。

6. 后肢、骨盆和尾的检查

后肢检查同前肢一样,在一般检查之前检查后肢是否有跛行现象,检查过程同前肢。检查时注意腿弯处淋巴结的大小和形状,在腹壁和大腿内侧面可触摸到腹股沟浅表淋巴结。

检查尾时应首先检查其位置和摆动情况,观察其是否有肿块或毛发的缺损,同时向头部轻拉尾以确认是否腰骶疼痛。

检查后肢感觉是否正常方法同前肢。

7. 直肠检查

检查直肠时应戴上润滑好的手套,手指轻轻地伸入直肠。此过程可检查许多组织的结构,如直肠壁的厚度、腺体、骨盆和荐骨的轮廓、骨盆内的尿道和动脉、雄性的前列腺、雌性的阴道、肛门和骨盆前缘。手指向荐骨的背侧施压,观察犬有无疼痛感。前列腺肿胀变大后会向骨盆前缘突出。在直肠检查中,另一只手可通过触摸腹部将前列腺向背尾侧推进,以协助检查的完成。最后检查粪的颜色和硬度。测量直肠温度时应同时对肛门和会阴进行检查,观察是否有肿块,尤其是雄性犬。

8. 粪便检查

狗排粪时取近似于下坐姿势，粪便通常呈条索或圆柱状，根据每天饲喂次数的不同，犬一般日排便1～3次。患消化不良、胃肠炎时，排粪次数增加，粪便呈泥状或水样，并混有多量黏液、血液，有恶臭味，重症胃肠炎往往伴有排粪失禁或里急后重。在肠便秘初期和热性病时，排粪次数减少，粪量也少，粪便干涸而色暗，常被覆多量黏液。粪便呈咖啡色、番茄色，带有腥臭气味，多见于狗细小病毒性肠炎。

寄生虫性肠炎常出现腹泻与便秘交替的现象，最后腹泻。当发生球虫、钩虫严重感染时，粪便带血，并且量较多。粪便中有新鲜的血丝时，表示后肠段有疾患或损伤，不能忽视肛门腺炎的发生。滴虫严重感染时，也会发生粪便中带血的现象，尤其是犬场的狗，滴虫的发生率较高。

狗2～3d无粪便排出时，应检查肠段有无阻塞。粪结一般呈近球形，多处于结肠段，可被捏动；需要灌肠。

9. 腹壁肿物检查

腹壁肿物包括：疝、肿瘤、血肿、脓肿、淋巴外渗等。血肿、脓肿、淋巴外渗的内容物分别为血液、脓汁和橙黄色较黏的淋巴液。淋巴外渗触之不痛。肿瘤质度硬，良性肿瘤表面光滑，有蒂；恶性肿瘤与周围组织界限不明显，形状不规则，无蒂。可复性疝有疝轮，用手可将内容物（以肠管、网膜为主）还纳于腹腔；不可复性疝不能还纳回腹腔，影响胃内容物下行，造成呕吐甚至毒素吸收。

一般情况下，恶性皮肤肿瘤表面多无毛。

八、泌尿系统检查

泌尿系统的临床检查包括排尿状态的检查和泌尿器官的检查。

1. 排尿状态检查

检查排尿状态时,要注意观察排尿姿势、次数和排尿量的多少。

(1)排尿姿势检查　健康狗排尿时,都取一定的姿势。母狗排尿采取下蹲姿势,公狗则是提举一侧后肢且有将尿液排于其他物体上的习惯。排尿姿势异常,常见有尿失禁和排尿带痛。尿失禁时,病狗不取正常的排尿姿势,不自主地经常地同期性地排出少量尿液,一般见于腰髓中1/3段及其以上部位脊髓损伤。排尿带痛时,病狗在排尿中表现不安,排尿后仍长时间保持排尿姿势,见于膀胱炎、尿道炎和尿路结石等。

(2)排尿次数和尿量检查　公狗常随嗅闻物体或寻找其他狗排过尿的地方排尿,在短时间内可排尿10多次。健康成年狗1d的排尿量为0.5～2L,幼狗为40～200mL,平均为22mL/kgbw。多尿,即排尿次数增多,而每次排尿量并不减少,见于慢性肾炎、糖尿病及应用利尿剂。尿频,即排尿次数增多,而每次排尿量不多,甚至减少。尿液不断,呈点滴状排出的,称为尿淋沥,见于膀胱炎、尿道炎、阴道炎等。少尿或无尿,即排尿次数减少,尿量亦减少,可见于呕吐、腹泻、休克和心力衰竭等肾前性因素,急性肾炎、肾功能衰竭等肾性因素,以及膀胱括约肌痉挛、尿石症等肾后性因素。膀胱破裂时,不见病狗排尿,腹部触诊感觉不到膀胱,腹部逐渐膨大。

需要注意的是,老龄公犬普遍发生前列腺肥大;当出现前列腺炎的时候,排尿的最后一段尿液常有血。

2. 泌尿器官检查

泌尿器官检查,主要是采用触诊方法对肾脏和膀胱进行检查。

(1)肾脏检查　狗的肾脏位于第二至第四腰椎横突下,但右肾比左肾稍在前方。左肾常可随胃肠道的充满而移动。外部触诊肾脏时,狗取站立姿势,术者两手拇指放于腰部,其余手指由两侧肋弓后方与髋结节腰椎横突下方,在左右两侧同时施压并前后滑动。

狗的左侧肾脏可在左腰窝的前角触到，右肾常不易触到。小狗也可于其横卧时进行肾脏触诊。急性肾炎、肾盂肾炎及钩端螺旋体病时，触诊肾脏敏感。

(2)膀胱检查　狗的膀胱位于耻骨联合前方的腹腔底部。触诊时狗采取站立姿势，用一手在腹中线处由前向后触压。也可用两只手分别由腹部两侧逐渐向体中线压迫，以感觉膀胱。当膀胱充满时，可在下腹壁耻骨前缘触到一有弹性的球形光滑体，过度充满时可达脐部。检查膀胱内有无结石时，最好用一手食指插入直肠，另一手的拇指与食指于腹壁外，将膀胱向后方挤压，使直肠内的食指容易触到膀胱。

(3)尿道结石与膀胱结石　其发生与以下因素有关：吃海产品过多、以肉食为主、尿道感染、每日饲喂次数过多等。一般为5～6岁以上的狗发生率高。初期排尿不畅，尿淋沥，严重时无尿液排出。诊断时以X光片为确诊的手段。

九、生殖系统检查

主要是检查公狗的睾丸和母狗的子宫和卵巢。公狗首先检查外尿道口的包皮是否有分泌物，然后拉起包皮，检查阴茎。触摸阴囊，检查睾丸。正常时两个睾丸都应下垂且对称，无肿无痛，且在睾丸上都可摸到附睾。母狗检查外阴是否有分泌物或肿胀，阴道黏膜的颜色，尤其是色素沉着情况。子宫和卵巢的触诊不易掌握，应以B超仪检查为宜。

对怀疑妊娠的母狗，不要用手过多地触诊子宫，以防流产。

十、血液分析

狗的血液学检查主要用于体检、病症分析、有关酶的检查、无机离子检测以及某些血液寄生虫的检测。

现将中国农业大学动物医院的血液检验项目和生化检验项目列于表5-1、表5-2,供参考。

表5-1 中国农业大学动物医院血液检验项目

血液检验项目和单位	结 果	参考正常值	
		狗	猫
红细胞(RBC)$\times 10^{12}$/L		5.5～8.5	5.0～10.0
血细胞比容(HCT)L/L		0.37～0.55	0.24～0.45
血红蛋白(HGB)g/L		120～180	80～150
平均红细胞容积(MCV)10^{-15}L		60～77	39～55
平均红细胞血红蛋白(MCH)10^{-12}g		19.5～24.5	13.0～17.0
平均红细胞血红蛋白浓度(MCHC)g/dL		32～36	30～36
白细胞(WBC)$\times 10^{9}$/L		6.00～17.00	5.50～19.50
叶状中性粒细胞%		60～77	35～75
杆状中性粒细胞%		0～3	0～3
单核细胞%		3～10	0～4
淋巴细胞%		12～30	20～55
嗜酸性粒细胞%		2～10	0～12
嗜碱性粒细胞%		少见	少见
血小板$\times 10^{9}$/L		200～900	300～700
异常红细胞或白细胞			
心丝虫幼虫			
焦 虫			
锥 虫			
其 他			

表 5-2　中国农业大学动物医院生化检验项目

生化检验项目和单位	结　果	参考正常值	
		狗	猫
总蛋白(TP)g/L		54～78	58～78
白蛋白(ALB)g/L		24～38	26～41
丙氨酸氨基转移酶(ALT)30℃ U/L		4～66	1～64
天门冬氨酸氨基转移酶(AST)30℃ U/L		8～38	0～20
碱性磷酸酶(ALP)30℃ U/L		0～80	2.2～37.8
肌酸激酶(CK-NAC)30℃ U/L		8～60	50～100
乳酸脱氢酶(LDH)30℃ U/L		100	63～273
淀粉酶 30℃ U/L		185～700	502～1843
脂肪酶(Lipase)30℃ U/L		0～258	0～143
γ-谷氨酸转移酶(GGT)30℃ U/L		1.2～6.4	1.3～5.1
葡萄糖(GLU)mmol/L		3.3～6.7	3.9～7.5
总胆红素(T. Bili)μmol/L		2～15	2～10
直接胆红素(D. Bili)μmol/L		2～5	0～2
尿素氮(BUN)mmol/L		1.8～10.4	5.4～13.6
肌酐(CRE)μmol/L		60～110	62～190
胆固醇(CHOL)mmol/L		3.9～7.8	1.9～6.9
甲状腺素(T_4)ng/mL		10～40	15～50
钙(Ca)mmol/L		2.57～2.97	2.09～2.74
磷(P)mmol/L		0.81～1.87	1.23～2.07
氯(Cl)mmol/L		104～116	110～123
钠(Na)mmol/L		138～156	147～156
钾(K)mmol/L		3.8～5.8	3.8～4.6
镁(Mg)mmol/L		0.79～1.06	0.62～1.03
碳酸氢盐(HCO_3^-)mmol/L		18～24	17～24

十一、尿液分析

尿液分析用于诊断肾功能以及膀胱炎、尿结石、泌尿道感染等疾病,也用于一般体检。化验项目见表5-3。

表5-3 尿检验项目

项　　目	结　果	参考正常值
尿　色		淡黄、黄至褐
透明度		澄清透明
气　味		
酸碱反应(pH值)		5～7
相对密度(比重)		1.015～1.050
潜血		—
蛋白		—
葡萄糖		—
尿胆原		—
尿胆红素		—
酮　体		—
亚硝酸盐		—
尿沉渣检验		—

对于老龄狗需经常体检,以防肾衰竭初期因无明显的症状而被忽视。尽早发现,才能尽快治疗,这是尽早康复的基础。

十二、粪便检查

粪便检查可发现肠道出血及有无寄生虫虫卵,还可区别小肠炎与大肠炎。粪便检查是确诊细小病毒病的有效手段。检查的粪便以新鲜为好，尤其要注意，有些寄生虫在体内移行期或者间歇性排卵期，一次检查不能检测出虫卵，应做多次粪便检查。粪检项目见表 5-4。

表 5-4　粪便检验项目

项　　目	结　果
潜　血	
寄生虫	
犬细小病毒(CPV)	
胰蛋白酶	
中性脂肪	
淀　粉	
肌纤维	

狗的粪便中会有少量的植物细胞、淀粉颗粒、肌(肉)纤维等。如果这些成分大量存在，说明食量过多、消化不良、肠蠕动过速，食物未被消化即被排出。中性脂肪和淀粉过多是小肠炎的标志(区别于大肠炎)。粪便中的脂肪包括中性脂肪、结合脂肪和游离脂肪，脂肪增加见于严重腹泻、肠内容物通过太快、总胆管梗阻、先天性胰脂酶缺乏、胰腺炎、小肠淋巴液梗阻、脂肪痢等疾病过程中。

十三、B 超仪诊断

超声诊断是一种无放射性、无损伤、无疼痛、操作简便和结论迅速的影像诊断技术。它与传统 X 线、CT、核磁共振和核素成像一起被称为当前医学五大影像诊断技术。兽医超声诊断可分为 A 型(超声示波法)、B 型(超声断层显像法)、D 型(超声多普勒法)和 M 型(超声光点扫描)4 种。其中，A 型是最原始的一种，现已基本不用,但它是其他3种的基础。D型主要探查心血管系统的一些疾病,如心胚血流声的定性检测,血流方向的判定。另外,根据对胎儿心血管系统的探测也可诊断妊娠。M型也主要用来探测心脏病及记录胎动、胎心等部位的运动情况。B型超声俗称为B超,其原理是将超声回声信号以光点明暗,即灰阶的形式显示出来,回声信号强,光点就亮;回声信号弱,光点就暗,由点到线到面构成一幅被扫描部位组织或脏器的二维断层图像。根据被检查病畜的超声图像与正常解剖组织的超声图像的差异,可以诊断心脏、呼吸、消化、泌尿生殖、神经等系统和眼睛、肌腱、韧带、骨骼等部位的疾病,B超在兽医上的应用前景很好。

B型超声诊断仪按扫描成像的工作方式不同,可分为手动扫描、机械扫描和电子扫描3类,现在通常采用电子扫描。根据探头发射超声波的不同,探头可分为多种。

1. B型超声诊断仪的基本构造

B型超声诊断仪一般包括2部分:主机和探头(又称换能器)。主机是电子仪器系统部分,它由显示器、基本电路和记录部件组成。探头是发射和接收超声,进行电声、信号转换的部件。由于探头能够将由主机送来的电信号转变为高频振荡的超声信号,又能将从组织脏器反射回来的超声信号转变为电信号而显示于主机的显示器上,因此,探头可以说是B超诊断仪的主要部件,它的价格一般接近B超诊断仪总价格的一半。探头在使用中也是最容易损坏的部分,因此,使用时应注意保护,以防止损坏。

20 000Hz(赫)以上的声波都是超声波,因此探头的频率也是各不相同,它与仪器的灵敏度和分辨力等有密切关系。探头的频率越高,则分辨力越高,但是探查深度越浅。临床上应根据探查深度和分辨度的总体要求来选择探头。例如,眼睛疾病因探查深度浅,可以选用7.5MHz(兆赫)以上的立频探头,而小动物的腹腔探查可以选用5MHz的探头,但是对于大动物从体表探查腹腔应选用3.5MHz以下的探头。

另外，除了主机和探头以外，许多B超诊断仪还可以配有照相机、录像机、影像打印仪、鼠标、键盘。甚至还可以连接计算机，装入专门的软件，可以将超声图像作彩色显示、图像处理、存储、检索放大及自动分析等，还可以计算图像的周长、面积等。

2. B型超声诊断仪的操作

主要有以下几个步骤：

第一，连接主机与探头及其他部件（如照相机、影像打印机等）；

第二，将各部件与电源相连接；

第三，接通电源，将各部件自己的电源开关打开；

第四，输入操作日期、病例号及其他一些数据；

第五，动物保定后，探查部位体表剪毛、剃毛、涂布超声耦合剂；

第六，将探头稍用力紧贴在探查部位，以线性、扇形、弧形、径向等方式探查；

第七，探查到典型的病变，可以用冻结键冻结图像，然后利用主机上的其他键进行测量及标示，以及进行照相、存储、打印、输出等处理；

第八，探查完毕，关闭各部件开关，切断电源，探头用沾有肥皂水的软湿布轻轻擦拭，绝不能将探头浸没于水中；

第九，连接或取下探头必须是在关闭电源的情况下进行，其他部件的连接或取下也应先关闭电源。

十四、心电图检查

1. 导联方法

各种心电图机的导联线均为红(R)、黄(L)、绿(LF)、黑(RF)及白(C)等不同颜色标记，以区分正负电极，临床上常用的导联有：

(1)双极导联　又叫标准导联。第一导联(LⅠ),正极联于左前肢,连接黄色(L)导线,负极联于右前肢,连接红色(R)导线。第二导联(LⅡ),正极接于左后肢,连接绿色(LF)导线,负极接于右前肢,连接黄色(L)导线。第三导联(LⅢ),正极接于左后肢,连接绿色(LF)导线,负极接于左前肢。电极连接部位,前肢掌部或腕关节上方二指处,后肢跖部或跗关节上方二指处。

A-B 导联电极安放部位是,左侧第五肋间的肋骨与肋软骨连接处安放(L)电极,连于正极;右侧肩胛脊上 1/3 处安放(R)电极,连于负极。

(2)单极导联　临床上常用的有加压单极肢体导联和单极胸导联。

加压单极肢体导联,分为右前肢加压单极肢导联(aVr),左前肢加压单极肢导联(aVl)和左后肢加压单极肢导联(aVf)。

单极胸导联,是将探查电极置于胸部的一定部位,连接于心电图机的正极,负极与中心电端相连。可依据心脏各部在胸壁上的投影点不同,在各点安放探查电极。

2. 描记方法

被检狗要与地面绝缘,安放电极的部位要剪毛,并用酒精棉球充分擦拭脱脂,用铁制鳄鱼夹固定电极,接好心电图机电源、地线,打开电源开关,预热 5～10min 后校正标准电压。标准电压多定为外加 1mV,使描笔尖上下摆动 10m,1m 等于 0.1mV。将电极导线总插头连于心电图机上,按导线端插头的不同颜色标记进行连接,红色连于右前肢,黄色连于左前肢,绿色连于左后肢,黑色连于右后肢,白色连于胸部电极。转动导联变换器,按下准备开关,观察记录笔上下摆动变化,待基线平稳无干扰时,即可描记。通常每个导联描记 4～6 个心动周期。描记后要在图纸尾部描记 1 个标准电压图,以供测量分析之用。

3. 心电图的测量

在1个心动周期中，心电图曲线上出现大小不等、方向不一的5个波，称之为P、Q、R、S、T波或P波、QRS波群及T波。心电图记录纸是由纵线和横线划分成各为1mm^{2}的小方格，一般采用的走纸速度为25mm/s，每两条纵线间为0.04s，当标准电压1mV=10mm时，两条横线间为0.1mV。心电图的基线，即由P波的起点引出的水平线，或以前后两个T-P段的P波起点稍前处连线为准。各波时间的测量，应选择基线平稳，波幅较前高及起止点清晰的导联。测定各波的起止时间均以波开口侧的基线为准，如阳性波开口向下，测量其起止点的下缘；阴性波开口向上，测量其起止点的上缘；双向波先上后下，则从其起点下缘测量至止点上缘。测量各波的电压，向上的波应从基线上缘垂直至波顶，向下的波则从基线下缘垂直至波底。

4. 心电图波形及其应用

(1) P波　持续时间为0.04s，振幅为0.4mV。心房增大时，P波增宽、增大。

(2) P-R间期　为0.06～0.13s。P-R间期延长，见于房室传导阻滞、迷走神经紧张性增高。

(3) QRS波群　小狗为0.05s，大狗为0.06s。QRS时限延长，见于心室内传导障碍；振幅增大，持续时间延长，见于心室肥大。

(4) S-T段　是QRS波群终了到T波开始的线段，位于等电线上，无明显移位。QRS波群终了与S-T段开始的一点，称为S-T段结合点，即J点，测量S-T段上升下降，应在J点后0.04s处。S-T段上升见于心肌梗死，下降见于心肌供血不足。

(5) Q-T间期　为0.14～0.22s。Q-T间期延长见于低血钾和低血钙。

十五、X线检查

X线检查包括摄影、造影和透视3种方法。

1. 摄影技术

X线摄影除必须具有X线诊断机外,还需一些不可缺少的器材,如X线胶片、片夹、增感屏、遮线管、滤线器、铅号码、摄影夹、测厚尺等。摄影条件的确定,应根据投照部位、厚度、千伏值(kV)、毫安秒(mAs)及焦片距离(D)等因素。狗的X线摄影一般投照条件见表5-5。

表5-5 狗各部投照条件

投照部位	kV	mAs	D(cm)
头	70	7	50～120
颈	65	6	50～120
胸	55～60	5	50～120
骨盆	60～70	7	50～120
肩	50	6	50～120
前肢	45～55	4～5	50～120
后肢	45～55	4～5	50～120

一张满意的X线照片应有恰当的黑化度、良好的对比度、丰富的组织层次及反映各部细节的清晰度和最小的影像失真度。X线照片质量主要受投照条件的影响,投照条件的基本变化原则是:管电压在80kVP以下时,投照部位的厚度每增减1cm,相应增减2kVP;管电压在80kVP以上时,投照部位的厚度每增减1cm,相应增减3kVP;投照部位厚度在10cm以上时,管电流或曝光时间应增加3倍;投照肾、脊髓及其他造影时,应提高管电流,降低管电

压;投照胃肠道、颈、脊柱、骨盆时,管电压应提高 5～10kVP;投照颈部软组织时,管电压应减少 5～10kVP。

2. 造影技术

对缺乏天然对比的器官或组织,为扩大其检查范围,提高诊断效果,可以将人工对比剂(造影剂)引入被检查器官或组织的内腔,造成密度对比差异,使被检组织器官内腔或外形显示出来,这种技术称为 X 线造影术。造影技术主要用于消化道、泌尿道、支气管等缺乏天然对比的组织和器官。

(1)造影剂　根据造影结果可将其分为 3 类:一是阳性造影剂,因为其具有高的原子序数,比软组织难透过,如硫酸钡和碘制剂等。二是阴性造影剂,比软组织更易透射,因为其密度低,此类造影剂包括各种气体,如空气、二氧化碳和氧化氮等。三是双重造影,是联合使用前 2 种造影介质,用阳性造影剂覆盖表面,用阴性造影剂使之突出于其他组织。常用造影剂如下。

①硫酸钡　是难溶的惰性金属化合物,通过胃肠道排泄而不被吸收和消化,能覆盖黏膜表面提高可见度。如果怀疑食道或胃肠道穿孔则不建议使用,因为泄漏到管腔外时可引起肉芽肿反应。可用的产品有:硫酸钡粉末:价格便宜,用前用水调和即可,其在胃肠道易于凝结;硫酸钡胶体悬液:无须稀释或常规稀释,是胃肠道成像的理想造影剂;硫酸钡胶浆:因其可长时间的覆盖在黏膜上,多用于食道造影。

②碘化合物　大多数化合物与蛋白结合率低,以肾小球滤过的形式从肾脏排泄;高蛋白结合率的化合物(如碘格利酸盐)易经胆汁排泄,因此肾功能不全者应选择通过肠道和胆汁排泄的造影剂。

③阴性造影剂　一般说来二氧化碳和氧化氮比空气安全,因为前两者在血液中溶解度高,即使偶尔进入脉管系统也不会形成空气栓子。应注意空气栓子形成虽发生概率低但可导致犬猝死。

保持左侧卧位是最安全的姿势,因为任何进入的空气都被局限在右心室,很少进入肺动脉而引起血流阻滞。

(2)造影方法

①消化道造影　一般食管造影常用70%硫酸钡,内服胃肠造影常用40%硫酸钡。一般先将硫酸钡和阿拉伯胶混合,加入少量热水调匀,再加适量温水。被检狗服钡前应禁饲、禁水12h以上,经口服钡,剂量为2～5mL/kgbw。检查时,可根据情况采取站立侧位、背立背胸位或仰卧位,检查食管和胃可于造影当时或稍后观察,检查小肠应于服钡后1～2h观察,检查大肠则应于服钡后6～12h观察。

②泌尿道造影　膀胱造影时,先插入导尿管,排尽尿液后,向膀胱内注入无菌空气或10%～20%碘化钠50～100mL。肾盂造影时,应先禁食24h,禁水12h,仰卧保定,在下腹部加压迫带,防止造影剂进入膀胱而使肾盂充盈不良,静脉缓慢注射50%泛影酸钠或58%优罗维新20～30mL,注毕后7～15min拍腹背位的腹部片,并立即冲洗,肾盂显像后除去压迫带,再拍摄膀胱照片。

③支气管造影　适用于支气管扩张、狭窄及肺不张等。造影剂选用40%磺化油或钡胶悬液,经口插管或气管内注射注入造影剂15mL左右,造影剂沿下侧支气管流入被检测部位,在透视下可以看到造影剂按心叶支气管、膈叶支气管和尖叶支气管顺序流入,待造影剂完全流入支气管内,便可进行X线摄影。一般一次只进行一侧肺脏支气管检查,要作另一侧支气管造影时,应在造影剂排尽后再进行。

3. 透视技术

狗胸部透视检查时,通常采用头颈向上、两前肢上举、躯干纵轴与地面垂直的直立位检查。透视条件一般采用距离60～80cm,管电压50～65kV,管电流2～3mA。透视以正、侧位为主,斜位为辅。一般先进行直立正位观察,荧光屏贴近胸壁,观察左右肺的情况。注意纵隔、心脏及其周围、两心膈角部及肺纹理，然后观察肺野外围、上部、下部和膈肌，对骨骼及软组织也要留心观察。正位检查完毕后，再行侧位检查，注意观察心脏及其前后界、心脏前后的肺尖叶和膈叶区肺野。若发现异常阴影，可缩小铅门仔细观察。侧位检查因两肺重叠，所以应分别进行。必要时辅助斜位透视检查。

十六、内窥镜检查

内窥镜检查是将特制的内窥镜插入天然孔道或体腔内观察某些组织、器官病变的一种临床特殊检查方法。内窥镜主要由镜体和光源 2 部分组成。镜体分为可屈式与硬质式 2 种，光源分热灯光和冷光源。目前大都采用冷光源照明。硬质式内窥镜适用于鼻腔、咽、喉、膀胱、阴道及胸腔、腹腔等组织器官的检查，可屈式内窥镜既可用于气管、支气管的检查，又可用于食管及胃肠道的检查。

1. 支气管镜检查

对临床上具有气管或支气管阻塞症状的病狗，可进行支气管镜检查。检查前 30min 行全身麻醉，鼻内或咽喉部喷雾 2%利多卡因 1mL。狗取腹卧姿势，头部尽量向前上方伸展，经鼻或经口插入内窥镜，经口插入时，应装置开口器。可根据狗的体形大小，选择不同型号的可屈式光导纤维支气管镜，镜体以直径 3～10mm、长度 25～60cm 为宜。插入时，先缓慢将镜端插入喉腔，并对声带及其附近的组织进行观察，然后送入气管内。此时边插入边对气管黏膜进行观察。对中、大型犬，镜端可达肺边缘的支气管。对病变部位可用细胞刷或活检钳采取病料，进行组织学检查，还可吸取支气管分泌物或冲洗物，进行细胞学检查和微生物学检查。

2. 食管镜检查

选用可屈式光导纤维内窥镜进行检查。狗取左侧卧，全身麻醉。经口插入内窥镜,进入咽腔后,沿咽峡后壁正中达食管入口,随食管腔走向,调节插入方向,边插入边送气,同时进行观察。颈部食管正常是塌陷的,黏膜光滑、湿润,呈粉红色,皱襞纵行。胸段食管腔随呼吸运动而扩张和塌陷。食管与胃结合部通常是关闭的。其判定标志是,食管黏膜皱襞纵行,粉红色;胃黏膜皱襞粗大不规则,深红色。急性食管炎,黏膜肿胀,呈深红色,天鹅绒状;慢性食管炎,黏膜弥漫性潮红、水肿,附有淡白色渗出物,有糜烂、溃疡或肉芽肿。

3. 胃镜检查

狗左侧卧,全身麻醉。镜头一过食管胃口,即停止插入,先对胃腔进行大体观察。正常胃黏膜呈暗红色,湿润、光滑,半透明状,皱襞呈索状隆起。上下移动镜头,可观察到胃体大部分,依据大弯部的切迹可将体部与窦部区分开,镜头上弯,沿大弯推进,便可进入窦部。检查贲门部时,将镜头反曲,呈"J"形。常见的病理改变有胃炎、溃疡、出血等。

4. 结肠镜检查

被检狗在检查前48h采食流体食物,而后禁食24h。检查前1≈2h用温水灌肠,排空直肠和后部结肠的蓄粪。狗左侧卧,全身麻醉。经肛门插入结肠镜,边插边吹入空气。在未发现直肠或结肠开口时,切勿将镜头抵至盲端,以免造成穿孔。当镜头通过直肠时,顺着肠管自然走向,插入内窥镜。将镜头略向上方弯曲,便可进入降行结肠。常见的病理学改变有结肠炎、慢性溃疡性结肠炎、肿瘤及寄生虫等。

5. 腹腔镜检查

术部选择依检查目的而定。先在术部旁刺入封闭针,造成适度气腹,再在术部做一与套管针直径大致相等的切口,将套管针插入腹腔。拔出针芯,插入腹腔镜,观察腹腔脏器的位置、大小、颜色、表面性状及有无粘连等。

6. 膀胱镜检查

膀胱镜检查仅用于母狗。将狗站立保定，排出直肠内蓄粪和膀胱内积尿，行腰髓硬膜外麻醉。先插入导管并向膀胱内打气，而后取出导尿管，插入硬质窥镜。膀胱黏膜正常时富有光泽、湿润，血管隆凸，呈深红色，输尿管口不断有尿滴形成。慢性膀胱炎时，黏膜增厚，形如山峡或类似肿瘤样增生。

十七、神经系统及运动功能检查

检查神经系统时首先应检查狗的神态和行为。然后在检查体格时，同时按以下步骤检查神经系统。检查头部时，观察头部神经和颈部是否疼痛；检查胸腹时，看是否有腰痛现象；检查肢体时，看有无不正常的反应；最后通过完整的神经病理学检查，检验条件反射是否正常。

检查运动功能，主要注意强迫运动、共济失调、痉挛和瘫痪等。

1. 强迫运动

强迫运动是由于脑功能障碍所引起的，即不受意识支配，也不受外界因素影响的一种不自主运动。

(1)盲目运动　病狗做无目的地徘徊，不注意周围事物，对外界刺激缺乏反应。一般见于脑髓损伤或意识障碍时发生盲目运动。

(2)圆圈运动　病狗按一定方向做圆圈运动。见于大脑皮质、中脑、脑桥、前庭核等部位的损伤。

2. 共济失调

又称运动失调，是狗在运动时出现的失调，步幅、运动强度、方向均发生异常。动作缺乏节奏性、准确性和协调性。临床表现为后肢踉跄、体躯摇晃、步态不稳、动作笨拙，呈涉水步样。见于脊髓、迷路、前庭神经或前庭核、小脑及大脑皮质额叶或颞叶损伤。

3. 痉　挛

肌肉不随意的急剧收缩,称为痉挛。

(1)阵发性痉挛　是指肌肉的收缩与弛缓交替出现,时间短暂,发作快速,呈现一阵阵的有节律的不随意运动。见于钙、镁缺乏,马钱子中毒,脑贫血等。

(2)强直性痉挛　是指肌肉长时间的均等的连续收缩,而无弛缓或间歇的一种不随意运动。见于破伤风、脑炎、有机磷中毒、肉毒中毒、癫痫等。

4. 瘫　痪

瘫痪是指骨骼随意运动完全丧失(完全麻痹)或不完全丧失(不完全麻痹)。按其发生的肢体部位,可分为单瘫,即一个肢体的瘫痪或一侧肢体的瘫痪。截瘫,即成对器官、组织的瘫痪,如后躯瘫痪。偏瘫是脑的疾病,截瘫是脊髓的损伤,单瘫多为脊髓的损伤,也可见于脑损伤。按神经系统损伤部位,又可分为中枢性和外周性瘫痪。中枢性瘫痪,为上位运动神经元损伤所引起,其特点是肌张力增强,一般无肌肉萎缩,腱反射亢进,见于脑和脊髓病变。外周性瘫痪,为下位运动神经元损伤所引起,其特点是肌肉张力减退,肌肉迅速萎缩,腱反射减弱或消失,见于脊髓腹角和脑神经运动核的运动神经元损伤。

十八、血压检查

1. 动脉血压测定

动脉血压测定分直接法和间接法。直接法是向动脉插入充满生理盐水的导管和用压力传感器进行测定。这种方法很精确,但一般在临床条件下无法操作。间接法是利用充气带和测定动脉搏动或动脉闭塞后血流情况进行测定,这种方法临床常用。无创血压测定使用简便,目前有专用的仪器可供兽医师使用。

它适用于手术监测或重症监护、休克评价、高血压检测等。高血压与心血管疾病、肾病、内分泌疾病、神经疾病、眼病、高血钙、贫血、红细胞增多症、肥胖及年龄有关。

测量时应使犬放松，保定，并侧卧；大型犬可站立测定，但不能使用药物保定剂，因为可能影响血压。

操作时可用示波器和多普勒仪。使用示波器时，在前肢的肘腕之间或在后肢的跗关节下方装上充气带，充气带宽度约为肢周长的 40%。充气带按预定频率自动充气放气，机器则自动展现脉搏、心脏收缩、心脏舒张和平均动脉压，多读几次，取平均值。使用多普勒仪时，可在前肢中部、跗关节末端、尾根部等位置装上充气带，将掌侧表面可触诊到的动脉上的毛皮向充气带外周提起，后将涂有黏合剂的超声波传感器装于剪毛后的皮肤上，此时可听到动脉血流，将信号正确记录于传感器。用血压计给充气带充气，直到动脉血流消失，血流音消失，慢慢降低充气带气压，直到血流恢复并可听到血流音为止。从血压计上可以读取此时血压值。继续降低充气带气压，声音将会发生变化，此时读数即心舒张压。低血流的情况下用示波器测量可能比较困难。

注意：犬紧张、充气带型号不对或安装不当均可能引起误差，同时根据声音信号测定多普勒仪读数具有一定的主观性。

2. 中心静脉压测定

中心静脉压是指前腔静脉或右心房中液体的压力，该压力是心输出和静脉回流到心脏的动力。它可用于静脉输液治疗，休克时监控血液循环动力，以及发生心脏骤停和心包液渗出等情况下击打、按压时协助诊断。

保定时犬仰卧或者侧卧保定即可，不需用镇定药。

操作时在外侧的颈静脉中插入一个内置的静脉注射导管，将导管的尖端留置在右心房，通过延长的导管连接导管到三通管的细端，三通管的一个端口连接带标准刻度的血压计，与导管垂直，第三个端口用于静脉输液。导管和血压计之间用肝素或静脉注射液填充。使血压计的刻度与右心房在一条直线上,将输液端三通管开口关上,以防其内液体自由流动,确保血压计内部压力平衡,记录管内液体凹面停止下降时该点的压力。如果液面降到0以下,则应将压力计注满并且放低使0点在5厘米刻度处,0~5厘米之间的值指示负压力。

注意:静脉压计放置不正确,犬呼吸过快或过分用力,导管过长或缠绕在一起,以及导管阻塞或开关的故障等都可引起误差。

第六章　临床化验技术

一、血样的采集、抗凝与处理

1. 血样的采集

根据检验项目及需要血液量的多少，可以选用静脉采血、末梢采血或心脏采血（较少用）。

狗可在颈静脉、前肢的头静脉、后肢的隐静脉等处采集静脉血。临床上一般不从狗的耳静脉采血，也不从心脏采血。

2. 血液的抗凝

血检项目不需要血液凝固的，都应加入一定量的抗凝剂。常用的抗凝剂有下列几种（表 6-1）。

表 6-1　常用抗凝剂

抗凝剂	血液 10mL 需要量	用　法	抗凝作用	优缺点
草酸盐合剂	草酸钠、钾 15～30mg	粉末	与钙离子结合，形成不溶解的草酸钙而阻止血液凝固	价格便宜，抗凝作用强。草酸铵能使红细胞膨胀，草酸钾、草酸钠能使红细胞缩小，两者的混合液不改变红细胞容积。草酸盐有毒性，不能作输血用血液的抗凝剂
	溶液 1mL（注入试管，置温箱内待干燥后用）	草酸钾 8g、草酸铵 12g、蒸馏水 100mL，配成溶液		
柠檬酸钠（枸橼酸钠）	0.04～0.05g；3.8%或 5%溶液 0.5～1mL（注入试管，置温箱内待干燥后用）	粉末，3.8%或 5%溶液	与钙离子形成非离子化的可溶性化合物而阻止血液凝固	毒性低，可作输血用血液的抗凝剂。抗凝作用弱而碱性较强，不适于血液生化学检验

续表 6-1

抗凝剂	血液 10mL 需要量	用　法	抗凝作用	优　缺　点
$EDTANa_2$(乙二胺四乙酸二钠)	5～200mg;10%溶液 0.1～0.2mL	粉末,10%溶液	夺取血中钙离子而阻止血液凝固	不改变红细胞大小,白细胞着染力强。可防止血小板集聚。血液在室温下保存 9h,冰箱内 24h,对血沉值无影响
肝　素	1%溶液 0.1～0.2mL	1%溶液	阻止凝血酶原转变为凝血酶而阻止血液凝固	不改变红细胞容积,对血液化学分析干扰小。但抗凝时间短,白细胞着染较差,价格较贵

(1)乙二胺四乙酸二钠(简称 $EDTANa_2$)　它可螯合血液中的钙离子而阻止血液凝固。配成 10%溶液,2 滴(0.1mL)可使 5mL 血液不凝。也可将此抗凝剂 2 滴加入洗净的抗生素小瓶中,在 50～60℃的干燥箱中烘干备用。该抗凝剂抗凝作用强,不改变血细胞的形态和体积,最适于血液学检验,但不能用于输血。

(2)草酸盐合剂　草酸盐可与血中的钙离子结合,形成不溶解的草酸钙而阻止血液凝固。其配方是:草酸铵 6g,草酸钾 4g,蒸馏水 100mL。此液 0.1mL(约 2 滴)可使 5mL 血液不凝。一般常将草酸盐合剂 0.1mL 置于抗生素小瓶中,在 45～50℃的干燥箱中烘干备用。该抗凝剂对血细胞体积的影响不大,适用于血液学检验,但不能作为输血时的抗凝剂。由于它可使血小板聚集,因此也不宜作为血小板计数的抗凝剂。

(3)柠檬酸钠(枸橼酸钠)　它与血中钙离子形成非离子化的可溶性化合物,从而阻止血凝。配制 3.8%溶液,每 0.5mL(约 10 滴)可使 5mL 血液不凝。适用于输血。由于它可引起水及矿物质在血细胞与血浆之间分布的改变,因此不能用于血液化学检验。

(4)肝素　可以阻止血中的凝血酶原转变为凝血酶,防止血凝。配制成0.5%～1%溶液冰箱内保存，每次配制不可过多，以免失效。每0.1mL可使3～5mL血液不凝。适用于血液有机成分、无机成分的分析。它的缺点是价格贵，抗凝时间短，其抗凝血做白细胞分类计数时，白细胞着色不佳。

3. 血样的处理

(1)保存　不能立即送检的血样，首先应把血片涂好并予以固定。其余血液放入冰箱冷藏。需要血清的，应将凝固血液放入室温或37℃恒温箱内，待血块收缩后，分离出血清，并将血清冷藏。需要血浆的，将抗凝的全血及时电动离心，分出血浆冷藏。

(2)送检　根据血检要求，分别送检抗凝全血、血清或血浆。如果要做白细胞分类计数或检查血孢子虫，应附送固定好的血液涂片。血样均需装在冰瓶内，下垫泡沫塑料或棉花，切勿剧烈振摇，以免溶血，影响血细胞计数。

二、血液物理性状的检验

1. 红细胞沉降率的测定

血液加入抗凝剂后，一定时间内红细胞向下沉降的毫米数，叫作红细胞沉降速度，简称“血沉”(ESR)。

【原　理】　红细胞沉降速度是一个比较复杂的物理化学和胶体化学的过程，其原理至今尚未完全查明。一般认为与血中电荷的含量有关。正常时，红细胞表面带负电荷，血浆中的白蛋白也带负电荷，而血浆中的球蛋白、纤维蛋白原却带正电荷。体内发生异常变化时，血细胞的数量及血中的化学成分也会有所改变，直接影响正、负电荷相对的稳定性。如正电荷增多，则负电荷相对减少，红细胞相互吸附，形成串钱状，由于物理性的重力加速，红细胞沉降的速度加快。反之，红细胞相互排斥，其沉降速度变慢。

【器　材】　魏氏血沉管与血沉架，六五型血沉管。

【试　剂】 3.8%枸橼酸钠溶液,10%乙二胺四乙酸二钠溶液。

【方　法】

(1)魏氏法　魏氏血沉管全长30cm,内径约为2.5mm,管壁有0～200刻度,每一刻度距离为1mm,容量大约1mL左右,附有特制的血沉架。测定时先取一小试管,依照要血量按比例加入抗凝剂。自颈静脉采血,轻轻混合,随后用魏氏血沉管吸取抗凝全血至刻度0处,于室温内垂直固定在血沉架上,经15、30、45、60min,分别记录红细胞沉降数值。

(2)六五型血沉管法　六五型血沉管内径为0.9cm,全长17～20cm,管壁有100个刻度,自上而下标有0～100,容量为10mL。适用于大家畜血沉的测定。测定时,血沉管加入10%EDTA-Na_2 4滴,由颈静脉采血至刻度0处,堵塞管口,轻轻颠倒混合数次,使血液与抗凝剂充分混合,室温中垂直立于试管架上,经15、30、45、60min各观察1次,分别记录红细胞沉降的数值。

记录时,常用分数形式表示,即分母代表时间,分子代表沉降数值,即A/15,B/30,C/45,D/60。

若血沉极为缓慢,不易观察结果,为了加速血沉,可将血沉管倾斜60°角,这样可使原来的血沉数值加快10倍左右,便于观察和识别其微小的变化。

【注意事项】

第一,报告血沉数值时应注明所用的方法,因为方法不同,结果也有所差异。

第二,如果送检的是抗凝全血,可以直接把被检血装入或吸入血沉管进行测定,血沉管中预先不加抗凝剂。

第三,血沉管必须垂直静立(有意倾斜60°角的不在此例),稍有倾斜会使血沉加快。

第四,测定时的室温最好是在20℃左右,外界气温高于20℃

可以加快血沉，外界气温低于12℃可以减慢血沉。测血沉的管、架不能放在阳光直射处，不能靠近火炉或其他取暖设备。

第五，血液柱面不应覆盖气泡，气泡可使血沉减慢。

第六，采血后应尽快测定，采血与测定的间隔最长不超过3h，夏季更应注意。

第七，经过冷藏的血液，应先把血液温度回升到室温再行测定。

第八，抗凝剂要与血液量相适应，少了会使血液产生小凝血块，影响血沉结果；多了会使血液中盐分较大，也会影响血沉。

第九，抗凝全血测定血沉之前必须耐心地将其混匀，否则影响测试结果的准确性。

第十，如果血液采得多，最好同时做2个血沉管，这样结果确实可靠。如果2管数值不等或相差较多，说明测前被检血液没有混匀。

2. 红细胞压积容量的测定

红细胞压积容量的测定，是指压紧的红细胞在全血中所占的百分率，是鉴别各种贫血的一项不可缺少的指标，临床广为使用，简称“比容”，也称作红细胞比积、红细胞压积。

【原　理】 血液中加入可以保持红细胞体积大小不变的抗凝剂，混合均匀，用特制吸管吸取抗凝全血，随即注入温氏(Wintrobe)测定管中，电动离心，使红细胞压缩到最小体积，然后读取红细胞在单位体积内所占百分比。狗的红细胞比容正常值为37%～55%。

【器　材】

(1)红细胞压积容量测定管(温氏管)　长约11cm，内径约3mm，管壁刻有cm和mm刻度。右侧刻度由上到下为10～0，供红细胞压积容量测定用；左侧刻度由上到下为0～10，供血沉测定用。

(2)毛细玻璃吸管　管细长，一端有壶腹并套有胶皮乳头，毛细管部应比温氏管的长度稍长。

(3)带胶皮乳头的长针头　取一长12～15cm的针头，将针尖剪去并磨平。针柄部接一胶皮乳头即可，它比玻璃吸管经久耐用。毛细玻璃管或长针头，任选一种即可。

(4)水平电动离心机　要求转速每分钟达3 000～4 000转。

【试　剂】 10%EDTA-Na_2溶液，草酸盐合剂。

【方　法】

(1)电动离心法　用毛细玻璃吸管或长针头吸满抗凝全血，插入温氏红细胞压积容量测定管，随后轻轻捏胶皮乳头，自下而上挤入血液至刻度10处，但吸管口或长针头针尖在挤血过程中不要提出液面，以免液面形成气泡，影响结果。

将测定管置入电动离心机内，3 000转/min离心20～40min，离心后管内的血柱分为3层。上层为淡黄色或白色的血浆；中层为灰白色，完全不透明，是由白细胞及血小板所组成；下层为红细胞的叠积层。读取红细胞柱层的刻度数，即为红细胞压积容量数值，数值用百分率表示。

(2)自动血细胞仪法　将抗凝全血输入自动血细胞仪，可直接测定比容。

【注意事项】

第一，放置或冷藏后的抗凝全血使血液升至室温，测定时必须轻轻而充分地把血液混匀。混匀后分别吸取管内的上层血及下层血各注入一支测定管中，离心后，两管数值相同，表示测前被检血液已经混匀。否则，说明没有混匀。

第二，假如电动离心机是倾斜式的，读取指标时，应将倾斜的红细胞柱面数值折半。

第三，吸血用的毛细玻璃管或长针头最好多准备几份，用后一并清洗烘干备用，保证化验质量(防止溶血)，提高工作效率。

第四，电动离心机应定期测速，以免因转速不够影响测定结果。

第五，送检的抗凝全血由于某种原因引起溶血时，不能进行本项检验。

3. 血液凝固时间的测定

血液凝固时间是指血液自血管流出直到完全凝固所需的时间，用以测定血液的凝固能力。

【原　理】 按照血液凝固的理论，当离体血液与异物表面接触后，激活了血液中有关的凝血因子，形成凝血活酶、凝血酶，以致纤维蛋白原转变成纤维蛋白，血液凝固。

【临床意义】 按照要求，兽医临床在手术（特别是大手术）前应进行此项测定，可及早发现出血性素质高者，以防大量出血。

凝血时间延长，见于重度贫血、血斑病、某些出血性素质高的动物、严重肝脏疾病等。血凝时间延长的原因主要由于有关凝血因子明显减少或缺乏所致。

【器　材】 载玻片、注射针头、刻度小试管（内径 8mm，管径一致）、秒表、恒温水浴箱。

【方　法】

(1)玻片法　本法简单易行，正常值为 10min，但不及试管法准确。颈静脉采血，见到出血后立即用秒表记录时间。取血 1 滴，滴在玻片的一端，随即玻片稍稍倾斜，滴血的一端向上。此时未凝固的血液自上而下流动，形成一条血线，室温下放在平皿内（防止血液中水分蒸发）静置 2min，以后每隔 30s 用针尖挑动血线 1 次，待针头挑起纤维丝时，即停止秒表，记录时间，这段时间就是血凝时间。

(2)试管法　本法比玻片法准确，适用于出血性疾病的诊断和研究。采血前准备刻度小试管 3 支，并预先放在 25～37℃ 恒温水浴箱内。颈静脉采血，见到出血后立即用秒表开始计时。随之将血液分别加入3支小试管内,每支试管各加1mm,再将试管放回水浴箱。从采血经放置3min后,先从第一管做起,每隔30s逐次倾斜试管1次,直到翻转试管血液不能流出为止,并记录时间。3个管的平均时间即为血凝时间。

【注意事项】

第一,兽医测此数值,可以直接将血采入试管,随后分别注入刻度试管即可。

第二,所用玻璃器皿必须洁净、干燥。不洁净的试管管壁可加快血凝速度。

第三,采血针头的针锋要锐利,要一针见血,以免损伤组织,使组织液混入血液,这样将会加速血液凝固,影响结果真实。

第四,血液注入试管时,让血液沿管壁流下,以免产生气泡。

三、血细胞计数

1. 红细胞计数

方法有自动血细胞计数仪法和试管法2种。在此主要介绍试管法。

【原　理】 将把全血在试管内用稀释液(此液不能破坏白细胞,但对红细胞计数影响不大,因为在一般情况下,白细胞数仅为红细胞数的万分之一)稀释200倍,在血细胞计数板的计数室内数一定体积的红细胞数,然后再推算出1mm^{3}血液内的红细胞数。

【器　材】

(1)改良式血细胞计数板　常用的是改良纽巴(Neubauer)氏计算板,它由一块特制的厚玻璃板制成。玻璃板中间有横沟,将其分为3个狭窄的平台,两边的平台较中间的平台高0.1mm。中间平台有一纵沟相隔,其上各刻有一计数室。每个计数室划分为9个大方格,每个大方格面积为1mm^2。四角每一大方格划分为16

个中方格，为计数白细胞之用。中央一大方格用双线划分为25个中方格，每个中方格又划分为16个小方格，共计400个小方格，此为计数红细胞之用。

(2)血盖片　专用于计数板的盖玻片，呈长方形(25mm×18mm)，厚度为0.4mm。

(3)其他　沙利(Sahli)氏吸血管，5mL刻度吸管，试管，显微镜等。

【稀释液】　有2种，可任选1种：①0.9%氯化钠溶液；②升汞食盐溶液[赫姆(Hayem)氏液]：氯化钠1g，结晶硫酸钠5g，氯化汞0.5g，蒸馏水加至200mL。

【方　法】　①用5mL刻度吸管吸取红细胞稀释液4mL，置于试管中。②用沙利氏吸血管及一次性定量吸血管吸取血液至$20mm^3$刻度处(也可用稀释液2mL，吸血至$10mm^3$刻度处)，擦去吸管外壁多余的血液，再将血液吹入试管底部，如此吸吹数次，以洗出吸血管内黏附的血液，然后试管口加盖，颠倒混合数次。③用毛细吸管吸取已稀释好的血液，置于计数板与血盖片边缘处，即可将液体自然引流入计数室内。静置3min后，即可计数。④计数时，先用低倍镜，光线不要太强，找到计数室的格子后，把中央的大方格置于视野之中，然后转用高倍镜。在此中央大方格内选择四角与中间的5个中方格，或用对角线的方法计数5个中方格。每一中方格有16个小方格，所以总共计数80个小方格。计数时要注意：压在左边双线上的红细胞应计数在内，压在右边双线上的不要计入；同样，压在上线的计入，下线的不计入，此即所谓"数左不数右，数上不数下"的计数法则。

【计　算】　公式如下：

$$红细胞数(个/1mm^3)=X\div80\times400\times200\times10$$

上式中：X为5个中方格，即80个小方格内的红细胞总数；400为一个大方格，即$1mm^2$面积内共有400个小方格；200为稀释倍数(实际稀释 201 倍,由于仅影响 0.5%,误差恒定,为计算方便,仍按 200 倍计);10 为血盖片与计数板间的实际高度(即计数时的高度)是 1/10mm,乘 10 后,则为 1mm。

上式简化后为:

$$红细胞数(个/mm^3)=X\times 10\,000$$

在填写检验报告单时,用“万/mm^3”,或国际上公认的“1×10^{12}/L”来表示,例如,550 万/mm^3(5.5×10^{12}/L)。

【注意事项】

第一,红细胞计数是一项细致的工作,稍有粗心大意,就会导致计数不准。关键是防凝、防溶、取样准确。防凝是指采取末梢血时动作要快,防止血液部分凝固,取抗凝血时,抗凝剂的量要合适,不可过少,否则血液部分呈小块凝集,采血中及时将血液与抗凝剂混匀。防溶是指防止过分振摇而使红细胞溶解,或是器材用水不洁而发生溶血,使计数结果偏低。取样正确是指吸血 20mm^3 要准,吸管外的血液要擦去,吸管内的血液要全部洗入稀释液中。

第二,稀释液充入计数室的量不可过多或过少,过多可使血盖片浮起,造成计数结果偏高,过少则在计数室中形成小的空气泡,使计数结果偏低甚至无法计数。

第三,显微镜台应保持水平,否则计数室内的液体流向一侧而计数不准。计数时如将压在右线与下线的红细胞均计数在内,则影响计数准确。

第四,如用红细胞专用稀释管来稀释,可吸血至刻度 0.5 处,再吸稀释液至刻度 101 处,即为 200 倍稀释,操作中注意事项同上。

第五,大批检验时,如有条件,可用自动血细胞计数仪进行计数。

第六,器械清洗方法:沙利氏吸血管或专用的红细胞稀释管,每次用后先用清水吸吹数次,然后依次在蒸馏水、酒精、乙醚中分别吸吹数次，干后以备下次用。血细胞计数板用蒸馏水冲洗后，用绸布轻轻擦干即可，切不可用粗布擦拭。

2. 白细胞计数

方法有自动血细胞计数仪法及试管法 2 种。在此主要介绍试管法。

【原　理】 一定量的血液用冰醋酸溶液稀释后，可将红细胞破坏，然后在细胞计数板的计数室内计数一定容积的白细胞数，以此推算出 $1mm^3$ 血液内的白细胞数。此项检验需与白细胞分类计数相配合，才能正确分析与判断疾病。

【器　材】 血细胞计数板，沙利氏吸血管，0.5mL 或 1mL 吸管，小试管，显微镜等。

【稀释液】 白细胞稀释液为 0.5%～5%的冰醋酸溶液，通常用 3%浓度，加数滴结晶紫或美蓝染液，使之呈淡紫色，以便与红细胞稀释液相区别。

【方　法】 ①于小试管内加入白细胞稀释液 0.38mL 或 0.4mL。②用沙利氏吸血管吸取血液至 $20mm^3$ 刻度处，擦去管外黏附的血液，吹入试管中，如此反复吸吹数次，以洗净管内黏附的血液，充分振荡混合。③用毛细吸管吸取被稀释的血液，沿计数板与盖玻片的边缘充入计数室内，静置 1～2min 后，低倍镜观察。④将计数室四角 4 个大方格内的全部白细胞依次数完，注意压在左线和上线的白细胞计算在内，压在右线和下线者不计算在内。

【计　算】 公式如下：

$$白细胞数(个/mm^3)=X\div 4\times 20\times 10$$

上式中：X 为四角 4 个大方格内的白细胞总数（一个大方格面积为 $1mm^2$）；X÷4 为 1 个大方格内的白细胞数；20 为稀释倍数；10 为血盖片与计数板的实际高度（即计数时的高度）是 1/10mm，乘 10 后则为 1mm。

上式简化后为：

白细胞数(个/mm^3)＝X×50

填写报告单时,用“白细胞个数/mm^3”,或用国际上公认的“1×10^9/L”来表示。例如,10 000/mm^3 换算后为 10×10^9/L。

【注意事项】

第一,计数是否准确,与操作是否规范关系很大,因此应严格按照红细胞计数的注意事项进行操作。

第二,初生幼狗、妊娠末期、剧烈劳役、疼痛等都可使白细胞轻度增加。

第三,白细胞计数应与白细胞分类计数的结果联系起来进行分析,白细胞总数稍有增多,而分类无大的变化者,不应认为是病理现象。

第四,初学者容易把尘埃、异物与白细胞混淆,可用高倍镜观察白细胞形态结构加以区别。

3. 血小板计数

【原　理】 尿素能溶解红细胞及白细胞而保存完整形态的血小板,经稀释后在细胞计数室内直接计数,以求得 1mm^3 血液内的血小板数。稀释液中的枸橼酸钠有抗凝作用,甲醛可固定血小板的形态。

【器　材】 同白细胞计数(试管法)。

【稀释液】 血小板计数所用的稀释液种类很多,现将最常用的复方尿素稀释液(许汝和氏液)介绍如下:尿素 10g,柠檬酸钠 0.5g,40%甲醛溶液 0.1mL,蒸馏水加至 100mL。待上述试剂完全溶解后,过滤,置冰箱中可保存 1～2 周,在 22～32℃条件下可保存 10d 左右。当稀释液变质时,溶解红细胞的能力就会降低。

【方　法】 ①吸稀释液 0.4mL 置于小试管中。②用沙利氏吸血管吸取末梢血液或用加有 EDTA-Na_2 抗凝剂的新鲜静脉血液至 20mm^3 刻度处,擦去管外黏附的血液,插入试管,吹吸数次,轻轻振摇,充分混匀。静置 20min 以上,使红细胞溶解。③充分混匀后，用毛细吸管吸取1小滴，充入计数室内，静置10min，用高倍镜观察。④任选计数室的1个大方格（面积为$1mm^2$），按白细胞计数法则计数。在高倍镜下，血小板呈椭圆形、圆形或不规则的折光小体，注意勿将尘埃等异物计入。

【计 算】 公式如下：

$$血小板数(个/mm^3)=X\times20\times10$$

上式中：X为1个大方格中的血小板总数，20为稀释倍数，10为计算室与血盖片之间的高度（即计数时的高度）1/10mm。

上式简化后为：

$$血小板数(个/mm^3)=X\times200$$

在填写检验单时，通常用“万/mm^3”或“$1\times10^9/L$”作为血小板的单位，例如50万/mm^3，换算后应为$500\times10^9/L$。

【注意事项】

第一，器材必须清洁，稀释液必须新鲜无沉淀，否则影响计数结果。

第二，采血要迅速，以防血小板离体后破裂、聚集，造成误差。

第三，滴入计数室前要充分振荡，使红细胞充分溶解，但不能过久或过剧烈，以免血小板被破坏。

第四，滴入计数室后，应静置一段时间。在夏季，应注意保持湿度，即将计数板放在铺有湿滤纸的培养皿内，在计数板下隔以火柴棒，避免直接接触培养皿。

第五，由于血小板体积小、质量较轻，不易下沉，常不在同一焦距的平面上，因此在计数时，要利用显微镜的细调节器来调节焦距，才能看清楚。

四、血细胞形态学的检查

1. 血液涂片的制作

制备血液涂片的目的，是使血细胞较均匀地分布在载玻片上，干后染色供白细胞分类计数、观察血液中的原虫以及异形血细胞用。

【方　法】 ①取无油脂的洁净载玻片，选一张边缘光滑的(或用血细胞计数板专用盖玻片)作为推片。②取被检血1小滴，放在载玻片的右端，用左手的拇指与食指夹持载玻片，右手持推片，将推片倾斜30°～40°角，使其一端与载玻片接触并放在血滴之前，向右拉动推片使之与血滴接触，待血液扩散形成一条线之后，以匀速轻轻向左推动，此时血液被涂于载玻片上而形成一薄膜。③将涂好的血片迅速左右晃动，促使血膜干燥。否则，血细胞易皱缩变形，影响检查结果。

【注意事项】

第一，载玻片应事先处理干净，可先用清洁液(硫酸与重铬酸钾配成)浸泡，冲洗，置于无水乙醇中备用，临用前擦干即可。

第二，推制血片时，用力要均匀，勿使之太薄或太厚。

第三，良好的涂片，血液应分布均匀，厚度要适当，对光观察时呈霓红色。血膜的两端应留有空隙，以便用玻璃蜡笔注明畜别、编号及日期。

第四，制成的血片干燥后，如不立即染色，则血膜面应向下保存，以免蝇蚊舐食或落入灰尘。保存时间也不宜过久。

2. 血片的染色

(1)瑞特(Wright)氏染色法(瑞氏染色法)

【原　理】 碱性亚甲基蓝和酸性伊红钠盐在水中混合时，形成一种溶解性低的中性沉淀物——伊红化甲基蓝(即瑞氏染粉)。

其溶于甲醇后发生离解，分为酸性染料和碱性染料。酸性染料可和带正电荷的物质相结合变成红色，这种物质叫嗜酸性物质，但其本身是碱性，叫作嗜酸性颗粒。碱性染料可与带负电荷的物质相结合形成蓝色，这种物质叫作嗜碱性物质，但其本身是酸性，叫作嗜碱性颗粒。中性粒细胞颗粒的蛋白质在弱酸性时呈等电状态，即本身所含的正负电荷相等，既能与酸性染料结合，又能与碱性染料结合，形成红色、蓝色相混的紫红色，叫作嗜中性颗粒。

血片中的白细胞，经染色后，被染成红、蓝、紫红色而加以识别。

【试　剂】

①瑞氏染液的配制　取瑞氏染粉 0.1g，甲醇（中性）60mL。将瑞氏染粉置于研钵中，加少量甲醇研磨，使其溶解，然后将已溶解的染液倒入洁净的棕色细口瓶中，剩下未溶解的染粉再加少量甲醇研磨，如此连续操作，直至染粉全部溶解并用完甲醇为止。在室温中保存 1 周，过滤后备用。新配制的染液偏碱性，放置后可呈酸性（pH 值为 6.4～6.8，效果最好），保存时间愈久，染色力愈好。

②缓冲液（pH 值 6.8）的配制　取磷酸二氢钾 5.47g，磷酸氢二钠 3.8g，蒸馏水加至 1 000mL，混合、溶解后即可应用。用新鲜蒸馏水代替缓冲液，染色效果亦较令人满意。

【方　法】　用蜡笔在血膜两端各划一道横线，以防染液外溢。将血片平放在染色容器的水平架上，滴加瑞氏染液，以盖满血膜为度。染色 1min 后，再往血膜上滴加等量的缓冲液，用洗耳球或嘴轻轻吹动，使缓冲液与瑞氏染液充分混合，再染 3～6min（外界气温低，染色时间长；外界气温高，则染色时间短）。用蒸馏水或常水冲洗，再用滤纸吸干，干燥后，于油镜下观察。

【注意事项】

第一，滴加瑞氏染液的量不宜太少，太少易挥发变干，形成颗粒。1 张血片，一般可滴加 2～3 滴染液。滴加缓冲液后要混合均匀,否则染出的血片颜色深浅不一。染色时间,可根据季节不同,先做几张血片试染,以便确定合适的染色时间。

第二,冲洗时应将蒸馏水直接向血膜上倾倒,使液体自血片边缘溢出,沉淀物从液面浮去。切勿先将染液倾去再冲洗,否则沉淀物附着于血膜上不易冲掉。

第三,染色良好的血片呈樱红色,如呈淡紫色,是染色时间过长;如呈红色,是染色时间过短。碱性水时,血片呈烟灰色;酸性水时,血片呈鲜红色。水偏碱或偏酸时,可用适量的1%醋酸液或1%碳酸钠液矫正。

第四,为使染液与缓冲液等量混合,可在一个小量筒中将上述二液混合,再滴加到血膜上,染色4~6min。用此改良法时,血片应先加少量甲醇固定2min后再染,以防血膜脱落。

第五,应用油镜专用镜头油——香柏油。

第六,镜头清洗剂配制:取无水乙醇3份,乙醚7份,混合后使用。

(2)姬姆萨(Giemsa)氏染色法

【试　剂】

①姬姆萨氏原液的配制　取姬姆萨氏染粉0.5g,甘油(中性)33mL,甲醇(中性)33mL。先将染粉置于洁净的研钵中,加入少量甘油,充分研磨,然后加入其余量的甘油,水浴加温(56~68℃)1~2h,经常用玻璃棒搅拌,使染粉溶解,然后加入甲醇,混合后装于棕色瓶中,保存1周后过滤备用。

②姬姆萨氏应用液(1∶20)的配制　临用前,取上述原液1mL,加pH值6.8的缓冲液(配法见瑞氏染色法)20mL,或加新鲜蒸馏水20mL,混合即为(1∶20)应用液。

【方　法】　于血膜上滴加甲醇2~3滴,使血膜固定,3~5min后,待甲醇挥发再滴加姬姆萨氏应用液(1张血片约需应用液2mL),使之盖满整个血膜,或将染液装在染色缸中,将固定后的血片直立在染色缸中。根据室温的高低，染色 20～30min，必要时可延长至 60min。用蒸馏水或常水冲洗，干后油镜观察。

(3)瑞-姬氏复合染色法　单纯的瑞氏或姬姆萨氏染色法各有优缺点，前者对细胞质及颗粒的染色效果较好，后者对细胞核及血液原虫的染色效果较好。为取二者之长，将两种染色法结合起来应用，称为瑞-姬氏复合染色法。

【方　法】 于血片上滴加瑞氏染液一厚层，染色 0.5min，水洗(注意不要倾去染液后再冲洗)。滴加姬姆萨氏应用液，再染色 10min(通常是把血片直立于染色缸中染色 10min)。然后水洗，干燥，油镜观察。

复合染色时，也可在临染时向瑞氏染液中加入适量的姬姆萨氏原液，即每 10mL 瑞氏染液中加入 0.5～1mL 姬姆萨氏原液。用此复合染色液，按瑞氏染色法的步骤进行染色。

使用油镜时，先将专用油瓶上层管内香柏油滴于被检血片上，用油镜头观察血细胞形态。用毕油镜后，用擦镜纸将油镜头上的香柏油擦去，再将专用油瓶下层管内镜头清洗液涂于擦镜纸上，擦拭镜头 2 次即可。

五、血液中常见寄生虫的检查

取 EDTA-Na_2 抗凝血，按血液检验方法涂片，以姬姆萨氏染色法染色，然后用显微镜观察。

1. 低倍镜观察

若有狗心丝虫蚴虫存在时，在血浆中可观察到。狗心丝虫蚴虫特征：头部钝圆，尾部直而尖，身体部位呈长圆形。生存在血浆中。

2. 油镜观察

若有锥虫、焦虫存在时，可以在血浆中观察到锥虫，在红细胞中观察到焦虫。

锥虫:虫体呈纺锤形或柳叶状,两端窄,前端较尖,后端稍钝,虫体中央有一个较大的近于圆形的细胞核。鞭毛沿体一侧向前延伸,伸出前端体外,成为游离鞭毛。

焦虫:又称血孢子虫,生存在红细胞内。姬姆萨氏染色后,虫体原生质呈浅蓝色,边缘着色较浓,中央较浅,呈空泡状无色区。染色质呈暗红色,呈1～2个团块,位于梨形或杆形虫体的粗端,也有的位于细端或中央区边缘部分。虫体常同时有梨形、杆形、阿米巴形等各种不同形态。

六、尿液检查

1. 尿液的采集和保存

采集尿液,通常用清洁的容器,在狗排尿时直接接取。也可用塑料或胶皮制接尿袋,固定在公狗阴茎的下方或母狗的外阴部,以接取尿液。必要时行人工导尿。

尿液采取后应立即检查。如不能及时检查或需送检时,为了防止尿液发酵分解,须加入适量的防腐剂。

2. 物理学检验

(1)浑浊度　即透明度。检查时,将尿液盛于试管中,透过光线观察。新排出的尿,澄清透明,无沉淀物。若变浑浊,常是肾脏和尿路疾病,混入黏液、白细胞、上皮细胞、坏死组织片或细菌等的结果。

尿液浑浊原因的鉴别方法:①尿液经滤过而变透明的,是含有细胞、管型及各种不溶性盐类。②尿液加醋酸产生泡沫而透明的,是含有碳酸盐;不产生泡沫而透明的,是含有磷酸盐。③尿液加热或加碱而变透明的,是含有尿酸盐;加热不透明,加稀盐酸而透明的,是含有草酸盐。④尿液加入乙醚振摇而透明的,是脂肪尿。⑤尿液加20%氢氧化钾或氢氧化钠液而呈透明胶冻样的，是混有脓汁。⑥尿液经上述方法处理后仍不透明的，是含有细菌。

为确实查明尿液浑浊的原因，除上述方法外，最好对尿沉渣行显微镜检查。

(2)尿色　正常的尿色，是由尿中尿胆素的浓度决定的，呈鲜黄色。当尿量增加时，则尿色变淡；尿量减少时，则尿色变浓。尿液变红色，常见于尿中混有血液、血红蛋白或肌红蛋白。内服或注射某些药物时，也常引起尿色变化，如大黄、安替比林、芦荟、刚果红等，可使尿色变红；台盼蓝和美蓝可使尿色变蓝；核黄素和呋喃唑酮可使尿色变黄，不要误认为是病理状态。尿中含有胆红素时，除呈黄色外，振荡后还可产生黄色泡沫。尿中含有多量蛋白质时，振荡后也可产生大量泡沫，但泡沫无色且不易消退。

(3)气味　各种动物的尿液，由于存在着挥发性有机酸，均具有特殊的气味。在病理状态下，尿的气味往往发生改变。如膀胱炎或尿液长期潴留时，由于细菌的作用，尿素分解生成氨，尿液有氨臭。当膀胱、尿道有溃疡、坏死或化脓性炎症时，由于蛋白质分解，尿液有腐败臭味。

(4)相对密度　尿液相对密度的高低，取决于尿中溶质的多少。尿中溶质与排尿量的多少成反比(糖尿病例外)，还与饮水、出汗以及肺和肠道的排水量等因素有关。正常狗尿的相对密度为1.020～1.050之间。

尿相对密度的测定方法：①将尿振荡后，放于玻璃比重瓶内(也可用量筒代替)，如液面有泡沫，可用乳头吸管或吸水纸吸除泡沫。然后用温度计测尿温，并做记录。②小心地将尿比重计浸入尿液中，不可与瓶壁相接触。③经1min，待尿比重计稳定后，读取液面半月形面的最低点(也有些比重计是根据尿的半月面上角)与尿比重计上相当的刻度，即为尿的相对密度数。④尿量不足时，可将尿用水稀释后测定，再将测得相对密度的小数部分乘以稀释倍数,即得原尿的相对密度。例如,被测尿稀释了 2 倍,测得相对密度是 1.020 时,应记录为 1.040。⑤比重计上的刻度,是以尿温在 15℃时制定的,故当尿温高于 15℃时,则每高 3℃加 0.001,每低 3℃减 0.001。

3. 化学检验

(1)酸碱度检查(pH 值) 尿液的酸碱度,主要取决于饲料的性质和使役的强度。植物性饲料中所含有机酸的盐类和一些碱类物质,在代谢过程中主要形成碱,故一般草食兽的尿在生理状态下呈碱性反应。肉食兽由于食物蛋白中的硫和磷被氧化为硫酸和磷酸,形成酸性盐类,故尿呈酸性反应。杂食兽(如猪和狗)的尿,由于饲料内含有酸性及碱性磷酸盐类而呈两性反应。即有时呈酸性,有时呈碱性。

常用广范围 pH 试纸测定尿液酸碱度。方法是:将被检尿液涂于 pH 试纸条上 30s 后,根据试纸的颜色改变与标准色板比色,以判定尿液的 pH 值。正常狗尿的 pH 值为 6～7。

(2)蛋白质检查 健康狗尿液中只有极微量的蛋白质,用一般的检验方法不能证明。如用一般方法检出尿中含有蛋白质,称为蛋白尿。

被检尿液必须澄清透明。所以对碱性尿及不透明的尿,须先过滤或离心沉淀或加酸使之透明。

蛋白质定性试验有试纸法和煮沸加酸法 2 种。

①试纸法 用尿蛋白检验试纸。

【原 理】 蛋白质遇溴酚蓝后,起颜色反应,根据颜色的深浅,即可大致判定蛋白质的含量。

【操 作】 取试纸 1 条,用吸管吸取被检尿液涂于尿试纸条上,约 30s 后与标准比色板比色,按表 6-2 判定结果。

表 6-2　尿蛋白试纸法结果判定

颜　色	结果判定	蛋白含量(g%)
淡黄色	－	<0.01
浅黄绿色	±(微量)	0.01～0.03
黄绿色	＋	0.03～0.1
绿　色	＋＋	0.1～0.3
绿灰色	＋＋＋	0.3～0.8
蓝灰色	＋＋＋＋	<0.8

【注意事项】

第一,尿蛋白检验试纸为淡黄色,带色部分不可用手触摸,试纸应干燥严封贮存,遇日光、酸、碱物质或空气都会变质失效。

第二,被检尿液应新鲜。胆红素尿、血尿及浓缩尿会影响测定结果。

第三,尿液 pH 值在 8 以上可呈假阳性,应滴加稀醋酸校正 pH 值为 5～7 后再测定。

②煮沸加酸法

【原　理】 蛋白质因加热而凝固变性,呈现白色浑浊。加酸是使蛋白质接近其等电点,促进蛋白质凝固,并可溶解因磷酸盐或碳酸盐所形成的白色浑浊,以免干扰对结果的判定。

【试　剂】 10%硝酸液,10%醋酸液。

【操　作】 取酸化的澄清尿液(对酸性及中性尿无须酸化,如浑浊则静置过滤或离心沉淀,使之透明),放入试管内(约半试管),将尿液的上部置酒精灯上慢慢加热至沸。如果煮沸部分的尿液变浑浊,下部未煮沸的尿液不变,待冷却后,原为碱性尿的应当加 10%硝酸液 1～2 滴,原为酸性或中性尿的,滴加 10%醋酸液 1～2 滴。如浑浊物消失,则是磷酸盐类;浑浊物不消失证明尿中含有蛋白质。

根据浑浊的程度,用下列符号表示结果:

“—”表示仍澄清不见浑浊,为阴性。

“+”表示白色浑浊,但不见颗粒状沉淀。

“++”表示明显的白色颗粒浑浊,但不见絮片沉淀。

“+++”表示大量絮状浑浊,但不见凝块。

“++++”表示见到凝块,且有大量絮状沉淀。

(3)血尿及血红蛋白尿检查　尿液中混有血液叫血尿。血尿静置或离心沉淀后,有红色沉淀,显微镜检查可见红细胞。血尿是伴有肾功能障碍的疾病以及肾盂、输尿管、膀胱和尿道损伤的重要症候。见于肾破裂、肾恶性肿瘤、肾炎、肾盂结石、肾盂肾炎、膀胱炎、膀胱结石、尿道黏膜损伤、尿道结石、尿道溃疡和尿道炎。此外,在许多传染病,如炭疽、犬瘟热等,可发生肾性血尿。

血红蛋白尿,即尿中出现血红蛋白。其呈红褐色,但静置后无红色沉淀,显微镜检查也无红细胞。血红蛋白尿是因红细胞崩解后,血红蛋白游离在血浆中,随尿排出所致。

见于新生幼狗溶血病、焦虫病、锥虫病、大面积烧伤以及氰化物、四氯化碳中毒等。

①邻联甲苯胺法

【原　理】 血红蛋白中的铁质有类似过氧化酶的作用,可分解过氧化氢,放出新生态氧,使邻联甲苯胺氧化为蓝色化合物,而呈绿色或蓝色。此方法灵敏,无毒副作用。

【试　剂】

1%邻联甲苯胺甲醇溶液:取 0.5g 邻联甲苯胺溶于 50mL 甲醇中,贮于棕色磨口瓶中(较难溶解,但比较稳定)。

过氧化氢乙酸溶液:取冰乙酸 1 份,3%过氧化氢 2 份,混合贮于棕色磨口瓶中。

【操　作】 取 1 支小试管,加入 1%邻联甲苯胺甲醇溶液和过氧化氢乙酸溶液各 1mL,再加入被检尿液 2mL,呈现绿色或蓝色为阳性(即有血红蛋白);若保留原来试剂颜色,为阴性,表示无血红蛋白。

【判　定】 根据显色的快慢和深浅,用符号表示反应的强弱。

“＋＋＋＋”表示立刻显黑蓝色。

“＋＋＋”表示立刻显深蓝色。

“＋＋”表示 1min 内出现蓝绿色。

“＋”表示 1min 以上出现绿色。

“－”表示 3min 后仍不显色。

【注意事项】 试验用器材必须清洁,否则容易出现假阳性反应。过氧化氢液要新鲜。

尿中盐类过多,妨碍反应的出现时,可加冰醋酸酸化后再作试验。必要时可用尿的醚提取液进行试验。即取尿液 10mL,加冰醋酸 2mL,醚 5mL,充分混合,用滴管吸取上层醚液做试验。

②匹拉米洞法

【原　理】 由于血红蛋白的触酶作用,使匹拉米洞氧化为一种紫色的复合物。

【试　剂】 5%匹拉米洞酒精溶液与 50%冰醋酸液等量混合液;3%过氧化氢液。

【操　作】 取尿液 3mL 置于试管内,加入 5%匹拉米洞酒精液与 50%冰醋酸等量混合液 1mL,再加 3%过氧化氢液 1mL,混合。

【判　定】 尿中有多量血红蛋白时呈紫色;少量时,经 2～3min 呈淡紫色。

(4)肌红蛋白检查　肌红蛋白是肌浆蛋白质的一种,与血红蛋白同属于色素蛋白质类,但肌红蛋白的分子量约为血红蛋白的 1/4。二者对不同蛋白沉淀剂有不同的反应。正常尿液中不含肌红蛋白,尿液中出现肌红蛋白,称为肌红蛋白尿。肌红蛋白与血红蛋白,对联苯胺试验均呈阳性,但可用盐析方法将二者区分开。

肌红蛋白尿见于地方性肌红蛋白尿病、白肌病以及重剧肌肉损伤等。

【原　理】 在确定是色素蛋白的前提下,利用硫酸铵对大分子量的血红蛋白起作用,而对小分子量的肌红蛋白不起作用的盐析方法,将血红蛋白和肌红蛋白区分开。

【试　剂】 10%醋酸液,硫酸铵,1%邻联甲苯胺甲醇溶液,3%过氧化氢水溶液。

【操　作】 参照血尿及血红蛋白尿检查(邻联甲苯胺法或匹拉米洞法),证明尿液中含有色素蛋白时,进一步鉴别是血红蛋白还是肌红蛋白。

用 10%醋酸液将尿液 pH 值调至 7～7.5,以 3 000 转/min 离心 6min,取上清尿液 5mL 置于小烧杯中,缓缓加入 2.8g 硫酸铵,达到 80%的饱和度溶解后,用定性滤纸过滤,滤液应清澈,而后转入小烧杯中,再缓缓加入 1.2g 硫酸铵(此时达饱和),边加边搅拌转入离心管,以 3 000 转/min 离心 10min。若有肌红蛋白存在,在硫酸铵沉淀上层有微量红色絮状物,用水吸管吸去上层清液,然后吸取红色絮状物于离心管中,3 000 转/min 离心 10min,吸去上清液,于沉渣中加入 1%邻联甲苯胺甲醇溶液 2 滴及 3%过氧化氢 3 滴,若出现绿色或蓝色为阳性,若不显色为阴性。

(5)葡萄糖检查　狗的正常尿液中含葡萄糖极微,一般方法不能检出。如用一般方法即可检出的则为糖尿。糖尿分生理性糖尿和病理性糖尿 2 种。狗采食含大量糖的饲料或因恐惧兴奋,可发生生理性糖尿,但多为暂时性的,妊娠母狗尿中含糖,也属于正常生理现象。病理性糖尿见于糖尿病、狂犬病、产后瘫痪、神经型犬瘟热、长期痉挛、头盖骨损伤、脑膜脑炎和脑出血等。通常采用试纸法检查。

【试　纸】 市售的尿糖单项试纸,附有标准色板(自 0～2g/dl,分 5 种色度),可供尿糖定性及半定量用。试纸为桃红色,应保存在棕色瓶中。

【操　作】 取试纸1条，浸入被检尿液内，5s后取出，1min后，在自然光或日光灯下与标准色板比较，判定结果。

【注意事项】 ①尿液应新鲜。②服用大量抗坏血酸和汞利尿剂等药物后，可呈假阴性反应。因本试纸起主要作用的是酶(葡萄糖氧化酶和过氧化氢酶)，而抗坏血酸和汞利尿剂可抑制酶的作用。③试纸应在阴暗干燥处保存，不得暴露在阳光下，不能接触煤气，有效期为1年。若试纸变黄，即已失效。

(6)尿胆原检查(改良Enrlich法)　尿胆原增加，见于胆道阻塞初期、肝炎、肝实质性病变、溶血病。尿胆原减少，见于肠道阻塞、肾炎(多尿)、腹泻、口服抗生素药物(抑制或杀死肠道细菌)。

【原　理】 尿胆原在酸性条件下与对二甲氨基苯甲醛反应生成红色化合物。

【试　剂】

对二甲氨基苯甲醛试剂：对二甲氨基苯甲醛2g，加80mL蒸馏水，混合后再缓缓加入20mL浓盐酸以促进其溶解，贮于棕色瓶中。

100g/L氯化钙试剂：取100g氯化钙，加入900mL蒸馏水，混合后贮于胶塞瓶中。

【操　作】 被检尿液中若有胆红素，应先除去胆红素再行检验尿胆原。即取氯化钙试剂1份，加被检尿液4份混合，离心取上清液备检。

取新鲜无胆红素的尿液2mL，加对二甲氨基苯甲醛试剂0.2mL，混合后静止10min，观察结果。

【结果判断】

“+++”表示立即呈深红色，为强阳性。

“++”表示放置10min后呈红色，为阳性。

“+”表示放置10min后呈微红色，为弱阳性。

“－”表示放置10min后，在白色背景下从管口直视管底，不呈红色，经加温后，仍不显红色，为阴性。

目前市售的尿试纸品种较多，常用的有尿8项(8A)试纸，它是在一根长条比色板上，附有8项色带，所以一次能将尿中8种被测物分别测定出来，被测物包括：尿胆原、尿胆红素、酮体、隐血、蛋白质、葡萄糖、酸碱度、亚硝酸盐。

七、尿沉渣的显微镜检查

1. 尿沉渣标本的制作

【试　剂】 5%卢戈氏液：碘片5g，碘化钾15g，蒸馏水100mL。

【标本制作】 一定用新鲜尿液，以免管型和细胞成分被破坏或消失。一般采用离心沉淀法。无离心机时，也可静置使沉淀自然出现。

①离心沉淀　将新鲜尿液混匀，取5～10mL盛于沉淀管中，以1 000转/min离心沉淀5～10min，吸去或倾去上清液，只留0.5mL尿液。摇动沉淀管，使沉淀物均匀地混悬于少量剩余尿液中。用吸管吸取沉淀物置于载玻片上，加1滴卢戈氏液，盖上盖玻片即成。在加盖玻片时，最好先将盖玻片的一边接触尿液，然后慢慢放平，以防产生气泡。

②自然沉淀　将被检尿液放置2～3h，待沉淀出现后，吸取沉淀物制作标本。但应注意，尿液在夏季放置时间稍长易发酵分解，须加入少量麝香草酚等防腐剂。

2. 尿沉渣标本的镜检

镜检时，应将集光器降低，缩小光圈，使视野稍暗，便于发现无色而屈光力弱的成分(透明管型等)。先用低倍接物镜全面观察标本的情况，找出需要详细检查的区域后，再换高倍接物镜，仔细辨认细胞成分和管型等。

镜检时，如遇尿内有大量盐类结晶，遮盖视野而妨碍对其他物质的观察时，可微加温或滴加 1 滴 5%乙酸，除去结晶后，再镜检。

检查结果的报告方法是，细胞成分按各个高倍视野内最少至最多的数值报告，管型及其他结晶成分，按偶见、少量、中等量及多量报告。偶见，为整个标本中仅见几个，少量，为每个视野见到几个；中等量，为每个视野数十个；多量，为占据每个视野的大部，甚至布满视野。

(1)无机沉渣的显微镜检查　尿中无机沉渣，主要是指各种盐类结晶和一些非结晶形物。酸性尿和碱性尿的无机沉渣有所不同(图 6-1，图 6-2)。

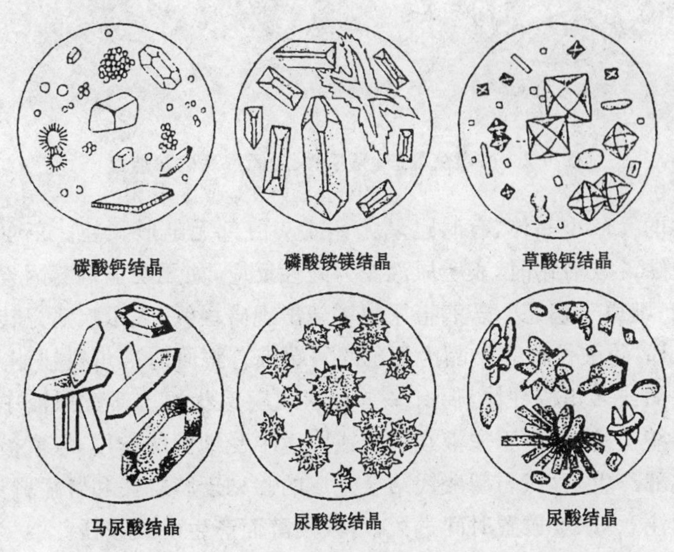

图 6-1　尿中无机沉渣

①碱性尿中的无机沉渣

A. 碳酸钙。为草食兽尿中的正常成分，其结晶多为球形，有放射条纹，大的球形结晶为黄色，有时可见磨石状、哑铃状和“十”

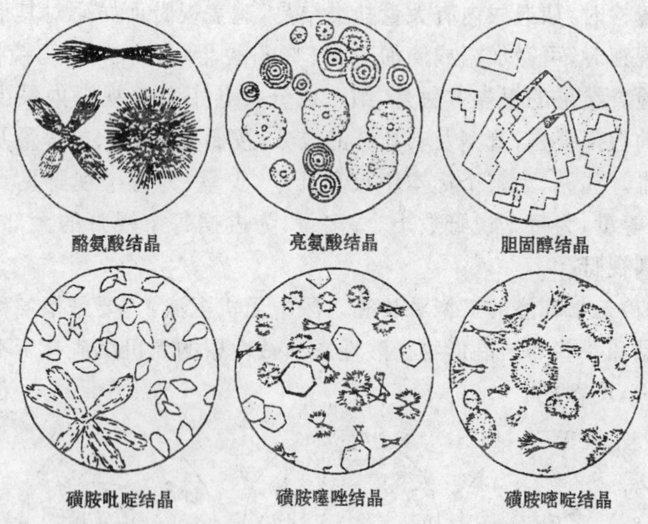

图 6-2 尿中酪氨酸、亮氨酸、胆固醇及磺胺结晶

字形的无色小晶体,有时也呈无色或灰白色无定形颗粒。草食兽尿中缺乏碳酸钙时,表明尿液变为酸性反应,如无明显饲养因素的影响,则属于病态。若病畜尿中重新出现碳酸钙,表示疾病好转。

B. 磷酸铵镁。结晶为无色的两端带有斜面的三角棱柱体,或为六面或多角棱柱体,偶有呈雪花状或羽毛状的。新鲜尿液中出现磷酸铵镁,是由于尿液在膀胱或肾盂中受细菌的作用,尿素被分解发酵产生氨,氨与磷酸镁结合生成的。见于膀胱炎和肾盂肾炎。但须注意,尿液放置时间过久,可因发酵而产生磷酸铵镁。

C. 磷酸钙。常见于弱碱性尿中,也见于中性或弱酸性尿中。多为单个无色三棱形结晶,呈星状或针束状。也可形成无色不规则、大而薄的片状物。其临床意义通常不大。多量出现时,对于诊断尿潴留、慢性膀胱炎等有一定意义。

D. 尿酸铵。为黄褐色球状结晶,表面布满刺状突起。在盐酸及醋酸中分解，形成菱形锭状结晶。新鲜尿液中出现尿酸铵结晶，表明有化脓性感染，如膀胱炎、肾盂肾炎。

②酸性尿中的无机沉渣

A. 草酸钙。是酸性尿液中常见的一种结晶，有时也见于中性或碱性尿中。为无色而屈光力强的四角八面体，有2条对角线呈西式信封状，晶体大小相差甚大。少见的形态为无色哑铃状、球形和各种不同的八面体。溶于盐酸，不溶于醋酸。见于各种家畜的尿中，狗尿中尤为多见。

B. 尿酸结晶。因有尿色素附着而呈黄褐色，有锭状、块状、针状及磨石状等各种形状。加热也不溶于水及酸，但能溶于碱液中。当肾脏功能不全，不能制造氨以中和尿中的酸性物质时，可有尿酸结晶的形成。也见于发热、传染病及寄生虫病时。

C. 非结晶形尿酸盐类。主要为尿酸钠和尿酸钾，还有尿酸钙及尿酸镁。肉眼观察为黄色或砖红色，如砖灰样沉淀物。在淡色尿内可呈灰白色细小颗粒状。在浓缩及强酸性尿中常见，天气寒冷时更易出现，一般无诊断意义。

D. 硫酸钙。尿中少见，仅见于强酸性尿中，为无色细长的棱柱状或针状结晶，聚积成束，常排列成放线状，有时为块状，和磷酸钙结晶相似。在酸及氨水中均不溶解。一般无临床意义。

③尿中少见的特殊结晶

A. 酪氨酸。为黑黄色纤细状结晶，集成中央狭细而两端宽广的束状或簇状。常与亮氨酸同时出现，溶于氨水、盐酸及碱液中，不溶于酒精、醚和醋酸。在重剧的神经系统疾病、肝脏病及慢性胃弛缓而引起自家中毒时，尿中可能出现酪氨酸结晶。

B. 亮氨酸。为淡黄色球形结晶，具有同心性放射条纹，如木材的横锯面，折光力很强。易溶于酸及碱，而不溶于酒精和醚。在急性肝脏病、磷及二硫化碳中毒、严重代谢障碍等情况下，尿中可出现亮氨酸结晶。

C. 胱氨酸。极为少见,为无色、折光性很强、边缘清晰的六角形板状结晶,单独或多数相聚存在。蛋白质代谢障碍时,尿内可有过量的胱氨酸出现,呈结晶状沉淀,为结石形成的诱因。风湿症及肝脏病有时也可见到胱氨酸结晶。

D. 胆固醇。少见,在显微镜下为长方形、四方形缺一角的透明薄板状结晶。溶于醚、氯仿及热酒精中,遇碘及硫酸可变为蓝、绿或红色。可见于肾脂肪营养不良、肾淀粉样变性及肾棘球蚴等病。

④磺胺结晶　狗在服用磺胺类药物后,随尿排泄的过程中容易形成结晶,尿中出现尤其是大量出现磺胺结晶时,有可能在肾盂、输尿管形成沉淀,发生损伤,且是磺胺中毒的预兆,应引起注意。

当疑为磺胺结晶而辨认困难时,可用如下方法加以证明。

方法一:尿液沉淀后,除去上清液,用酸性冷蒸馏水(蒸馏水中加醋酸少许)洗涤结晶2～3次,直至洗涤液加尿胆元醛试剂后不再显色为止。将洗涤后的结晶置试管中,加蒸馏水1mL,10%氢氧化钠液2～3滴,再加尿胆元醛试剂3～4滴,如显黄色,证明为磺胺类结晶。

方法二:取普通白纸一小片,将一端浸入尿液中使之湿润,滴加20%盐酸液1滴,显橙黄色的为磺胺类结晶。

(3)有机沉渣显微镜检查　参见图6-3,图6-4。

①血细胞

A. 红细胞。其形态与尿液放置时间、浓度和酸碱度有关。新鲜尿中的红细胞比白细胞稍小,正面呈圆形,侧面呈双凹形,淡黄绿色。浓缩尿及酸性尿中的红细胞往往皱缩,边缘呈锯齿状;碱性尿和稀薄尿液中的红细胞呈膨胀状态,放置过久尿液中的红细胞往往被破坏,常只显阴影,即所谓红细胞淡影。

健康狗的尿液中一般没有红细胞,当肾小球的通透性增大时,血液中的蛋白质甚至红细胞也能进入尿中。这时,尿蛋白试验阳

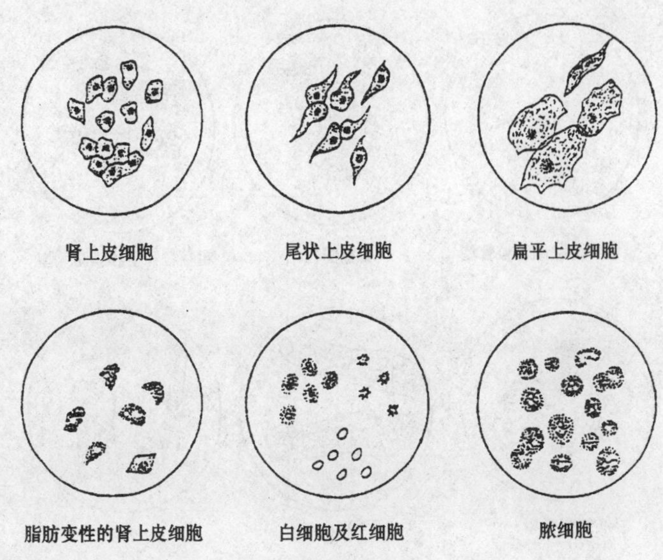

图 6-3　尿中有机沉渣(一)

性,并有红细胞。此外,肾脏、输尿管、膀胱或尿道出血时,尿中也会出现红细胞。

B. 白细胞和脓细胞。尿液中的白细胞,主要是指形态和功能改变不大的分叶核中性白细胞,比红细胞大,在新鲜尿中容易识别。在酸性尿中比较完整,加 10％醋酸酸化后核更清晰,在碱性尿中常膨胀而不清晰。白细胞变为富有颗粒或结构模糊并常聚集成堆的,称为脓细胞。不要把脓细胞与上皮细胞尤其是肾上皮细胞相混淆。脓细胞在加醋酸后可见到一至多个小圆核,而上皮细胞仅有一个较大的圆形核。

健康狗的尿液中,仅有个别的白细胞,而没有脓细胞。在肾脏和尿路有炎性病变(肾炎、膀胱炎),或脓肿破溃流向尿路时,尿中可见到多量的白细胞或脓细胞。

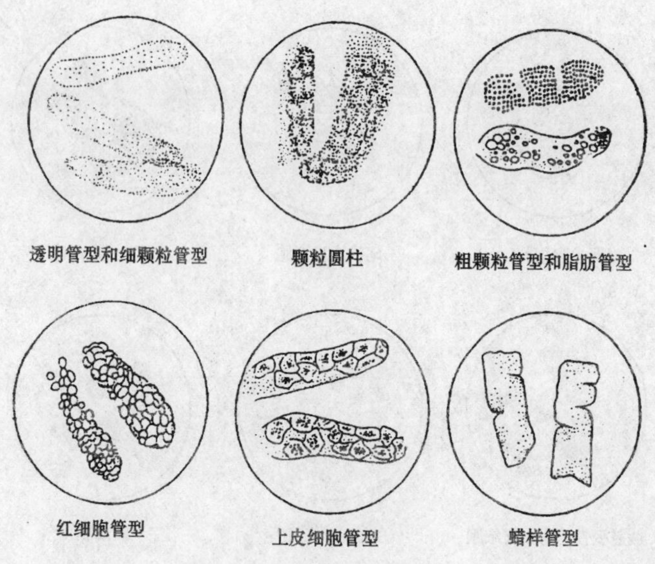

图 6-4 尿中有机沉渣(二)

②上皮细胞

A. 肾上皮细胞。多半呈圆形或多角形,轮廓明显,散在或数个集聚在一起,比白细胞约大1/3,有一个较大的圆形核,细胞质内有小颗粒。肾上皮细胞发生脂肪变性时,可在细胞质中见到屈光的脂肪颗粒。肾小管病变时,肾上皮细胞可大量出现。

B. 尾状上皮细胞。呈梨形或梭形,比脓细胞大2~4倍,有一个圆形或椭圆形的核。这种细胞来自肾盂、尿路和膀胱黏膜的深层。尿中出现尾状上皮细胞,表明尿路黏膜有轻重不同的炎症。

C. 扁平上皮细胞。细胞大而扁平,核小而圆,细胞边缘稍卷起。有时几个集聚在一起。容易与其他上皮细胞区别。这种细胞来自膀胱或尿道黏膜的表层,大量出现时,表明膀胱或尿道黏膜的表层有炎症。但要注意,这种细胞也可来自阴道黏膜的浅层,所以对母狗尿中大量出现这种细胞，要加以具体分析。

③管型（尿圆柱）　是在肾脏发生病变时，由于肾小球滤出的蛋白质在肾小管内变性凝固，或变性蛋白质与其他细胞成分相粘合而成的。正常状态下，血液流经肾小球时，虽然微量蛋白质能以溶胶状态由肾小球滤出而进入肾小管，但肾小管能将其重吸收，故正常尿中无蛋白质存在。在病理情况下，由于肾小球通透性增大，使大量蛋白质渗入肾小管内，又因水分被吸收而浓缩、酸度增高和硫酸软骨素的存在，蛋白质在肾小管腔内逐渐由溶胶变为凝胶，析出水分而凝结硬化，即形成透明管型。在蛋白质凝集的同时，如有血细胞或上皮细胞附着，则成细胞管型。如附着的细胞已退化变性，则成颗粒管型；如附着的上皮细胞有脂肪变性，则成脂肪管型。

管型是直的或稍弯曲的圆柱状物，两端钝圆或呈折断样。镜检时，先用低倍镜看有无管型及管型的大概数量，然后用高倍接物镜确定管型的类型。

由于管型的构造不同，分为下列数种。

A. 透明管型（玻璃样管型）。构造均匀，无色半透明。见于轻度肾脏疾病或肾炎的晚期，也可见于发热和肾淤血等。

B. 上皮细胞管型。是由蛋白质与肾小管剥脱的上皮细胞粘集而成。见于急性肾炎。

C. 白细胞或脓细胞管型。此种管型内充满白细胞或脓细胞，同时常混有上皮细胞或红细胞，即所谓混合管型。见于肾盂肾炎、急性肾炎。

D. 红细胞管型。在透明或颗粒管型内有多量红细胞。见于肾脏出血性疾病。

E. 颗粒管型。在透明管型内有许多粗大或细小颗粒，这种颗粒可能是肾小管剥脱的上皮细胞破坏变成的颗粒，也可能是蛋白质凝固的颗粒。颗粒管型较透明管型粗而短，因混有色素，呈黄色或褐色。尿中出现颗粒管型，表示肾小管有较严重的损伤。

F. 蜡样管型。一般较粗,末端往往折断呈方形,边缘常有缺口,屈光度强,颜色较灰暗。尿中出现蜡样管型,表示肾小管有严重的变性和坏死,常见于重剧的慢性肾炎。

八、粪便检验

粪便检验除用于诊断寄生虫病外,还可了解消化器官的消化功能,有无炎症、出血或其他病理改变,作为临床诊断的参考。

必须采集新鲜而未被尿液等污染的粪便(最好于排粪后立即采取没有接触地面的部分),狗一般不少于20～30g,并应从粪便的内外各层采取。采后盛于洁净容器内。可用50%甘油或生理盐水灌肠采粪。

采集的粪便最好立即送检,如当天不能检验,应放在阴凉处或冰箱内,但不宜加防腐剂。

1. 物理学检验

【颜　色】 粪便颜色,因饲料种类、内服药物及病理情况等而不同,鉴别要点见表6-3。

表6-3　粪便颜色显示的病理情况

颜　色	病　理　情　况
黄褐色	含有未经改变的胆红素
黄绿色	含有胆绿素或产色细菌
灰白色	阻塞性黄疸、痢疾
红　色	后部肠管或肛门部出血
黑　色	前部肠管出血

【气　味】 当消化不良及胃肠炎时,由于肠内容物的腐败发酵,粪便有酸臭或腐败臭,出血多时有腥臭味。

【异常混合物】 常见的有以下几种:

(1)黏液　正常粪便表面有极薄的黏液层。黏液量增多，表示肠管有炎症或排粪迟滞。发生肠炎或肠阻塞时，黏液往往包覆整个粪球，并可形成较厚的胶冻样黏液层，类似剥脱的肠黏膜。

(2)假膜　是由纤维蛋白、上皮细胞和白细胞所组成，常为圆柱状。见于纤维素性或假膜性肠炎。

(3)脓汁　粪便中混有脓汁，见于直肠内脓肿破溃。

(4)粗纤维及未消化食物　粪便内含有多量粗纤维及未消化食物，见于消化不良及牙齿疾病等。

(5)血液　粪便中含有血液，见于胃肠出血、炭疽、出血性肠炎、出血性败血症、犬瘟热及细小病毒性肠炎。

2. 化学检验

(1)酸碱度(pH 值)测定

①试纸法　取粪便 2～3g，置于试管内，加中性蒸馏水 8～10mL，混匀，用广范围试纸测定其 pH 值。

②试管法　取粪便 2～3g，置于试管内，加中性蒸馏水 8～10mL，混匀。置 37℃温箱或室温中 6～8h，如上层液透明清亮，为酸性(粪中磷酸盐和碳酸盐类在酸性液中溶解)；如液体浑浊，颜色变暗，为碱性(粪中磷酸盐和碳酸盐类在碱性液中不溶解)。

饲喂一般混合性饲料时为弱碱性，有的为中性或酸性。但当肠内蛋白质腐败分解旺盛时，由于形成游离氨，而使粪便呈强碱性反应；肠内发酵过程旺盛时，由于形成多量有机酸，粪便呈强酸性反应。

(2)潜血试验　粪便中含微量血液，肉眼观察不能发觉的称为潜血。最常用的检查方法是邻联甲苯胺试验。

【原　理】　同尿血红蛋白检查。

【试　剂】　1%邻联甲苯胺冰醋酸液：先取 3g 邻联甲苯胺溶于 100mL 乙醇中，为原液；再取此原液 1 份，加 1 份冰乙酸和 1 份水混合备用。另准备 3%过氧化氢溶液。

【操　作】 取粪便2～3g,置试管中,加蒸馏水3～4mL,搅拌,煮沸(破坏粪便中的酶类)后,冷却。取洁净小试管1支,加1%邻联甲苯胺冰醋酸液和3%过氧化氢溶液的等量混合液2～3mL。取1～2滴冷却的粪悬液,重积于上述混合试剂上。如粪中含有血液,立即出现绿色或蓝色,不久变为污红紫色。

也可取邻联甲苯胺原液少量,加入冰醋酸及3%过氧化氢液适量,滴加于按上述方法处理过的粪便混悬液中观察。

结果判定:

"＋＋＋＋"表示立即出现深蓝或深绿色。

"＋＋＋"表示半分钟内出现深蓝或深绿色。

"＋＋"表示半分钟后、1min内出现深蓝或深绿色。

"＋"表示1min后、2min内出现浅蓝或浅绿色。

"－"表示5min后不出现蓝色或绿色为阴性。

【注意事项】 由于氧化酶或触酶并非血液所特有,动物组织或植物中也有少量,部分微生物也产生相同的酶,所以粪便必须事先煮沸,破坏这些酶类之后再测定。

被检狗在试验前3～4d,应禁食肉类及含叶绿素的蔬菜等。

3. 显微镜检验

(1)标本的制备　采取不同粪层的粪便,混合后取少许置于洁净载玻片上,或用竹签直接挑取粪便中可疑部分置于载玻片上,加少量生理盐水或蒸馏水,涂成均匀薄层,以能透过书报字迹为宜。必要时可滴加醋酸液,或选用0.01%伊红氯化钠染液、稀碘液或苏丹Ⅲ染色。涂片制好后,加盖片,先用低倍镜观察全片,后用高倍镜鉴定。

(2)饲料残渣检查

①植物细胞　形态多种多样,呈螺旋形、网状、花边形、多角形或其他形态。特点是在吹动标本时,易转动、变形。粪中常多量出现,一般无临床意义,不过可大致看出胃肠消化力的强弱。

②淀粉颗粒　一般为大小不匀、一端较尖的圆形颗粒，也有圆形或多角形的，可见有同心层构造。用稀碘液染色后，未消化的淀粉颗粒呈蓝色，部分消化的呈棕红色。粪中发现大量淀粉颗粒，表明消化功能障碍。

③脂肪球和脂肪酸结晶　脂肪滴为大小不等、正圆形的小球，有明显折光性，特点为浮在液面，来回游动。脂肪酸结晶多呈针状。用苏丹Ⅲ染色后呈红色。粪中见到大量脂肪球和脂肪酸结晶，为摄入的脂肪不能完全分解和吸收（如肠炎），或胆汁及胰液分泌不足。

④肌肉纤维　常呈带状，也有呈圆形、椭圆形或不整形的。有纵纹或横纹，断端常呈直角形，加醋酸后则更为清晰，有的可看见核。多为黄色或黄褐色。肌肉纤维在食肉狗粪中为正常成分；过多时，可考虑为胰液或肠液分泌障碍及肠蠕动增强。

(3)体细胞检查　粪中的体细胞，包括白细胞、脓细胞、吞噬细胞、红细胞和上皮细胞。由于粪中的细胞在粪渣涂片上分布不均，差别较大，故细胞计数的意义不大。

①白细胞及脓细胞　白细胞的形态整齐，数量不多，且分散不成堆。脓细胞形态不整，构造不清晰，数量多而成堆。细胞的数量，以高倍镜 10 个视野内的平均数报告。粪便中发现多量的白细胞及脓细胞，表明肠管有炎症或溃疡，如犬肠炎等。

②吞噬细胞　又称巨噬细胞或单核样网状细胞，约比中性白细胞大 3～4 倍。呈卵圆形、不规则叶状，或伸出伪足呈变形虫样。胞核大，常偏于一侧，圆形，偶有肾形或不规则形的。胞质内可有空泡、颗粒，偶见有被吞噬的细菌、白细胞的残余物。胞膜厚而明显。吞噬细胞常与大量脓细胞同时出现，诊断意义与脓细胞相同。

③红细胞　粪便中发现大量形态正常的红细胞，可能为后部肠管出血；有少量散在、形态正常的红细胞，而同时又有大量白细胞的，为肠管的炎症；若红细胞较白细胞多，且常堆集，部分有崩坏

现象,为肠管出血性疾患。

④上皮细胞　可见扁平上皮细胞和柱状上皮细胞。前者来自肛门附近,形态无显著变化,后者由各部肠壁而来,因部位和肠蠕动的强弱不同而形态有所变化。上皮细胞和粪便混合时一般不易发现,多量出现且伴有多量黏液或脓细胞时均为病理状态,如胃肠炎等。

(4)寄生虫卵检查　可分为涂片检查法和集卵法。

①直接涂片检查法　是最简便和常用的方法,但检查时因被检查的粪便数量少,检出率也较低。当体内寄生虫数量不多而粪便中虫卵少时,有时查不出虫卵。

本法是先在载玻片上滴一些甘油与水的等量混合液,再用牙签或火柴棍挑取少量粪便加入其中,混匀,夹去较大的或过多的粪渣,最后使玻片上留有一层均匀的粪液,其浓度的要求是将玻片放于报纸上,能通过粪便液膜模糊地辨认其下的字迹为合适。在粪膜上覆以盖玻片,置于显微镜下检查。检查时应顺序地查遍盖玻片下的所有部分。

常见虫卵及其他物体的形态可参考图 6-5,图 6-6。

②集卵法　本法总的原则是,利用各种方法将分散在粪便中的虫卵集中起来,再行检查,以提高检出率。集卵方式主要有两种类型。

一种是利用虫卵和粪渣中其他成分的相对密度差集中。虫卵的相对密度一般比水略重,但轻于饱和食盐水(在 1 000mL 水中加食盐 380g,相对密度约为 1.18),当粪便中的虫卵在水中时则沉于水底,而粪便中的一些饲料纤维和可溶性物则混于或溶于粪液中。当粪便以饱和盐水稀释时,虫卵则漂浮于溶液表面,而有些较重的粪渣则下沉于底部。这样根据虫卵在不同液体中的沉浮情况,而采取沉渣或浮起物检查,就可以检查到比较多的虫卵,从而提高检出率。各种虫卵的相对密度不一,一般吸虫卵相对密度最

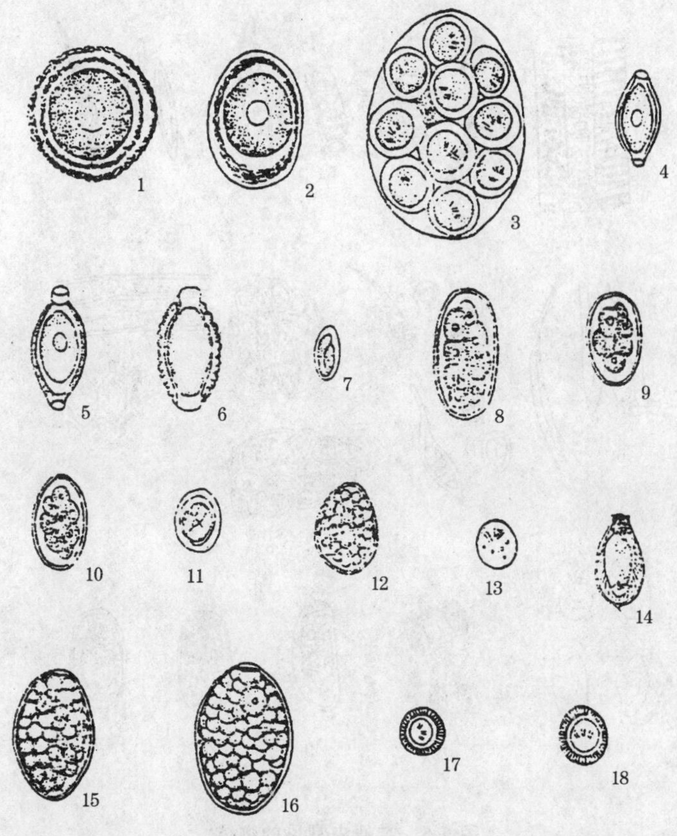

图 6-5　狗体内的寄生虫卵

1. 犬弓蛔虫卵　2. 狮蛔虫卵　3. 犬复孔绦虫卵　4. 毛细线虫卵　5. 毛首线虫卵　6. 肾膨结线虫卵　7. 血色食管虫卵　8. 犬钩口线虫卵　9. 巴西钩口线虫卵　10. 美洲板口线虫卵　11. 犬胃线虫卵　12. 裂头绦虫卵　13. 中线绦虫卵　14. 华支睾吸虫卵　15. 并殖吸虫卵　16. 抱茎棘隙吸虫卵　17. 细粒棘球绦虫卵　18. 泡状带绦虫卵

大，在多数溶液中不能浮起，但可以用一些相对密度更大的溶液(如硫代硫酸钠溶液：1 000mL 水中加硫代硫酸钠 1 750mg，相对

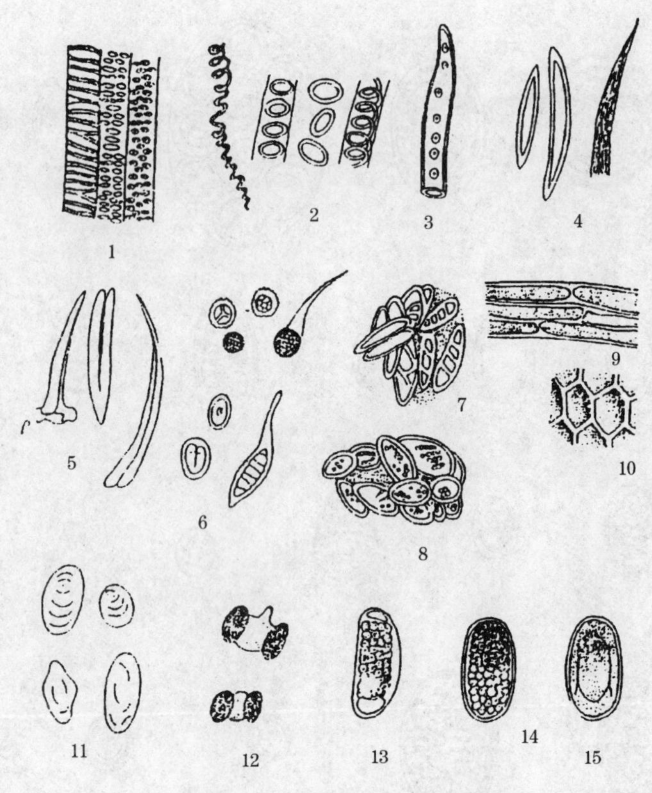

图6-6　粪便内常见的物体

1～10. 植物的细胞和孢子(1. 植物的导管:梯状,网纹,孔纹　2. 螺纹和环纹　3. 管胞　4. 植物纤维　5. 小麦的颖毛　6. 真菌的孢子　7. 谷壳的一些部分　8. 稻米胚孔　9、10. 植物的薄皮细胞)　11. 淀粉粒　12. 花粉粒　13. 植物线虫的一种虫卵　14. 螨的卵(未发育的卵)　15. 螨的卵(已发育的卵)

密度1.4左右),使之漂浮。此外,还可采用饱和硫酸镁溶液、饱和硫酸锌溶液、硝酸铅溶液、饱和糖溶液和甘油等。应注意除了特殊的需要外,采用相对密度过大的溶液是不适宜的,因为其会使更多的粪内杂质浮起,反而影响检出率,有时相对密度的加大还会出现黏稠度的增加，使虫卵浮起的速度减缓。虫卵在溶液中下沉或浮起的时间受溶液黏稠度的影响，一般需 20～60min。有时将粪液放入离心管中，在离心机内远心分离，利用离心力加速虫卵的下沉或浮起的时间。

另一种是筛滤法，即利用孔径大小不同的金属筛过滤粪液。当用 40～60 目铜筛时，虫卵可通过筛孔，而较粗大的粪渣则被铜筛所截留，这时可取滤下液经沉淀或漂浮法处理后检查。目前常采用 260 目的锦纶筛兜过滤粪液，过滤时大部分虫卵被留于筛上，然后取筛内物检查。但较细小的(如球虫卵囊)仍可通过，遇此种情况仍应取滤出液检查。

以上述两种方式为基础，较常用的集卵法有如下两种：

一是沉淀法：取粪便 5g，加清水 100mL 以上，搅匀成粪液，通过 40～60 目筛过滤，滤液收集于三角烧瓶或烧杯中，静置沉淀 20～40min，倾去上层液，保留沉渣，再加水混匀，再沉淀，如此反复操作，直到上层液体透明后，吸取沉渣检查。此法较适用于检查吸虫卵。

二是漂浮法：①取粪便 10g，加饱和食盐水 100mL，混合，通过 60 目铜筛，滤入烧杯中，静置半小时，则虫卵上浮。用一直径 5～10mm 的铁丝圈，与液面平行接触以蘸取表面液膜，抖落于载玻片上检查。此法适用于线虫卵的检查。②取粪便 1g，加饱和食盐水 10mL，混匀，筛滤，滤液注入试管中，补加饱和盐水溶液使试管充满，上覆以盖玻片，并使液体与盖玻片接触，其间不留气泡，直立半小时后，取下盖玻片，覆于载玻片上检查。

以上沉淀法或漂浮法，均应静置液体，待其自然地下沉或上浮。但也有的方法是将粪液置于离心管中，在离心机内离心，以加速其沉浮的过程。

九、胸腹腔液检验

胸腹腔在正常情况下,有极少量液体,起着润滑作用。在病理状态下,液体量异常增多时,称为胸、腹腔积液。按积液的性质,分为漏出液和渗出液。

1. 胸腹腔液采取

病狗实行横卧保定。用胸、腹腔穿刺术采取胸、腹腔积液。

(1)胸腔液采取法

【部　位】 右侧在第六肋间,左侧在第七肋间。穿刺点均在肋骨前缘,胸外静脉直上方。防止损伤肋间血管和神经。

【操　作】 术部剪毛消毒,一手将术部皮肤稍向前方移动,另一手持带有胶管的静脉注射针头或穿胸套管针,在紧靠肋骨前缘处垂直慢慢刺入(如刺入皮肤困难,可先用外科刀纵切开皮肤约1cm),感到无抵抗时,证明已刺入胸腔内。刺入深度为 3～5cm,如胸膜腔有积液时,即见液体从针孔流出。如用穿胸套管针穿刺,此时应一手固定套管,另一手将内针拔出,即有液体沿套管流出。流出的液体用试管或量筒接取备检。操作完毕,拔出针头,或将内针插入,拔出套管针,术部涂以碘酊。胸腔液采取后,应立即送检,以防凝固后影响细胞、蛋白质、相对密度等的检验。必要时可加入5%柠檬酸钠液抗凝(每 20mL 穿刺液滴加 1mL)。但要留出一管不加抗凝剂,作为观察凝固性之用。

(2)腹腔液采取法

【部　位】 在脐稍前方白线上或侧方。

【操　作】 术部剪毛消毒。用注射针头与腹壁垂直刺入 2～4cm,腹膜腔有积液时,即见液体从针孔流出,或用注射器抽吸,盛于试管或量筒内供检查用。操作完毕,拔出针头,术部涂碘酊。腹腔穿刺液采取后的处理同胸腔穿刺液。

2. 物理学检验

主要是从穿刺液的颜色、透明度、气味、相对密度、凝固性等方面鉴别是漏出液还是渗出液。

【漏出液】

(1)颜色与透明度　一般为无色或淡黄色，透明，稀薄。

(2)气味与凝固性　无特殊气味，不易凝固，但放置时可有微细的纤维蛋白凝块析出，仅有少量沉淀。

(3)相对密度　在1.015以下，测定方法同尿相对密度的测定法。

【渗出液】

(1)颜色与透明度　一般为淡黄、淡红或红黄色，浑浊或半透明，稠厚。

(2)气味与凝固性　无特殊臭味，易凝固，在体外或尸体内均能凝固。

(3)相对密度　在1.018以上。标本采取后，为避免凝固，应迅速测定。

3. 化学检验

主要是从蛋白质含量与性质方面鉴别是漏出液还是渗出液。

(1)浆液黏蛋白试验(Rivalta反应)

【原　理】浆液黏蛋白是一种酸性糖蛋白，等电点在pH值3～5之间，在稀释的冰醋酸液中，可产生白色云雾状沉淀。

【操　作】取15～25cm大试管1支，注入蒸馏水50～100mL。加入冰醋酸1～2滴，充分混合。滴加穿刺液1～2滴。如沿穿刺液下沉经路显白色云雾状浑浊，并直达管底的为阳性反应，是渗出液；无云雾状痕迹，或微有浑浊，且于中途消失的为阴性反应，是漏出液。

(2)蛋白质定量　穿刺液的蛋白质定量，与尿液的蛋白质定量方法相同。蛋白质含量在4%以上为渗出液，蛋白质含量在2.5%

以下为漏出液。

4. 显微镜检验

主要作用在于发现和辨识其中的有形成分，以鉴别穿刺液的性质。在某些情况下，对确定胸、腹腔积液的病因有重要意义。

【操　作】 ①取新鲜穿刺液，置于盛有 EDTA-Na_2 抗凝剂试管中，抗凝剂的量同血液抗凝方法，离心沉淀，上清液分装于另一试管中。②取 1 滴沉淀物放于载玻片上，覆以盖玻片，在显微镜下观察间皮细胞、白细胞及红细胞等。③需要做白细胞分类时，则取沉淀物做涂片，染色镜检。其方法同血液学白细胞分类法。

【结果判定】

(1)漏出液　细胞较少，主要是来自浆膜腔的间皮细胞(常是 8～10 个排成一片)及淋巴细胞，红细胞和其他细胞甚少。少量的红细胞，常由于穿刺时受损伤所致。多量红细胞则为出血性疾病或脏器破损所致。大量的间皮细胞和淋巴细胞，见于心、肾等疾病。

(2)渗出液　细胞较多。中性白细胞增多，见于急性感染，尤其是化脓性炎症。结核性炎症(结核性胸膜炎初期)，反复穿刺可见中性白细胞也增多。淋巴细胞增多，见于慢性疾病，如慢性胸膜炎及结核性胸膜炎等。间皮细胞增多，为组织破坏过程严重之征象。

5. 细菌检验

(1)抹片　将胸腹腔液加入 EDTA-Na_2 抗凝剂，按每 5mL 胸、腹腔液加入 10%EDTA-$Na_2$0.1mL，混合均匀，2 000 转/min 离心 5min，取沉渣抹片并烤干，进行革兰氏细菌染色。

(2)革兰氏染色试剂

①草酸铵结晶紫(赫克氏结晶紫)染色液　取结晶紫 2g，加 95%乙醇 20mL，再取此溶液 2mL，加蒸馏水 18mL，然后加入 1%草酸铵水溶液 80mL，混合过滤即成。

②革兰氏碘溶液　将碘化钾 2g 置于乳钵中，加蒸馏水 5mL，

使之完全溶解。再加入碘片1g,边研磨边加蒸馏水。至完全溶解后,注入瓶中,补加蒸馏水至300mL即成。

③含酸酒精(3%盐酸酒精)　于97mL 95%乙醇中加3mL浓盐酸。

④沙黄(Safranine,亦称番红花红)水溶液　贮存液:沙黄2.5g加入100mL 95%乙醇中。应用液:贮存液10mL,加水90mL,即为应用液。

(3)革兰氏染色方法　①涂片经火焰固定,加结晶紫染液滴在抹片上,静止1min,水冲洗染液。②加碘染液1min,用水冲去碘染液。③加3%盐酸酒精脱色液,不时摇动30s,至紫色脱落为止,水冲洗。④加沙黄应用液复染30s,清水冲洗。⑤干后镜检。

(4)判断　油镜观察,若有紫色细菌,为革兰氏阳性菌;若有红色细菌,为革兰氏阴性菌。

十、脑脊髓液检验

1. 脑脊髓液采取

(1)器械　脊髓穿刺针。如无特制的脊髓穿刺针,也可用长的封闭针,将尖端磨钝一些,并配以合适的针芯。器械及容器用前均须煮沸或高压灭菌消毒。

(2)准备　穿刺之前,应对动物作检查。心脏衰弱的,皮下注射强心剂;兴奋不安的,可注射镇静药。将动物横卧保定。横卧保定时,要将后肢尽量向前牵引,并牢固捆绑,防止意外。术部剪毛,并用苯及酒精充分涂擦,进行脱脂及消毒,通常不用碘酊。局部一般不用麻醉。

(3)部位及穿刺方法　常用的有颈椎穿刺及腰椎穿刺。

①颈椎穿刺　即在第一、第二颈椎间穿刺。先确定颈椎棘突正中线与两寰椎翼后角的交叉点,在此交叉点侧方2～4cm处与

皮肤呈直角刺入针头。针头进入肌肉层时阻力不大,在穿过脊髓硬膜后阻力突然消失,再稍推进2～3mm,即达蛛网膜下腔,拔出针芯,即可见有水样的脑脊髓液滴出。

穿刺后,术部涂擦碘酊或火棉胶封盖。第二次穿刺须间隔2d以上。

②腰椎穿刺　即在腰椎孔穿刺。先确定腰椎棘突正中线与两侧髋结节内角连线的交叉点,在此交叉点的侧方2～2.5cm处,靠近第一荐椎前缘与皮肤呈直角刺入针头。该处皮肤厚,进针较困难,要注意防止针头折弯。动物的腰池不如人的腰池发达,故要准确掌握针头的方向,正确的标志是见到有脑脊髓液从针孔滴出。腰椎穿刺所获的脊髓液量较少,且理化性质也与颈椎穿刺的略有不同。

接取穿刺所得的脑脊髓液时,通常是用灭菌试管3支,编上1、2、3号。最初流出的脑脊髓液可能含有少量红细胞,置于第一管内,供细菌学检验用,第二管供化学检验用,第三管供细胞计数用。一般每管收集2～3mL脑脊髓液即可。脑脊髓液采取后,应立即送检,不能放置过久,否则会影响细胞计数和糖定量的结果。

2. 物理学检验

(1)颜色　最好利用背向自然光线观察。正常脑脊髓液为无色水样。如出现淡红色或红色,可能是因穿刺时的损伤或脑脊髓膜出血流入蛛网膜下腔所致。如红色仅见于第一管标本,第二、第三管红色逐渐变淡,则可能是由于穿刺时受损伤所致;如3管标本呈均匀的红色,则可能为脑脊髓或脑脊髓膜出血。脑脊髓液呈淡红色,见于脑或脊髓高度充血及日射病;呈现黄色,主要是由于存在变性血红蛋白等所致,见于重症锥虫病、钩端螺旋体病及静脉注射黄色素之后。

(2)透明度　观察时应以蒸馏水作对照。正常脑脊髓液澄清透明,似蒸馏水样。含少量细胞或细菌时,呈毛玻璃样;含多量细胞或细菌时,呈浑浊或脓样,是化脓性脑膜炎的征兆,应及时做涂片进行细菌学检验。

(3)气味 健康狗的脑脊髓液无臭味,但量多时可带新鲜肉味,室温下长久放置时可发腐败臭。新采取的脑脊髓液有腐败臭,见于化脓性脑脊髓炎。脑脊髓液有剧烈尿臭,为尿毒症的特征。

(4)相对密度

①用特制比重管,于分析天平上先称 0.2mL 蒸馏水的重量,再称 0.2mL 脑脊髓液的重量,再按以下公式计算:

脑脊髓液的相对密度=脑脊髓液的重量÷蒸馏水的重量

②如脑脊髓液的量有 10mL 时,可采用小型尿比重计,直接测定其相对密度。

腰椎穿刺所获得的脑脊髓液较颈椎穿刺的相对密度大。相对密度增加,见于化脓性脑膜炎及静脉注射高渗氯化钠或葡萄糖液之后。

3. 化学检验

(1)蛋白质检查(硫酸铵定性试验)

【原 理】 球蛋白遇饱和硫酸铵液即失去溶解性而发生浑浊。

【试 剂】 饱和硫酸铵液:取硫酸铵 85g,加蒸馏水 100mL,水浴加热使之溶解,冷却后过滤备用。

【操 作】 试管中放脑脊髓液 1mL,加饱和硫酸铵液 1mL,颠倒试管使之混合,于试管架上放置 4～5min,然后判定结果。

【结果判定】

"++++"表示显著浑浊。

"+++"表示中等度浑浊。

"++"表示明显乳白色。

"+"表示微乳白色。

"-"表示透明。

(2)葡萄糖检查　脑脊髓液的含糖量,取决于血糖的浓度、脉络膜的渗透性以及葡萄糖在体内的分解速度。血糖含量持续增多或减少时,可使脑脊髓液内含糖量也随之增减。健康家畜脑脊髓液的葡萄糖含量在40～60mg/dl。含糖量增多不常见。脑脊髓液内葡萄糖减少,见于化脓性脑膜炎、重度过劳、血斑病及产后瘫痪。脑脊髓液中的葡萄糖检查方法同尿中葡萄糖的检查。

4. 显微镜检验

(1)细胞计数　在采集脑脊髓液时,应当按每5mL加入10% EDTA-Na_2抗凝剂0.05～0.1mL,混合均匀后备检。

脑脊髓液白细胞与红细胞计数方法同血细胞计数法。

(2)细胞分类

①直接法　在白细胞计数后,换用高倍镜检查,此时白细胞的形态,如同在新鲜尿液标本中的一样。可根据细胞的大小、核的多少和形态,分为粒细胞或单核细胞,但详细区分须行染色。

②瑞氏染色法　将白细胞计数后的脑脊髓液,立即离心沉淀10min,将上清液倒入另一洁净试管,供化学检验用。把沉淀物充分混匀,于载玻片上制成涂片,尽快地在空气中风干。然后滴加瑞氏染色液5滴,染色1min后,立即加新鲜蒸馏水10滴,混匀,染4～6min,用蒸馏水漂洗,干燥后镜检。

此法可以区分出中性粒细胞、嗜酸性粒细胞、淋巴细胞和内皮细胞。内皮细胞较大,接近方形或不正圆形,呈淡青至青灰色,胞质多,核较大,形态不规则,和血片中的单核细胞接近。正常时淋巴细胞占60%～70%。

中性粒细胞增加,见于化脓性脑膜炎、脑出血等,表示疾病在进行。淋巴细胞增加,见于非化脓性脑膜炎及一些慢性疾病,一般表示疾病趋向好转。内皮细胞增加,见于脑膜受刺激及脑充血等。

(3)细菌检查　同胸、腹腔液细菌检查。

十一、螨虫的检查

1. 病料采取

疥螨、痒螨寄生在动物体表或皮内，因此应刮取皮屑进行检查。刮取皮屑的方法甚为重要，应选择患病皮肤与健康皮肤交界处，因此处的螨较多。刮取时先剪毛，取凸刃小刀，在酒精灯上消毒，使刀刃与皮肤面垂直，刮取皮屑，直到皮肤轻微出血（此点对检查寄生于皮内的疥螨尤为重要）。若患部在耳道，则用棉棒掏取病料。

检查蠕形螨可用力挤压病变部，挤出脓液，将脓液摊于载玻片上供镜检。

2. 显微镜检查法

（1）直接检查法　将刮下的皮屑，放于载玻片上，加1滴液状石蜡或50%甘油水溶液于病料上，加盖玻片，用低倍镜观察虫体。

（2）虫体浓集法　为了在较多的病料中检出较少的虫体，提高检出率，可采用此法。此法是将较多的病料置于试管中，加入10%氢氯化钠溶液。浸泡并在酒精灯上煮2min，使皮屑溶解、虫体自皮屑中分离出来，以2 000转/min离心5min，虫体沉于管底，弃上清液，吸取沉渣镜检。

十二、折射仪的使用方法

折射仪，是通过测定溶液的折光率（N_D），再经折光率换算出溶液中的物质含量SP(g/dl)、溶液相对密度(UG)的仪器。这3个指标能在折射仪的透光镜内表示出来（图6-7）。

使用方法：打开仪器盖，将双蒸水盛满折光板凹面上，盖好仪器盖（切勿有气泡）。转动零点调节板（在折射仪背部凹处），使透光镜内蓝色光与白色光的交界线调节在Wt行，此行称为重量行，

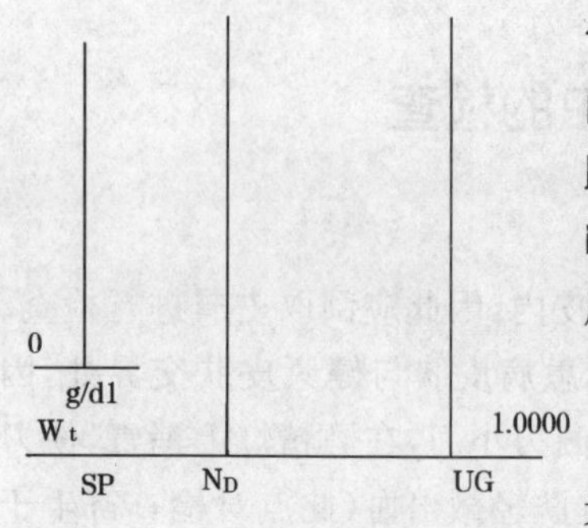

图 6-7 折射仪目镜看到的图表

SP=含量(g/dl) N_D=折光率

UG=相对密度 Wt=重量

它是测定N_D、UG、SP这3个指标的共同基线。然后调节目镜的焦距,使透光镜内所看到的刻度清晰,根据测定的内容,读取所需刻度。

1. 测定溶液中物质的含量

使透光镜内的蓝色光与白色光的交界线和SP上方的g/dl行相垂直刻度重叠,此时的刻度即为被测溶液中的物质的含量。

2. 测定溶液的相对密度

按以上测定方法,在UG行读取实际刻度,但记录时其数值为在1以后的小数位,例如,测定刻度是031,应记为1.031,即此溶液的相对密度是1.031。

3. 测定溶液的折光率

按以上测定的方法,在N_D行上读取其刻度值,此读数即为被测溶液的折光率。

说明:用双蒸水调零时,不管是N_D、UG、SP行,都应把零点调在Wt行的基线上,然后再进行各项测定。

第七章 传染病

犬瘟热

犬瘟热是由犬瘟热病毒感染引起的一种高度接触性病毒病，也称犬瘟、硬脚垫症。发病初期以双相体温升高、白细胞减少、急性鼻卡他和结膜炎为主，随后出现支气管炎、卡他性肺炎、严重的胃肠炎和神经症状。以呼吸系统、消化系统和神经系统受损害为主。

【病　原】 犬瘟热病毒(Canine Distemper Virus)是副黏病毒科、麻疹病毒属的一种单股 RNA 病毒。对碱性消毒药、乙醚和氯仿敏感，日光直照 14h 能杀灭病毒。其只有 1 个抗原型。3%氢氧化钠(苛性钠)溶液、3%甲醛溶液和 5%苯酚(石炭酸)溶液、0.5%～0.75%酚溶液可作为消毒剂。

【流行病学】 本病在世界范围内流行，各个季节均有发生。本病的发生不分年龄和性别，但以 3～12 个月龄的狗常见，以 60 日龄到 5 个月龄的狗发病率最高，死亡率也高。

本病呈高度接触性传染，患病狗为主要传染源，以呼吸道飞沫和食物、饮水为主要传播方式。患病狗的鼻液、唾液、组织器官、血液、尿液中长期有病毒存在，排毒时间长。

【临床症状】 潜伏期为 3～21d，平均为 3～4d。病初，鼻镜干燥，以眼、鼻流出水样分泌物，无力，食欲差，体温升高(39.5～41℃)为特点，持续 3～4d 后体温下降并吃食。几天后体温再次升高，眼结膜有黏性或脓性分泌物，咳嗽，呼吸音粗厉，干呕，食欲减退(有些狗仍吃食)，鼻镜干燥，脚垫厚而粗糙。可能出现角膜结膜炎甚至角膜溃疡。有的有腹泻现象。细菌继发感染是犬瘟热后期的共同表现。本病也常与传染性肝炎合并发生。

神经性抽搐是中枢神经受损害的标志。主要损伤小肌群,常见面部咬肌的阵发性强直抽搐,伴发流涎;也可见四肢阵发性抽搐,以幼狗多见。小肌群抽搐是犬瘟病的抽搐特征之一,不同于癫痫。抽搐的间隔期越短,说明病症越重。发生抽搐后,90%左右的病狗死亡。有些病狗虽能存活,但会有抽搐性后遗症(以后肢为主,呈局部发作,幼狗多见)。

【病理变化】 病初剖检所见以淋巴结肿胀、胸腺缩小为主。继发细菌性感染后,可见肺炎和化脓性胸膜炎,胃肠黏膜肿胀,可能有出血。大脑呈非化脓性炎症,脑膜出血;上皮组织、网状内皮系统、神经胶质细胞、神经节细胞、脑室细胞、肾上腺髓质细胞的胞质与胞核中均有嗜酸性包涵体。

【诊　断】 临床上以呼吸道症状、消化道症状和眼部表现同时发生为判断基础,但有一定误诊率。实验室诊断常用犬瘟诊断试纸,如韩国亚山的诊断试纸、国产诊断试纸(西诺公司),预计在不远的将来,核酸诊断试剂会成为更准确、便利的诊断方法。

鉴别诊断应与传染性肝炎、钩端螺旋体病相区分。

【防　治】 原则是抗病毒、抗细菌继发感染和对症治疗。临床治疗以抗犬瘟热蛋白(中科拜克)、犬瘟热单抗和犬瘟热抗血清注射、配合对症治疗为主。以 2mL/kgbw 的剂量做皮下注射,每日 1 次,3 次为一疗程。使用病毒唑、阿昔洛韦、犬 a-干扰素(中科拜克)和胸腺肽(对幼犬有一定效果)等可以提高抗病毒的能力。

抗细菌继发感染主要使用肺炎灵(天津保灵)治疗细菌性继发性肺炎和强力咳喘灵(天津保灵),在使用肺炎灵 5d 后继续给药 7～10d。乐利鲜(维克)对于细菌性肺炎维持治疗也有一定效果。

预防以接种进口多联苗效果最确实。群养狗发现病狗后应立即隔离。环境消毒采用 8%福尔马林溶液,或 3%氢氧化钠溶液,或5%苯酚溶液。死狗应焚烧或深埋。

有些免疫过的犬也可能患犬瘟，这些犬的临床症状一般不典型，仅以咳嗽、数量不多的干呕等为主，此时，采取实验室化验是必要的。化验结果虽是阴性，但犬有明显的临床症状，也建议给予抗犬瘟热蛋白等药物。

细小病毒病

本病又称为传染性胃肠炎，是由犬细小病毒感染引起的急性传染病。以出血性肠炎和非化脓性心肌炎为主要特征，侵害各种年龄的狗，以幼狗发病率高。如能正确治疗，则死亡率不超过20%。

【病　原】 犬细小病毒(Canine Parvo Virus)是直径20nm、呈20面体对称、无囊膜的单股DNA病毒。对新生组织细胞有亲和力，能在狗肾脏细胞和猫胎肾细胞(原代或传代细胞)上生长。该病毒对外界因素有较强的抵抗力，对一般消毒药不敏感，在56～60℃的环境中可以存活1h，在pH值3～9时，1h仍有活力，在室温条件下可以存活3个月。对乙醚、氯仿等脂溶剂不敏感，而对福尔马林、β-丙内酯和紫外线较敏感。

【流行病学】 犬细小病毒主要由病狗的粪便、尿液、呕吐物或唾液中排出，污染周围环境，使易感狗患病，尤其在患病的第四至第七天，粪便中病毒的滴度高。本病的发生无季节性。病狗与带毒狗为主要的传染源。

【临床症状】 本病的临床表现有出血性肠炎型和心肌炎型。

(1)出血性肠炎型　潜伏期7～14d，一般先呕吐，后腹泻。病初狗(以幼狗为主)精神差，呕吐，先吐出食物，而后吐出黏液或黄绿色液体。发病1d后开始腹泻，粪便从稀呈黄绿色，变成有多量假膜与黏液的黄色软便，最后呈酱油色(番茄汁状)腥臭的血便。

呕吐、腹泻不止,迅速脱水,不吃不喝,体温达40℃以上。此时,病狗无力,黏膜苍白,严重贫血。如不及时治疗,则因肠毒素被吸收导致休克而死亡。

(2)心肌炎型　以幼狗发生率高。突然出现呼吸困难,脉搏快而弱,黏膜苍白,几天内死亡。也有的幼狗仅见轻度腹泻后即死亡。

【病理变化】

(1)出血性肠炎型　腹腔积液,浆膜面有纤维素性覆盖物,肠腔中有水样内容物并混有血液,空肠、回肠黏膜面出血、充血,有纤维素性假膜覆盖,肠系膜淋巴结肿大并充血。组织学检查,小肠黏膜上皮坏死脱落,肠绒毛萎缩,隐窝肿大并充满炎性渗出物。

(2)心肌炎型　心肌或心内膜上有非化脓性坏死灶,心室与心房中有淤血块,左心室心肌纤维中有单核细胞浸润和间质纤维化,受损伤的心肌细胞内有核内包涵体。肺脏水肿或实变,肺浆膜有出血斑点。

【诊　断】　目前,临床上常采用犬细小病毒快速诊断试剂盒诊断,取少量粪便,40min内可确诊。血液检查时多见血清总蛋白下降,白细胞总数显著减少,转移酶高,脱水等。心肌炎型的,听诊有心内回流性杂音,死前心电图R波降低、S-T波升高。本病腹部触诊非常重要,幼犬患病时常发生肠套叠。

【防　治】　早期确诊,治疗效果好。按2mL/kgbw肌内注射或皮下注射犬细小病毒单克隆抗体或者抗犬细小病毒蛋白,每疗程3次,每天1次;给予3～7d的犬重组干扰素-a。对症治疗止吐、止泻、止血、消炎。静脉输液4～7d非常必要;如果有条件,可以进行输血。

环境可用2%～3%氢氧化钠溶液、10%漂白粉液或84消毒液、次氯酸钠溶液消毒。

预防可采用进口多联联苗或国产多联疫苗免疫。

传染性肝炎

传染性肝炎是由犬腺病毒Ⅰ型引起的急性传染病。临床上以黄疸、贫血、角膜混浊、体温升高为特征，因部分病例的角膜变蓝，因此又称蓝眼病(但不是所有的患病犬都出现这个症状)。剖检可见肝脏小叶中心坏死、肝实质细胞和皮质细胞核内出现包涵体和出血时间延长。也有的病例出现呼吸困难、腹泻症状。易与犬瘟热初期相混淆，且可与犬瘟热病同时发生。

【病　原】 本病的病原为犬腺病毒Ⅰ型(CAV-1)。属于腺病毒科、哺乳动物腺病毒属，是含有DNA、有252个壳粒、有衣壳的20面体，直径70～80nm。此病毒对外界抵抗力较强，冻干后能长期存活，对乙醚、酸、甲醛、氯仿等有一定的耐受性。在干燥的粪便中可以存活3～11d，在4℃冰箱中可以保存9个月，低温下可以长期存活，37℃环境中能存活29d，但不耐高温，在50～68℃时，5min即失去活力。

常用消毒药为苯酚、碘酊和氢氧化钠溶液。1%～3%次氯酸钠溶液也是一种有效的消毒剂。

【流行病学】 本病以1岁以下幼狗发病率高，最易感的是刚出生至3周龄的幼狗，多预后不良。病狗和带毒狗的粪便、尿液和唾液是主要传染源，病狗痊愈后在尿中排毒可达6个月以上。感染最初发生在扁桃体腺窝和派尔氏结，而后可见毒血症和许多组织的内皮细胞感染，肝、肾、脾和肺是主要的受感染器官。急性期的恢复期因免疫复合物反应，可导致慢性肾损害和角膜混浊。

本病主要通过消化道和胎盘感染，外寄生虫可能促进本病的传播，幼狗接触含病毒的分泌物、被病毒污染的饲喂器具及手可被感染。一些幼狗患病后可能临床症状不明显而突然死亡。本病的流行无明显的季节性。

【临床症状】 本病症状比较复杂,从轻微发热到死亡,症状不一。潜伏期 4～9d。病初,体温达 40℃以上,持续 1～6d,而后下降,再次上升呈双相热。心跳过速,白细胞减少,其程度与病情的严重性有关。发热持续时间越长,病情越重。病狗精神差,吃食少但饮水多,眼结膜和鼻有浆液性分泌物,可能有腹痛(触诊),口腔黏膜充血或有淤斑,扁桃体增大。常呕吐,头、颈、躯干皮下常有水肿。凝血时间长,出血后不易控制,广泛性血管内凝血是致病的关键。病狗一般无呼吸道症状,重症狗在晚期可能有惊厥。病狗痊愈后食欲逐渐恢复,但体重恢复慢,在急性症状消失后 7～10d,约 1/4 的病例出现双侧性角膜混浊,常可以自然消失。症状不严重的,只表现为一过性的角膜混浊。

有时可并发犬瘟热,抗体水平低的狗,在感染后可能出现慢性肝炎。

【病理变化】 内皮细胞受损害,使胃浆膜、皮下组织、淋巴结、胸腺和胰脏出血;肝脏肿大或正常,肝细胞坏死使肝脏的颜色改变;胆囊壁因水肿而增厚;胸腺水肿;肾脏皮质有灰白色坏死灶出现。

【诊　断】 通常当狗突然发病、凝血时间延长时,应怀疑为本病。单靠症状很难与犬瘟热进行鉴别,确诊需要做病毒分离、免疫荧光抗体(检查)试验,或发现肝脏内特征性的核内包涵体。血检红细胞数、血色素和比容均下降,白细胞总数减少,丙氨酸转移酶、天门冬氨酸转移酶和胆红素升高。

【防　治】 选用传染性肝炎抗血清,以 2mL/kgbw 的剂量皮下注射,每日 1 次,连用 3d。其他抗病毒药物(如犬用球蛋白、犬重组干扰素-a、病毒唑等),输液或配合输血,保肝,全身应用抗生素。一过性角膜炎不需治疗,但可用阿托品眼药消除疼痛性睫状肌痉挛,同时避免强光照射。严重角膜炎时,可用眼药或者眼封闭疗法。

狂犬病

本病是由狂犬病病毒引起的人兽共患急性接触性传染病，俗称“疯狗病”或“恐水症”。以淋巴细胞性脑脊髓灰质炎为特征。病狗意识紊乱，对外界刺激敏感，流涎，攻击人畜，表现为兴奋和麻痹症状，最终麻痹而死。

【病　原】 狂犬病病毒属于弹状病毒科、狂犬病毒属。病毒外观呈子弹状，有囊膜，螺旋对称，其核酸为单股 RNA。病毒长140～240nm，宽 75～80nm。此病毒对脂溶剂、酸、碱、苯酚、甲醛、升汞等消毒液敏感，1%～2%肥皂水、43%～70%酒精、0.01%碘液、乙醚、丙酮均能将病毒灭活。本病毒不耐湿热，50℃ 15min、100℃ 2min 可将病毒灭活。紫外线、X 线照射均能灭活病毒。但是，在冷冻或冻干状态下，病毒可以长期保存。

【流行病学】 本病在世界范围内均有分布，病狗和带毒动物是主要传染源。病毒主要在中枢神经组织、唾液腺和唾液内分布，主要由带毒狗咬伤致病，也能通过皮肤或黏膜的破损处感染。在动物体内，病毒沿感觉神经纤维由外周进入神经中枢，在中枢神经组织增殖，引起神经症状。

【临床症状】 一般分为狂暴型和麻痹型。

(1)狂暴型　病狗在半天至 2d 的沉郁期后，烦躁不安，卧伏于僻静之处，或不安走动，突然站住吠叫，反射兴奋性明显增高，对外界刺激，如声音、强光、手摸等反应敏感，呈惊恐状或跳起，突然发生并迅速消失的呼吸困难，膈痉挛，瞳孔散大。食欲反常，之后不食。唾液分泌增多，后肢软。兴奋期 2～4d，发展成癫狂，兴奋与沉郁交替出现，对人畜有攻击性，常离家逃窜，逐渐出现意识障碍，乱啃乱咬。因对水声反应过敏，也称“恐水症”。发病的末期有1～2d 的麻痹期，流涎，舌脱出，下颌下垂，后躯麻痹而卧地不起，通常死于呼吸中枢麻痹或衰竭。整个病程 6～10d。

(2)麻痹型(又称沉郁型)　兴奋期很短(一般经 2～4d),或症状不明显,然后转入麻痹期。因头部肌肉麻痹,病狗表现流涎,吞咽困难,张口,下颌、后躯、喉头均麻痹,经 2～4d 死亡。

由于有些病狗的病程并不典型,应注意有无咬伤史。

【病理变化】 病死狗的外观无特异性变化,消瘦、脱水,被毛粗乱,口腔黏膜、胃肠黏膜充血、糜烂。组织学检查可见非化脓性脑炎变化,神经细胞胞质中有嗜酸性包涵体(内基氏小体),这是检出狂犬病的直接证据。

【诊　断】 根据症状和咬伤史可初步诊断,确诊需做实验室检查。常用方法有:取大脑海马角做病理组织学检查;初步诊断也可用触片加 Seller 氏染色,或脑组织切片的苏木素和伊红染色;荧光抗体法是将病狗高免血清的 γ-球蛋白提纯,用异硫氰荧光素标记,制成荧光抗体,取脑组织或唾液腺制成触片或冷冻切片,用荧光抗体染色,胞质内出现黄绿色荧光颗粒为阳性;也可采用动物接种(需要 3 周时间)、酶联免疫试验、补体结合反应、中和试验或琼脂扩散试验。目前国内已有狂犬病诊断试纸(长春西诺公司)

鉴别诊断主要与伪狂犬病相区分。

【防　治】 预防采用狂犬病疫苗注射,目前常用的狂犬病疫苗有进口疫苗(法国维克公司维克疫苗、美国富道公司疫苗、英特威公司和硕腾公司疫苗)和国产疫苗。3 月龄以上的狗可以接种,每年 1 次。从临床效果来看,未见接种疫苗的狗患狂犬病,因此,接种疫苗是预防狗的狂犬病、保护人类健康的有效手段。

患狂犬病的狗应立即捕杀,尸体焚烧或深埋,同时做好环境消毒工作。

狂犬病对狗和人均是一种致命的烈性传染病,应引起高度重视。人的皮肤、黏膜伤口与狂犬病病狗的感染性唾液接触即有感染的危险。因此被狗咬伤后伤口必须马上彻底清洗,挤出并冲掉伤口及血液中可能含有的狗唾液，建议使用大量 20 % 肥皂水或季铵盐溶液冲洗伤口。对于开放性伤口可使用医用酒精。伤口紧急处理后建议尽快接种疫苗。

疱疹病毒病

本病是由犬疱疹病毒引起的急性、高致死性传染病。主要感染 3 周龄内的幼狗，1 周龄内幼狗患病后死亡率高达 80%。病狗体温正常，黏膜出血，有鼻炎、皮肤红斑和皮下水肿，肌肉颤抖或尖叫。

【病 原】 犬疱疹病毒(CHV)能在肾、肺和子宫细胞内迅速生长，在感染后 16h 引起细胞病变。该病毒不耐酸，对热和乙醚敏感，在 pH 值 6.5～7.6 之间稳定，4℃条件下可以存活 1 年。

【流行病学】 3 周龄以内的幼狗对本病高度敏感，死亡率高；1 月龄以上狗多呈隐性感染，可引起妊娠狗流产及难产，以及公狗生殖器官炎症，但常无明显症状。

本病可经消化道、呼吸道及交配传染，幼狗主要经胎盘感染或接触感染，病毒分布于病狗的唾液、鼻液和尿液中。

【临床症状】 潜伏期 3～8d。病狗排黄绿色稀便，厌食，精神不振，触诊有腹痛，呼吸困难，呕吐，体温变化不大。年龄稍大的病狗主要表现为咳嗽、喷嚏和流鼻液，一般 2 周左右自愈。鼻腔黏膜出血。生殖器官发炎或出现流产。子宫内感染的幼狗出生后 1～3 周内死亡。临床病例显示，一部分患犬同时发生细小病毒病。

【病理变化】 患病幼狗的胃、肝、肾和肺脏有散在的出血点和坏死。胸、腹腔积液。肠黏膜有点状出血。肝、肾、肺、支气管淋巴结肿大。实质脏器和大脑血管周围出现坏死性区域和空泡。变性细胞的胞核内核膜处有嗜酸性球形小体。

【诊 断】 典型病例根据症状和病变即可诊断。隐性感染和非典型病例的确诊依靠实验室检查,如从肝、肾、肺、鼻分泌物中分离到病毒,或采用中和试验、荧光抗体法等检测手段确诊。

与传染性肝炎鉴别诊断:本病无胆囊壁增厚和水肿。

【防　治】 目前,尚无疫苗可用于预防。因已感染过本病的母狗可以产生抗体,故第一窝幼狗感染后,以后各窝幼狗均不受感染。有报道说,将幼狗置于36.6～37.7℃、空气相对湿度45%～55%的环境中,可减轻临床症状。

腺病毒Ⅱ型感染

本病以阵发性咳嗽为主要特征,引起狗的传染性喉气管炎和肺炎,4月龄以下幼狗的发病率高。

【病　原】 犬腺病毒Ⅱ型(CAV-2)是本病病原。细菌(博代氏菌)可造成继发感染。

【流行病学】 本病是一种自身局限性疾病,可感染各年龄的狗,幼狗发生率高,可引起死亡。4个月龄以下的幼狗可能成窝发病。群养狗和消毒差、传染病与普通病未分开诊治的兽医诊所就诊的幼狗,有可能被染上此病。

【临床症状】 潜伏期5～6d。病狗出现高热(39.5℃左右),随呼吸向外喷出浆液性(水样)鼻液;几天后出现阵发性干咳(支气管炎);厌食,呕吐,呼吸困难,继续发展成肺炎。

【诊　断】 口腔检查扁桃体肿大,咽部红肿。气管听诊有啰音,用手轻触喉头或气管,很容易诱发阵咳。临床上尚无诊断试验盒可应用。

【防　治】 治疗原则是抗病毒和抗细菌继发感染,对症治疗,加强护理和营养。

抗病毒可以使用犬用球蛋白、犬重组干扰素-a(中科拜克)、胸腺肽注射液等;治疗细菌继发感染首选"强力咳喘宁"片剂(强力霉素＋鱼腥草，天津铁草生产），每日1次，连用5～7d。当出现肺炎时，推荐使用“肺炎灵”（泰乐菌素）5d。

当病狗出现持续性无痰咳嗽时，可给予含有可待因衍生物的镇咳药，如口服二氢可待因酮0.25mg/kgbw，6～12h 1次，或环丁羟吗喃，口服或皮下注射，0.05～1mg/kgbw，6～12h 1次。严重的慢性病时，可以选用能在气管、支气管黏膜中达到有效浓度的药物，如乐利鲜（头孢力欣）。皮质类固醇类药物有助于减轻临床症状，但应该与抗生素合用。

预防本病可注射含有犬腺病毒Ⅱ型的疫苗。

冠状病毒感染

本病由犬冠状病毒引起，可出现症状不同的胃肠炎，重症时可因水样腹泻而死亡。

【病　原】 犬冠状病毒（CCV）呈圆形或椭圆形（直径80～100nm，长180～200nm，宽75～80nm），表面有长20nm的纤突，为单股RNA病毒，有6～7种多肽（其中有4种糖肽），不含神经氨酸酶或RNA聚合酶。

该病毒存在于受感染狗的粪便、肠内容物和肠上皮细胞内，在pH值为3、20～22℃条件下不能灭活。病毒对氯仿、乙醚和去氧胆酸钠和热敏感，紫外线可将其灭活。

【流行病学】 发病不分季节性，但冬季发病率高。潜伏期1～4d。病狗是主要传染源，可通过消化道感染，主要由病狗粪便和污染物迅速传播，病毒在粪便里可以存活6～9d。

【临床症状】 潜伏期1～3d，症状轻重不一，幼狗感染后症状重。患病狗精神差，厌食，持续1～4d呕吐，而后排出恶臭的稀软粪便，粪便表面带有黏液，有时有血液，甚至出现水样稀便。一般腹泻后呕吐次数才开始减少，病狗因高度脱水而体重下降。一般体温变化不大。若不继发细菌感染,则白细胞数减少。幼狗患病后死亡率高,有时发病24～36h内即死亡;成年病狗症状较轻,对症治疗后7～10d可康复。

临床上常见冠状病毒与细小病毒混合感染,有时也与轮状病毒混合感染。

【病理变化】 脱水严重。肠壁变薄,肠管扩张,肠内充满白色或黄绿色液体,肠黏膜充血或出血,肠系膜淋巴结肿大,肠黏膜固有层细胞增多,上皮细胞变平,杯状细胞排空。

【诊　断】 通过犬冠状病毒诊断试纸可以确诊,如林特公司的亚山试纸。也可用病毒分离、荧光抗体和血清学诊断方法。

【防　治】 目前已有犬八联疫苗预防本病。

对病狗以对症治疗为主,消炎、止吐、止泻,静脉补液增加营养,辅助抗病毒药物对治疗有益。抗病毒常用犬用球蛋白或者犬重组干扰素-a。环境消毒可用次氯酸钠。

布鲁氏菌病

本病是人兽共患病。多数患狗呈隐性感染,少数出现症状的以生殖器官炎症、流产为主。

【病　原】 在布鲁氏菌的7个种中,感染狗的主要是犬型和牛型、猪型、羊型布鲁氏菌。本菌为革兰氏阴性球杆菌,0.6～1.5μm×0.5～0.7μm大小,无鞭毛,不能运动,无芽胞,有形成荚膜的能力。

本菌在普通培养基上可以生长,在肝汤琼脂和马铃薯培养基上生长茂盛,在肝汤琼脂或甘油琼脂上,37℃培养2～3d后长出灰白色小菌落,随后,菌落增大,颜色也加深。用改良的齐-尼二氏(Ziehl-Neelsen)法染色,本菌被染成红色,背景和其他菌则被染成蓝色。

本菌对环境抵抗力强，在乳汁中可生存10d，在土壤中可生存20～120d，在水中也能存活72～100d之久，在胎儿体内可以存活180d，在皮毛和人的衣服上也能生存150d。本菌对热敏感，100℃数分钟内死亡，1%～3%苯酚、来苏儿液，0.1%升汞液，2%福尔马林或5%生石灰乳均可在15min内杀死本菌。本菌对卡那霉素、庆大霉素、链霉素和氯霉素敏感，对青霉素不敏感。

【流行病学】 病狗和带菌狗为主要传染源。虽然本病可以通过破损的皮肤、黏膜、呼吸道、尘埃传播，但主要的传播途径是消化道。通过羊水、阴道分泌物、饮水或污染的饲料、乳汁或精液（交配中）可传播本病。

【临床症状】 感染牛型、羊型和猪型布鲁氏菌后，多表现为隐性感染，临床症状不明显。感染犬型布鲁氏菌病后，可发生流产。流产多出现在妊娠后40～50d（正常妊娠期为64±4d），阴道流出污秽的分泌物。公狗发生睾丸炎，附睾、淋巴结肿大，有菌血症；慢性病例睾丸萎缩，射精困难，性欲下降。

【病理变化】 淋巴结及脾脏肿大。公狗附睾肿大，睾丸萎缩，阴囊肿大并有炎性渗出物。母狗病变不明显，流产胎衣呈炎性肿胀与出血，胎儿皮下出血。

【诊　断】 通过细菌学及免疫学检查可确诊。

细菌学检查可从流产的胎儿、胎衣、阴道分泌物、精液或乳汁中采取病料，直接涂片，用改良抗酸法染色，镜检可见红色球杆菌；用改良柯氏法染色，布鲁氏菌被染成橙红色，背景为蓝色。用血清甘油琼脂或肝汤琼脂培养基培养2～3d，可出现灰白色菌落。

此外，可用试管法和玻片法做凝集反应试验，诊断快速；也可用琼脂扩散法诊断。

【防　治】 将病狗隔离，采用四环素、氯霉素、大观霉素治疗。口服氯霉素25mg/kgbw，配合肌内注射链霉素10mg/kgbw，14d为1个疗程，疗效肯定。配合应用磺胺药和补充维生素C、维生素

B_1效果好。

环境消毒采用10%石灰乳或5%热氢氧化钠溶液效果好。病料应消毒或深埋。

该病是一种人兽共患病,尽管临床上犬布鲁氏杆菌感染人的病例数量很少,但在处理可疑犬的流产组织和排泄物时也必须小心,应佩戴橡胶手套,避免用手直接接触。

结核病

结核病是一种慢性消耗性传染病。临床上狗的结核病主要由人型结核分枝杆菌、牛型结核分枝杆菌感染发病,极少被禽型分枝杆菌或偶发分枝杆菌感染。

【病　原】 结核菌是不产生芽胞和荚膜、不能运动的革兰氏阳性菌,为严格需氧菌,用齐-尼二氏抗酸染色法着色好。人型结核菌为直或微弯的细长杆菌,呈单独或平行排列;牛型比人型的短而粗;禽型的短而小且多形。最适该菌发育的pH值,牛型为5.9～6.9,人型为7.4～8,禽型为7.2。最适温度为37～38℃。

本菌对干燥和湿冷抵抗力强,对热抵抗力差,60℃时30min死亡。在环境中的存活时间为:粪便中5个月,水中5个月,土壤中7个月。70%酒精、10%漂白粉、苯酚、氯胺和3%福尔马林溶液等均是可靠的消毒剂。

【流行病学】 主要由呼吸道和消化道感染。伴侣犬主要因舔食被病人(开放性结核病患者)分泌物污染的物品或吸入含结核菌的空气而患病。接触病狗、病猫等动物也能被传染。被人型结核分枝杆菌感染的病狗也能感染人。短鼻狗易感性高。

【临床症状】 本病潜伏期长短不一,与狗的年龄、体质、营养和管理情况有关。室内狗比户外狗发病率高。病初易疲劳,虚弱,而后出现进行性消瘦。肺结核病以咳嗽为主,由病初短而弱的干咳逐渐发展成频繁的湿咳，后期咳出黏而脓的痰液。常有胸水。腹部结核表现为消化紊乱、呕吐、腹泻与便秘交替，病狗消瘦，常见腹水。皮肤结核以边缘不整齐、基底部由肉芽组织构成的溃疡为特征。发生骨结核时，出现跛行且易骨折。

【病理变化】 病变类似肿瘤，很少出现钙化，常见灰白色病变并有明显的界线。肝脏呈黄色，中央凹陷，边缘出血，有的肝脏有软的脓性中心或边缘不整的血洞，有的肝脏呈现多个灰色结节。肺部由灰红色支气管炎区组成，有的扩散成洞并与胸腔或支气管相通，有胸水或渗出物，肺下部常呈塌陷状。

【诊　断】 结核菌素试验有助于诊断，但常见假阳性；补体结合反应和凝集试验更敏感；X 线检查有助于诊断。

【防　治】 病狗可做安乐死处理。治疗可顿服利福平 10mg/kgbw·d（饭前），盐酸乙胺丁醇 15mg/kgbw·d，异烟肼 10mg/kgbw·d（饭后）。肌内注射链霉素（15mg/kgbw·d）为主，辅以复合维生素 B、肌苷片、肝泰乐等保肝保肾药，服药期 9～12 个月。

破伤风病

本病是由破伤风梭菌引起的一种急性、创伤性、中毒性传染病。肌肉强直性收缩和对外界刺激反应强是本病的特点。

【病　原】 破伤风梭菌是革兰氏阳性的细长杆菌，有鞭毛，无荚膜，可形成芽胞，因芽胞位于菌体的一端而呈网球拍状。本菌为厌氧菌，在体内产生外毒素而引起机体功能紊乱。

本菌以芽胞的形式广泛地存在于自然环境中，尤其在土壤和粪便中，可存活数年。

本菌的繁殖体对理化因素的抵抗力不强，煮沸 5min 可将其杀死；但其芽胞抵抗力强。用 10%碘酊、10%漂白粉、3%过氧化氢溶液可将本菌杀死。

【流行病学】 由外伤形成深部创囊,造成厌氧条件,破伤风梭菌大量繁殖,产生外毒素而使被感染的狗发病。本病流行无季节性,狗对此病菌有一定的抵抗力。

【临床症状】 病狗一般在创伤发生后 5～10d 发病,表现全身肌肉强直,步态僵硬,尾高举,呈角弓反张姿势。因吞咽困难而流涎,结膜外露,面肌痉挛。常死于呼吸中枢麻痹。

【病理变化】 创伤深部发炎,内脏无眼观变化。

【诊　断】 根据创伤史和病狗对外界反射性增高、骨骼肌强直性痉挛和体温变化不大等症状,不难作出诊断。

症状不明显时,可做细菌学检查。注意与低血钙、癫痫、脑炎的临床鉴别诊断。

【防　治】 及时对症治疗可康复。静脉注射破伤风抗血清,100～1 000IU/kgbw,每天 1 次,连用 2～3 次。清创,将异物及坏死组织、血凝块等清除,用 3%过氧化氢溶液冲洗消毒,不缝合创口。不能进食者,采用肠外补液。

肌内注射破伤风类毒素 0.5～1mL,有助于预防本病的发生。首次应用时应注射 2 次,间隔 3 周,可获得 1 年的保护期,以后每年注射 1 次即可,尤其是看护牧场和仓库的狗。

肉毒梭菌中毒

本病由肉毒梭菌的毒素引起,其特征是运动中枢和延髓麻痹及肠道功能障碍。

【病　原】 肉毒梭菌包括 A、B、C、D、E 5 个型,临床上狗中毒以 A、B、C 型为主。本菌严格厌氧,广泛存在于土壤、腐尸、肉类、饲料中,也可混于饮水中,经消化道进入体内而发病。

【流行病学】 狗主要因食入腐肉而引起肉毒梭菌毒素中毒。

一般为单个发病或采食同一饲料的群养狗发病。夏季多发。

【临床症状】 食入腐肉后数小时,病狗即不能站立,行动困难,运动失调,躺卧,抽动,瞳孔散大,呼吸困难,可死于呼吸麻痹。

【病理变化】 急性肠卡他性炎,小点状出血或血斑。肺水肿。中枢神经系统一般无肉眼及组织学变化。

【诊 断】 临床上主要根据症状,加上有吃腐肉的病史,即可以确诊。实验室诊断受两个因素的限制:一是肉毒梭菌广泛地存在于环境中,即使检测出该菌也不能确诊;二是病狗需要及时救治。

【防 治】 不给狗吃腐烂食物及不让狗接触腐肉是预防本病的根本措施。对发病狗,可以静脉补液、注射多价抗毒素或同型抗毒素,同时采取催吐、口服泻剂、强心、兴奋呼吸等措施。

钩端螺旋体病

本病是由于犬钩端螺旋体或出血性黄疸钩端螺旋体引起。钩端螺旋体的波摩那型、流感伤寒型和拜伦型一般为隐性感染。临床上以出血性和黄疸型为主。

【病 原】 钩端螺旋体是有螺旋结构的纤细微生物,长6～30μm,宽0.1μm,一端或两端呈钩状,菌体为多形状,暗视野下呈小珠链状。用镀银法和姬姆萨氏染色法检查效果较好。钩端螺旋体是需氧菌。常用柯索夫培养基和希夫纳培养基培养,在28～30℃、pH值7.2～7.6条件下,初代培养7～15d,传代培养4～7d。

钩端螺旋体耐寒冷,在含水的泥土中可存活半年,但对热、酸、碱均敏感,70%酒精、0.5%苯酚、0.05%升汞液、2%盐酸均可将其杀死。

【流行病学】 病狗和老鼠为主要传染源。食入被病狗、带菌鼠尿液污染的食物或物品,接触病狗受损的黏膜或皮肤,均可引起发病。公狗发病率高。

【临床症状】 潜伏期 5～15d。发病突然,病狗厌食,体虚,呕吐,体温达 39.5～40.5℃,眼结膜微红。几天后,体温降低,呼吸困难,烦渴,精神差,可出现黄疸。病狗不愿站起,触诊腰区、背腹前部有痛感。口腔黏膜有出血斑,有带血黏液。随着病情发展,出现肌肉震颤,体温降至 36℃,呕吐物和粪便中均带血。尿中有白蛋白和管型。眼凹陷,脉搏细弱,出现尿毒症。病狗死亡率并不高,主要死于肾功能衰竭。

【病理变化】 出血性黄疸型病狗,除有黄疸外,脾肿大,浆膜、黏膜和肺脏出血。伤寒型病狗表现胃肠炎,肝脾肿大,有的出血,肾小球性肾炎或间质性肾炎。

【诊　断】 主要根据临床症状和病理变化作出诊断。也可镜检肝、肾脏、尿液中的钩端螺旋体,并做血清学检查。

【防　治】 急性发病时给予四环素(25mg/kgbw·d)、强力霉素(5～10mg/kgbw·d,口服)和链霉素(10mg/kgbw·d),配合应用高免血清效果更好。为减少排毒,给予 1 周的双氢链霉素有益处。有急性肾炎时,用强力霉素而不用四环素。补液和补充复合维生素 B,保肝和止吐效果好。

预防可接种疫苗,如进口六联苗。灭鼠可降低本病的发病率。

被病狗尿液污染的地面和笼具应用洗涤剂清洗并用碘制剂消毒。病狗的尿液对人及其他易感狗有很高的传染性。当必须接触可疑狗时应佩戴橡胶手套,尤其是接触其尿液或尿液污染物时。

莱姆病

本病是狗和人以及多种哺乳动物的一种经蜱传播的免疫介导的炎症性疾病,又称疏螺旋体病。接触感染的蜱、血液、尿液和滑液均可感染。

【病原与流行病学】 病原是伯氏疏螺旋体，主要经蜱传播，夏秋季蜱活动盛期发病率高。蚴虫和幼蜱的主要宿主在美国是白脚鼠，成年蜱的主要宿主是白尾鹿。本病也可通过胎盘和病畜尿液传播。

【临床症状】 主要是跛行和发热。病狗食欲下降，无力，淋巴结发炎，因关节炎引起跛行，并可转为慢性关节炎，以前肢关节为主，有肿、热、痛。也能出现心脏、肾脏功能和神经、生殖系统异常。

【诊　断】 常用间接免疫荧光法或酶联免疫吸附试验(ELISA)进行确诊。但应注意，应用抗生素后影响诊断结果。X光片和血常规检查结果正常。因技术复杂，血液、尿液、滑液中分离鉴定伯氏疏螺旋体的存在虽有诊断意义，但在临床上不实用。

【防　治】 常用四环素(25mg/kgbw·d)、阿莫西林(7mg/kgbw，皮下注射，1 次/d)或氨苄青霉素(4～20mg/kgbw，口服，1～3 次/d；2～10mg/kgbw，皮下或肌内注射，1～2 次/d)治疗，连用 3～4 周，效果较好。

平时注意防蜱，包括经常检查狗体表有无蜱叮附；治疗常用犬体虫清片剂和拜宠爽；预防常用犬体虫清片剂、拜宠爽或福来恩。先用除虫菊酯、后用双甲脒喷洒，可有效清除环境中的蜱。国外有灭活菌苗，12 周龄以上的狗可肌内注射 2 次，每次 1mL，间隔 3 周，以后每年 1 次。

立克次氏体病

本病是由蜱传播的一种败血病。立克次氏体寄生在单核白细胞和嗜中性粒细胞内。

【病　原】 立克次氏体为多形的革兰氏阴性微生物，只能在活细胞内繁殖，形状和大小与细菌相似，但染色特点和细胞内寄生的方式不同于细菌。

【流行病学】 立克次氏体寄生于蜱,通过蜱的吸吮作用而传播。也可通过被感染家畜的乳汁、胎盘和分娩的排泄物而传播。

【临床症状】 病狗经1～3周的潜伏期后出现周期性发热,流黏液性或脓性鼻液,呕吐,呼吸气味恶臭。消瘦,腋下和腹股沟皮肤有红斑脓疹,颊黏膜和皮肤糜烂,四肢水肿,出现胃肠炎。也可能出现惊厥或麻痹症状。

【病理变化】 剖检可见消化道溃疡,心肌内膜下出血,脾肿大,肺水肿,肝、肾呈斑驳状。

【诊　断】 血检单核细胞和嗜中性粒细胞中有立克次氏体。补体结合反应、免疫荧光试验和组织染色显微镜检查均有诊断意义。

【防　治】 治疗首选强力霉素,也可用四环素(10mg/kgbw·d)、金霉素(20～50mg/kgbw·d)、土霉素(20mg/kgbw·d,分2次口服)或磺胺二甲嘧啶(100mg/kgbw·d)治疗。

预防蜱叮咬常用犬体虫清片剂、拜宠爽或福来恩滴剂。

第八章 寄生虫病

蛔虫病

蛔虫可以感染幼年狗和成年狗。病原主要有2种:犬弓首蛔虫和狮弓首蛔虫。以犬弓首蛔虫最重要,其幼虫不仅能在体内移行,还能引起幼狗的死亡。狮弓首蛔虫多寄生于成年狗,有时在猫体内也寄生。

【形态及生活史】

(1)犬弓首蛔虫　寄生在狗的小肠中,白色,前端向腹面弯曲,雄虫长40～100mm,雌虫长50～180mm。一般通过胎盘感染,但由于可通过子宫感染,所以即使做剖宫产的幼狗也能被感染。3～5周龄幼狗可因食入感染期的虫卵而感染,卵孵出幼虫,移行至肺部,咯出后进入肠道,发育至成虫并产卵;然后,感染性虫卵被成狗吞食后,孵出的幼虫穿过小肠黏膜,移行至肝、肺、肌肉、结缔组织、肾及其他组织中,并停留在这些组织中呈休眠状态。6周龄以上的狗食入虫卵后,幼虫移行至机体组织内不再发育。母狗妊娠后,在激素的影响下,这些休眠的幼虫被激活,移行进入发育中的胎儿体内。幼狗出生后1周龄,可在肠道内发现蛔虫。一些幼虫移行至乳腺,通过母乳感染幼狗。围产期母狗对蛔虫的免疫力下降(或部分被抑制),大量蛔虫卵随粪便排出体外。啮齿动物食入感染期虫卵后,幼虫可以移行至体组织内而成为转运宿主。

(2)狮弓首蛔虫　寄生于狗小肠中。雄虫长20～70mm,雌虫长22～100mm。狗因食入感染期虫卵或转运宿主(啮齿动物、小肉食兽和食虫动物)体内包于囊内的第三期幼虫而感染。在狗体内幼虫只移行到肠黏膜,但在转运宿主体内有时进入血液再至组织中被包于囊内(无围产期感染、无乳腺传播)。

【临床症状】 幼狗感染后,主要表现营养不良,生长慢,被毛无光泽。幼狗可能吐出蛔虫,但在粪便中常常查不到蛔虫。

在患病初期,幼虫移行引起肝脏损害(脂肪变性)、继发性肺炎、腹膜炎及腹水(严重时)。在小肠内寄生,则引起狗(主要是幼狗)呕吐、腹泻,或腹泻与便秘交替发生,贫血,腹胀,粪中带黏液。有时可见虫体从肛门中排出。

【诊　断】 粪便检查,发现虫卵即可确诊。

【治　疗】 伊维菌素或多拉菌素皮下注射,1次0.2mL/kg-bw。内虫清片剂、体虫清片剂、拜宠清片剂、爱沃克等均有效。传统药物如阿苯达唑(丙硫苯咪唑)、左旋咪唑、柠檬酸哌嗪、噻苯咪唑、甲苯咪唑、噻嘧啶、氯丁烷等药物,均可用于驱蛔虫。

【预　防】 因为地面上的虫卵和母狗体内的幼虫是主要传染源,如果自妊娠40d至产后14d,每天给予母狗阿苯达唑,可大大降低围产期的传播。

幼狗出生后2周即可以接受驱虫治疗,最理想的办法是每隔2～3周驱虫1次,直至3月龄,同时要给母狗驱虫,常用内虫清或者拜宠清。

由于虫卵可附于动物的毛、皮肤、爪子表面及土壤与尘埃中,因此养狗者应注意个人卫生。

狼旋尾线虫病

本病又称犬食管线虫病。由狼旋尾线虫寄生于狗的食管引起,也寄生于狗的胃及其他组织,引起发病。常见于热带及亚热带的狗。虫体呈血红色,尾部卷曲呈螺旋形,雄虫长3～4cm,雌虫长6～8cm。

【感染途径】 狗因食入狼旋尾线虫的中间宿主(主要是粪甲虫)或转运宿主(鸡、爬行动物、啮齿动物等)而被感染。幼虫移行时要经过此并在主动脉壁停留 3 个月。感染 5～6 个月后,粪便中就有虫卵排出。感染性幼虫被狗吞食后,在胃中脱离包囊,钻穿胃壁,进入动脉管到达大动脉,再经血液循环进入食管壁和胃壁,在此发育为成虫。

【临床症状】 多数病狗感染后不出现临床症状。但当食管病变已形成赘生物时,将导致病狗吞咽困难,吃食时反复呕吐,口中流出大量黏液,消瘦,眼结膜苍白。

当病狗出现以上症状且同时出现脊椎炎或病肢骨关节的特征性肥大时,可认为是狼旋尾线虫感染。如果主动脉壁破裂,狗可发生大失血而死亡。

【病理变化】 特征性变化是胸主动脉瘤和含有虫体的、大小不同的反应性肉芽肿和后胸椎骨变形性脊椎炎。有时出现转移的食管肉瘤,尤其是猎狗,常有肺性肥大性骨关节病。线虫和肉芽肿还可能存在于肺、气管、膈、胃壁以及其他腹腔器官中。愈合的动脉瘤作为曾经感染过的证据,将终生伴随。在食管区的肉瘤常较大,并含有骨和软骨;在肺、淋巴结、心、肝、肾等部位,也常有肉瘤的存在。

【诊　断】 粪检发现含有幼虫的虫卵(呈长椭圆形,$38\mu m \times 15\mu m$ 大小,内含一卷曲的幼虫)可确诊。但由于虫卵是周期性排出,有时在粪便中不能检出。胃窥镜检查可能会在胃壁上看到结节或虫体。放射自显影或钡餐造影,有助于发现食管部存在的块状物。

【治　疗】 常用伊维菌素(考利犬和喜乐蒂犬除外)、多拉菌素、犬内虫清、体虫清或拜宠清等药物。

【预　防】 禁止狗吃甲虫、蛙、虱、蜥蜴等动物以及鸡的内脏。及时清除粪便,防止环境中甲虫滋生。定期口服犬内虫清或拜宠清、外用大宠爱滴剂等有预防效果。

钩虫病

本病是由钩口线虫和弯口线虫感染引起,是热带、亚热带地区狗的主要寄生虫病之一。寄生部位多在小肠,以十二指肠为主。

【形态及生活史】 钩口线虫的成虫是淡黄白色的小型线虫,雄虫长9~12mm,雌虫长10~21mm。虫卵呈钝椭圆形,无色,含数个卵细胞。钩口线虫也是狐狸的主要寄生虫,巴西钩口线虫的感染性幼虫可以穿透人的皮肤,在皮下移行,引起皮肤幼虫性皮炎。

弯口线虫雄虫长6~11mm,雌虫长9~16mm,两端稍细,尾尖呈细刺状,虫体呈淡黄色,虫卵与钩口线虫卵相似。弯口线虫多经口感染,幼虫移行一般不经过肺。

狗感染15~20d后,虫卵随粪便排出,在适宜的温度和湿度下,1周内发育为侵袭性幼虫。感染途径有以下3种:①侵袭性幼虫经皮肤侵入静脉,经心脏达肺脏,经呼吸道、喉头、咽、食管和胃进入小肠,此为常见途径;②经口感染,从食管等黏膜进入血液循环;③经胎盘感染,幼虫移行至肺静脉,经体循环进入胎盘,感染胎儿,此途径较少见。

【临床症状】 钩虫可引起幼狗局部皮肤(以爪部、指或趾间为主)瘙痒性皮炎,并可继发细菌感染。

幼虫移行阶段一般不出现临床症状,有时大量幼虫移行至肺部,可引起肺炎和肺实变。肠内寄生时,幼狗出现正常细胞性贫血、正常色素性贫血、低色素小细胞性贫血或离子缺乏性贫血。严重时腹泻,粪便黑色,呈焦油状。慢性感染时,血比容低,消瘦,营养不良。

【诊　断】 粪便检查发现新粪便中的特征性虫卵即可确诊。

粪便隐血阳性。对于乳源性感染，幼狗可在钩虫产卵之前因急性贫血而死亡。

【治　疗】　口服伊维菌素、内虫清片剂等有效。传统药物如甲苯咪唑、噻嘧啶、硝硫氰酯、双羟萘酸噻嘧啶、丁咪唑（母狗妊娠期禁用）、二噻宁、苯硫咪胍、阿苯达唑等也有效。对症治疗包括输液或输血、止血、止泻、肠道消炎等。

【预　防】　母狗配种前应驱钩虫。注意环境消毒和卫生，用硼酸消毒土壤，水泥地面每周冲洗 2 次。定期驱虫。

绦虫病

绦虫病是由多种绦虫寄生于狗小肠而引起的一种慢性寄生虫病。

【形态及发育史】　寄生于狗的绦虫主要有：犬复孔绦虫（狗最常见）、带状带绦虫（猫最常见）、豆状带绦虫、连续多头绦虫、中殖孔属绦虫、细粒棘球绦虫、阔节双槽头绦虫、旋宫属绦虫等。大多数虫体呈长扁带状，短的仅有 1 个体节，长的可达数米。虫体分头节、颈节和体节，体节数不等。雌雄同体，生活史可概括为两类：一类只需 1 个中间宿主，虫卵在外界发育为六钩蚴，被中间宿主吞食后六钩蚴继续发育，狗、猫因食入中间宿主（或其内脏）而感染。在中间宿主体内时称中绦期，此时幼虫主要寄生在中间宿主的实质脏器内，危害性大。多数绦虫属于此类。另一类需要 2 个中间宿主。虫卵在外界发育成钩球蚴，被第一中间宿主食入后发育成为原尾蚴，被第二中间宿主食入后，在其体内发育成为裂头蚴。狗食入第二中间宿主而被感染。此类绦虫有旋宫属绦虫和阔节双槽头绦虫等。

【临床症状】　一般不引起狗出现临床症状。发病与绦虫感染强度、年龄、营养状态和饲养条件有关。临床症状以慢性腹泻和肠炎为主。病狗食欲时好时差,身体虚弱,体重下降,呕吐,腹部不适,有时便秘与腹泻交替,肛门瘙痒。

【诊　断】 在肛门周围、粪便中发现绦虫节片可确诊。粪便漂浮法检查虫卵,对旋宫绦虫和阔节双槽头绦虫有意义(黄棕色虫卵,有卵盖),而对其他绦虫的诊断不可靠。细粒棘球绦虫的诊断,应做食物和粪便的水洗沉淀检查。

【治　疗】 最有效的治疗方法是除去吸附于小肠上的头节。口服内虫清或者拜宠清有效。丁萘脒化合物对棘球绦虫、带绦虫的成虫有效,但对未成熟的棘球绦虫和犬复孔绦虫无效。氯硝柳胺和哌嗪盐对带绦虫有一定效果,但对复孔绦虫和棘球绦虫效果较差,狗可能出现呕吐和腹泻。甲苯咪唑可驱除感染动物肠中的大多数带绦虫的成虫,但对细粒棘球绦虫效果差。吡喹酮对狗的大多数绦虫的成虫以及中绦期的绦虫幼虫均有效,但对虫卵无效。

犬复孔绦虫、带状带绦虫、豆状带绦虫和连续多头绦虫:①吡喹酮。按 2.5mg/kgbw,一次口服,幼狗 4 月龄以上才能使用,服药前后不必禁食。②氯硝柳胺。71.4mg/kgbw,狗禁食 1 夜后,一次口服。③甲苯咪唑。驱狗的带绦虫和多头绦虫,22mg/kgbw,口服,每日 1 次,连用 3d。

细粒棘球绦虫:吡喹酮,按 5～10mg/kgbw,一次性口服。

中殖孔绦虫:①乙酰胂胺槟榔碱合剂,5mg/kgbw,进食后 3h 口服。最好不用于 3 月龄以下的幼狗和同时患其他病的狗。②盐酸丁萘脒,禁食 3～4h 后按 25～50mg/kgbw 口服,注意心脏、肝功不佳者禁用。公狗用药后 28d 内不能用于配种。本药不能与丁脒唑合用,用药 14d 内不能重复给药。

阔节双槽头绦虫和旋宫绦虫:可用犬内虫清、拜宠清或吡喹酮。

【预　防】 跳蚤可传染犬复孔绦虫,鼠类可传染带形带状绦虫。因此,灭蚤和禁食捕获的小动物及腐肉对预防本病尤为重要。定期驱虫。

吸虫病

吸虫大多数背腹扁平，呈叶片状，少数呈线状或圆锥形。大小从0.1～150mm不等。前端有口吸盘，腹吸盘位置不定或缺少。与兽医有关的主要是复殖目吸虫。狗吸虫病主要有肠道吸虫病、肝吸虫病和肺吸虫病。

1. 肠道吸虫病

【形态及生活史】　鲑隐孔吸虫，也叫鲑中毒吸虫，寄生在狗、猫的小肠中，见于北美和西伯利亚等地。虫体随粪便排出体外，卵圆形，淡棕色，大小为55μm×44μm，第一中间宿主是蜗牛。随蜗牛的尾蚴侵入幼龄鲑科鱼类的皮肤，在肌肉或器官里形成包囊，狗食入感染了吸虫的生鱼或加工不当的鱼而被感染。大量感染时，引起肠炎（因为吸虫深埋于肠绒毛之间）并传播立克次氏体病。

有翼重翼吸虫、犬重翼吸虫及其他重翼吸虫，均为小型吸虫（0.5mm），寄生在狗、猫和狐狸的小肠中，见于欧洲、澳大利亚和日本等地。虫体前端扁平，后端圆锥状。卵呈卵圆形，浅棕色，大小为120μm×65μm。扁卷螺作为第一中间宿主。尾蚴进入青蛙体内，狗、猫食入了青蛙或捕食青蛙的小动物而被感染。幼龄吸虫在到达小肠前在狗、猫体内移行。大量寄生时引起肠炎，并可以感染人。

美洲异毕吸虫，在狗的肠系膜静脉内寄生，带刺的卵通过小肠进入肠腔，随粪便排出体外。尾蚴从中间宿主蜗牛体内逸出进入水中，穿过狗的皮肤移行至肝，成熟后至肠系膜血管，在肠壁和其他部位环绕卵形成肉芽肿，严重感染时形成肠炎。

【治　疗】　可用硫双二氯酚（200mg/kgbw）、吡喹酮（5～20mg/kgbw，口服）、阿苯达唑（25mg/kgbw，2次/d，连用3～5d）和氯硝柳胺（0.2～1g，一次口服）。

用吡喹酮治疗有效。

2. 肝双盘吸虫病

肝双盘吸虫寄生于狗胆管及胆囊内,引起轻度至中度的纤维变性。严重感染时出现渐进性消瘦,后期出现昏迷而衰竭死亡。

【形态及生活史】 猫后睾吸虫(细颈后睾吸虫)寄生在狗的胆管、胰管及小肠中。小麝猫后睾吸虫小而长(9mm×2mm),寄生于狗体内,中间宿主是蜗牛(豆螺)和鲤科鱼。华支睾吸虫,虫体长10～20mm,宽 2～5mm,前端稍窄,后端钝圆,虫卵黄褐色,大小29μm×17μm,第一中间宿主是淡水螺;第二中间宿主为多种淡水鱼,毛蚴寄生在淡水鱼的肌肉、鳞片下及鳃等处,形成囊蚴,被猫、狗食入鱼后而受感染,虫体在胆管内发育成熟,在狗的胆管及胰管内均发现过虫体。它可引起狗的黄疸、呕吐、不食、腹泻等症状,并导致胆道管壁纤维化和腺瘤性增厚。严重的慢性感染,还可能导致肝、胰的癌变。

【治　疗】 华支睾吸虫,可用吡喹酮治疗,以 20mg/kgbw,一次口服。注意保肝和对症治疗。

猫后睾吸虫,可口服六氯对二甲苯,以 2mg/kgbw,每日 3 次,连服 5d,但总剂量不得超过 25g。

【预　防】 禁止狗吃生鱼或鱼内脏。人感染吸虫不是通过狗、猫,而是通过人食入鱼肉中的囊尾蚴而受感染。

3. 肺吸虫病

【形态及生活史】 肺吸虫病又称肺蛭病,病原为卫氏并殖吸虫、克氏并殖吸虫和斯氏并殖吸虫(南方地区)。

成虫为棕色,卵圆形,体表有小棘,长 7.5～12mm,宽 4～6mm,厚 3.5～5mm。卵呈金黄棕色,卵圆形,一端有内侧扁平的卵盖。卵排在呼吸道内,咳嗽时被咳出并被吞入消化道,随粪便排出后,在水中孵化。幼虫钻入第一中间宿主蜗牛体内,然后进入第二中间宿主蟹、蝲蛄体内发育成为后囊蚴,狗食入第二中间宿主后被感染，在十二指肠内逸出后，钻入肠壁，通过腹腔、膈移至肺，在肺内经 5～6 周发育为成虫。

临床上以支气管炎、咳痰、咯血和呼吸困难为主。在粪便中、痰中发现虫卵即可确诊。

【治 疗】 可用阿苯达唑，30mg/kgbw，口服，每日 1 次，连服 12d。芬苯达唑，50～100mg/kgbw·d，口服，分 2 次服用，连用 10～14d。

【预 防】 防止狗吃生蟹等对预防本病最为重要，人也如此。

心丝虫病

本病由犬恶丝虫感染引起。

【形态及生活史】 雄虫长 12～16cm，雌虫长 25～30cm，微丝蚴无鞘，长约 315μm，侵入血液可存活 1～3 年。带病动物被几种蚊虫叮咬后，2 周内微丝蚴在蚊体内发育到感染阶段，感染性幼虫移行至蚊子的口器，蚊子叮咬狗时感染性幼虫进入狗体内。微丝蚴在狗蚤体内也能发育。

未成熟的虫体在狗皮下或浆膜下层发育约 2 个月，然后开始 2～4 个月的移行，至右心室，再经 2～3 个月达性成熟，成虫主要在肺动脉和右心室中。严重感染时，在右心房、前腔静脉、后腔静脉及肝静脉中也可找到虫体。

成虫阻碍血流，引起动脉内膜炎、内膜增生和形成血栓。微丝蚴引发循环系统中的免疫复合物，以肾脏最明显。

【临床症状】 病狗咳嗽，体力下降，体重减轻，呼吸困难(尤其运动后更明显)，体温上升，腹水，后期贫血。常伴发结节性皮肤病，以瘙痒和多发性灶状结节为特征。皮肤结节是血管中心的化脓性肉芽肿，肉芽肿周围的血管中常有微丝蚴。

在狗的腔静脉综合征中，右心房和腔静脉中的大量虫体可引起突然心衰竭,常导致死亡。死前常有食欲下降和黄疸症状。

【诊　断】 根据症状、病史和血中查到微丝蚴可作出初步诊断。改良的Knott′s试验和毛细管或核微孔过滤试验是过去检查微丝蚴常用的方法。根据形态和酸性磷酸酶染色特征,可以将犬恶丝虫微丝蚴与非致病性的匐形恶丝虫和隐藏双瓣线虫微丝蚴区别开。因为许多成年动物感染后不表现出症状,所以可用检测犬恶丝虫成虫抗原的酶联免疫吸附试验做常规检查。可以使用专用的诊断试纸。

由于动物体内无微丝蚴时难以确诊,感染的狗有20%以上呈隐性感染。对其可根据症状,结合胸部X光片和酶联免疫吸附试验进行诊断。特征性X光片病理变化呈现肺动脉扩张,有时弯曲,肺主动脉明显隆起,血管周围实质化,尾叶有动脉分布,有心扩张。

超声波心动描记仪有助于腔静脉综合征的诊断,成年动物右动脉M型超声波图转移到右心室被认为有诊断意义。

【治　疗】 主要针对成虫,其次是微丝蚴(除非是隐性感染),之后采取预防性措施防复发。

驱成虫:①硫乙胂胺钠。0.22mL/kgbw,静脉注射,每日2次,连用2d。注意药物不要漏至皮下,否则对严重病狗有危险,可引起肝、肾中毒。②菲拉松。1mg/kgbw·次,每日3次,连用10d。③酒石酸锑钾。2~4mg/kgbw,溶于生理盐水中静脉注射,每日1次,连用3d。

驱微丝蚴:驱成虫药治疗3~6周内,应紧跟着治疗微丝蚴,可选用碘化噻唑青胺、伊维菌素、杀螨菌素、倍硫磷和左旋咪唑。

①碘化噻唑青胺,8.8mg/kgbw·d,连服7d;若微丝蚴仍呈阳性,则剂量为13.2~15.4mg/kgbw·d,服至微丝蚴阴性为止。②左旋咪唑,11mg/kgbw·d,口服,每日1次,连服6~12d,至血液中微丝蚴转阴性时停药。治疗超过15d,有中毒的危险。不能与

有机磷酸盐和氨基甲酸酯合用，肝、肾病狗禁用。

注意：由于并发症的危险增加，当 X 光片显示出现严重肺动脉疾病或血栓栓塞时，是暂时性推迟驱成虫的指征。如果用药后狗反复呕吐，精神沉郁，食欲减退，黄疸，应中断治疗。发现胆红素尿时应谨慎。中断治疗时，应给狗喂低脂高糖日粮，4 周内重新用足量驱成虫药治疗。

驱虫时狗以笼养为主，连续 3～5d 给予皮质类固醇类药，待肺部炎症等症状好转后恢复驱虫。有严重肺动脉疾病或右心衰竭的狗，延长笼养时间。在用硫乙胂胺治疗的前、中、后期，给予阿司匹林对狗有益。有腔静脉综合征的狗，应进行紧急颈静脉放血，以排除虫体。

亚临床症状和以嗜酸性细胞增多为特征的间歇性肺浸润，不需要进行驱成虫治疗。治疗咳嗽和肺炎可使用皮质类固醇类药。

【预 防】 口服海群生、伊维菌素和杀螨菌素，可以抑制组织阶段幼虫的发育，防止虫体到达心脏。在蚊子出现前 1 个月至出现后 2 个月，每天服用海群生(6.6mg/kgbw)，配合每月口服 1 次伊维菌素(6μg/kgbw)和杀螨菌素。注意微丝蚴阳性的狗不可使用预防药物。

球虫病

据统计，约有 22 种球虫能够感染狗。除了小球隐孢子虫能感染 2 个宿主外，其他球虫都有特定的宿主。感染狗的有囊孢子虫属、哈芒属和住肉孢子虫属等的虫种。

【病 原】 小球隐孢子虫既见于健康幼狗和幼猫的粪便中，也见于腹泻病例粪便中，有时伴发病毒感染。哈芒属以啮齿动物或反刍动物为中间宿主，狗为终末宿主。

囊等孢球虫也是狗常见的球虫，在多种器官中产生一种对狗有感染力的包囊形式。

【临床症状】 严重感染的病例,以腹泻有时带血、脱水和体重下降为主。有时伴有其他病原感染、免疫抑制或应激反应。

【治　疗】 可用氨丙啉、磺胺二甲氧嘧啶或磺胺喹噁啉。

氨丙啉,以 210～220mg/kgbw 混入食物中,连用 7～12d。若出现呕吐、腹泻、厌食和神经症状等副作用时,给予维生素 B_1、葡萄糖酸钙并补液。

磺胺二甲氧嘧啶,第一天给予 50mg/kgbw,以后每天 25mg/kgbw,连用 2～3 周。磺胺喹噁啉有较好的临床效果。

【预　防】 可用 1～2 汤匙 9.6%氨丙啉溶液,溶于 4.5L 水中,作为唯一的饮水来源,在母狗分娩前 10d 饮用。每天消毒用具,及时清除粪便,禁喂生肉,注意防治吸血昆虫。

弓形虫病

本病是由龚地弓形虫引起的一种寄生虫病,多为隐性感染,也有的出现临床症状。龚地弓形虫也感染人。

【形态及生活史】 弓形虫的整个生活周期是在猫科动物的小肠上皮细胞内完成的。根据其不同的发育阶段而有不同的形态。在终宿主体内为裂殖体、配子体和卵囊,在中间宿主体内为细胞组织内的速殖子和包囊的缓殖子。

在急性感染期中,形成速殖子(又称滋养体),是活跃的增殖形式,在血液、尿液、眼泪、唾液、精液、粪便、体液和多种组织中出现。速殖子呈新月形,大小为 4～8μm×2～4μm,姬姆萨氏染色着色好。速殖子在外界环境中或死亡动物体内只能存活几小时。

在慢性期,形成包囊型虫体,内有许多形态的缓殖子,是弓形虫的静息状态,存在于先天性或获得性感染中,引起慢性或无症状感染,主要以包囊形式存在于狗的脑、眼睛、肝脏、骨骼肌和心肌中。单个包囊直径 50～150μm，每个包囊有 1 个嗜银性弹性囊壁，包裹着几百个包装严密的虫体。包囊型虫体在死亡的动物组织内可存活几天，但温度超过 66℃很容易被杀死。

猫摄入感染性的速殖子、缓殖子或包囊型弓形虫虫体后 4～5d，粪便中出现卵囊，大量排出持续 3～20d。这些卵囊 2～4d 后经过孢子增殖发育为感染性孢子化卵囊，对所有脊椎动物均有感染性。卵囊具有抵抗力，在适宜条件下可以存活 1 年以上，在干热 70℃、沸水、强碘、强氨溶液中可被破坏。

速殖子存在于各种组织和器官、渗出液、排泄物、乳汁和禽蛋中。包囊主要见于视网膜、骨骼肌、心肌、肺、肝、肾等处。卵囊只存在于猫科动物体内。

弓形虫的感染途径：中间宿主为 200 多种哺乳动物（包括人）和鸟，猫科动物既是中间宿主又是终末宿主。速殖子、包囊（内含缓殖子）和孢子化卵囊均可感染终末宿主和中间宿主。感染途径主要为经口食入，也可经注射、皮肤或黏膜破损处感染。狗妊娠期急性感染可经胎盘传给胎儿。猫感染后，虫体除了进入各种组织细胞进行无性繁殖外，还在肠上皮细胞内进行裂殖，产生大量裂殖子，裂殖子中有的发育成大配子，有的发育为小配子，大、小配子结合成合子，合子变成卵囊，随粪便排出体外。

卵囊在体外进行孢子化发育，成为孢子化卵囊，被中间宿主感染后，只进行无性繁殖，即在各种有核细胞中进行内出芽繁殖产生速殖子，当动物产生免疫力后，虫体繁殖变慢并被包于包囊内，包囊内的虫体称为缓殖子。中间宿主之间也可以相互传播弓形虫。

【临床症状】 成年狗多数为潜伏感染或无症状感染。幼狗表现发热、食欲差、咳嗽、呼吸困难、腹泻、黄疸和中枢神经系统紊乱、贫血等。本病可造成妊娠动物流产。

【病理变化】 包括肺炎、淋巴结炎、肝炎、心包炎和脑膜炎。

【诊　断】 可做病原分离和血清学试验。目前，含有间接荧光试验试验(IFA)、间接血凝试验(IHA)、酶联免疫吸附试验和凝集试验(AG)的诊断盒在国外已商品化,可以应用于临床。

【治　疗】 对病狗每日投服磺胺嘧啶(73mg/kgbw)和乙胺嘧啶(0.44mg/kgbw),有协同治疗作用。但因为只对游离的病原(不是包囊)起作用,所以应尽早使用。可将2种药混合,分4～6次服用。磺胺甲基嘧啶、磺胺二甲嘧啶和磺胺邻二甲氧嘧啶可以替代磺胺嘧啶。采用此法超过2周应检查血小板和白细胞总数,如果下降1/4或1/2,应给予叶酸和复合维生素B,以防药物对骨髓的可逆性毒性作用。

弓形虫治疗的首选药物是克林霉素,剂量为10～40mg/kgbw·d,持续用2周以上。降低每日剂量或者每日少量多次喂药,有助于减轻食欲减退、呕吐或腹泻等副作用。

【预　防】 不让狗吃生肉或捕食啮齿动物,无害化处理粪便,定期为狗驱虫。

贾第鞭毛虫病

本病为贾第鞭毛虫寄生在狗等动物的小肠前部引起的寄生虫病。呈世界性分布,可能会传染人。

【形态及生活史】 贾第鞭毛虫有可运动的滋养体和不能移动的卵囊2种形式,都能通过采食进入狗体内,并且被间断性地经粪便排出体外。

滋养体呈梨形,两侧对称,宽而圆的一端是前端,狭的一端为后端。腹面前部有一大的吸盘,有8根鞭毛。卵囊呈卵圆形,有4个核。

【临床症状】 多数被感染的狗无症状。严重感染时有慢性腹泻,排黏液样粪便,肠胃臌气,腹痛,食欲差,体重下降。

【诊　断】 稀便涂片检查发现滋养体,或用硫酸锌漂浮法检查出粪便内包囊，即可以确诊。有条件的可用肠内窥镜刮取物分析。注意贾第鞭毛虫是间歇性地进入被感染狗的粪便中，故应多次检查粪便。

【治　疗】

①灭滴灵（甲硝唑）　首次服药按 44mg/kgbw，以后每次 22mg/kgbw，每日 3 次，连用 5d。可能有神经紊乱、尿血、肝中毒和呕吐等不良反应。妊娠、泌乳动物和极度消瘦动物禁用。

②阿的平　50～100mg/次，每日 2 次，连用 3d，停药 3d，再给药 3d。小型成年狗，每只每次 100mg，第一日 2 次，以后每日 1 次，连用 6d。幼狗，每次每只 50mg，第一日 2 次，以后 6d 则每日 1 次。大型成年狗每只每次 200mg，第一日 3 次，以后 6d 每日 2 次。该药的副作用有皮肤发黄、食欲差、恶心、腹泻、瘙痒、被毛粗乱等，给予碳酸氢钠可减轻呕吐。此药禁用于妊娠狗。

【预　防】　注意环境的严格消毒，及时清除粪便，定期驱虫。

旋毛虫病

病原为旋毛形线虫，可以寄生在动物和人身上，属世界性分布。

【形态及生活史】　成虫细而小，雄虫体长 1.4～1.6mm，雌虫长 3～4mm。幼虫寄生在横纹肌内，成虫寄生在肠道。生殖方式为胎生。狗因食入带旋毛虫包囊的猪肉和老鼠而感染，包囊在宿主的胃内溶解，幼虫逸出，在十二指肠和空肠内迅速生长，48h 后变为性成熟的肠旋毛虫，在肠腔内交配后雄虫死去，雌虫穿入肠黏膜内发育，经血循转移，但只有在横纹肌中才能发育，以膈肌、肋间肌、舌肌和咬肌分布较多。幼虫在横纹肌内呈螺旋状，形成感染性包囊。

【临床症状】　一般无明显症状。发病时呕吐，消瘦，腹泻且粪中带血,少见行走与呼吸困难,主要为肠炎症状。血检嗜酸性粒细胞增多。

【诊　断】 用商品抗原做皮内注射,局部有丘疹的为阳性。

【防　治】 阿苯达唑,口服,50mg/kgbw,每日1次,连用7d,移行期的幼虫有效及肠内的未成熟虫体对包囊期幼虫和成虫无效。

平时注意防止狗吃生肉或其他动物。

类圆线虫病

本病是一种与温热、潮湿以及不卫生的圈舍条件有关的寄生虫病。

【形态及生活史】 本病主要由粪类圆线虫寄生引起,也包括扁头类圆线虫和福氏类圆线虫。粪类圆线虫是一种细长的小型线虫,虫体几乎透明,寄生在十二指肠和空肠的黏膜中。

采取寄生生活的类圆线虫是雌虫,卵能很快发育成胚,多数卵在随粪便排出狗体外之前已经完成孵化。在外界适宜的温湿度条件下,仅1d左右就能发育成第三期幼虫。幼虫中的一部分发育成感染性丝状幼虫,另一部分发育成自由生活的成虫。自由生活的成虫体在交配后产生与寄生性雌虫相似的后代,丝状幼虫则通过口腔黏膜或皮肤感染狗。7~10d后,卵从受感染狗粪便中排出。

【临床症状】 严重寄生时才有症状出现。典型的症状是幼狗消瘦,发育迟缓,排出带有黏液和血丝的粪便(夏季)。若无继发感染,病狗仅见轻度发热症状,或体温变化不大。继发细菌感染则出现瘙痒。

【诊　断】 在湿热的夏季发生,群养狗发病率高。粪便检查出幼虫可确诊。

【防　治】 一次皮下注射伊维菌素0.2mg/kgbw,可杀死虫体。推荐口服犬内虫清，也可口服乙胺嗪(5.5～11mg/kgbw)、噻苯咪唑或二噻吖。

加强环境与狗舍的卫生消毒，隔离幼狗与腹泻病狗，用浓盐水、石灰水清洗狗舍，再用热水冲洗，可有效灭虫。

因类圆线虫也能感染人，所以治疗受感染狗时应注意个人防护。

第九章 内科病

唇 炎

唇炎是指狗唇或唇皱的一种急性或慢性炎症。

【病 因】 主要是啃咬异物(木刺、塑料制品、鱼刺)、被咬伤等引发感染,也可能是口炎或牙病的蔓延。有时也因寄生虫感染、自体免疫缺陷或肿瘤造成。在一些上唇下垂的狗,如可卡犬、巴吉度犬、斗牛犬、大丹犬和圣伯纳犬等,下唇在与黏膜交界处形成深皱,而唇皱皮炎则是一种慢性分泌性皮炎。

【临床症状】 患狗搔抓、摩擦唇部,呼气有臭味,有时流涎,食欲不佳。当唇皱有慢性炎症时,唇皱部被毛变色,有黄色或褐色带臭味的分泌物附着。除去分泌物后,可见皮肤充血,甚至溃疡。若因其他部位炎症蔓延而来,检查口腔可发现异常。

【治 疗】 除去患部被毛和分泌物,用 0.1%高锰酸钾溶液清洗患部。有细菌感染时则局部应用抗菌止痒喷剂(天津铁草)、抗生素软膏(如聚维酮碘膏),或配合全身应用抗生素(如口服乐利鲜、胃溃宁)。局部化脓的可用 3%过氧化氢涂擦患部,有严重皮肤缺损时,应予适度缝合。及时处置原发病,是治疗继发性唇炎所必须的。外用抗菌香波有效。

口 炎

口炎包括口腔黏膜、牙齿、牙龈和舌部的炎症。可能是原发病,也可能是继发病或营养病。临床上常见口腔黏膜溃疡、黑舌病、齿龈炎等。

【病 因】 ①病毒性，见于犬瘟热、口腔乳头状瘤病毒感染；②细菌性，如某些口腔常在菌(梭菌、螺旋体)导致的坏死性溃疡性齿龈炎、口炎，钩端螺旋体、出血性黄疸钩端螺旋体、诺卡氏菌和皮炎芽生菌引起的口腔感染；③物理性，如异物扎伤、刺伤，电线灼伤；④营养性，如烟酸缺乏症引起的黑舌病；⑤代谢性，如糖尿病、肾炎引起的口炎；⑥激素性，如甲状腺及甲状旁腺功能减退；⑦免疫性，如寻常天疱疮、全身性红斑狼疮；⑧普通病引起，如慢性胃炎、尿毒症所致的口炎和溃疡。

【临床症状】 特异性症状是病狗有饥饿感，想吃食又不敢吃食，当食物进入口腔后，刺激到炎症部位引起疼痛，表现突然嚎叫、躲避性逃跑。口腔流涎，有的将舌伸于口外。病程较长的病狗逐渐消瘦。

口腔检查：一般患病狗抗拒口腔检查，需要安全保定，以防被咬伤或抓伤。当打开口腔时，可见口腔黏膜、舌、软腭、硬腭及齿龈上有不同程度的红肿、溃疡或肉芽增生。

【治 疗】

第一，用0.2%洗必泰液冲洗口腔，然后口腔涂布碘甘油。

第二，口服抗生素，每日2次，连用5～7d，有较好疗效。也可口服甲硝唑片50mg/kgbw，每日3次。

第三，维生素疗法：口服或肌内注射复合维生素B，维生素E或口服烟酸。

第四，因牙结石引起齿龈炎，应首先清除牙石后再抗菌消炎。

第五，真菌性口炎，应给予抗真菌药，如氟康唑、伊曲康唑或两性霉素B(0.5mg/kgbw)静脉注射，隔日1次。

第六，食物中给予富含维生素类的食物和蔬菜，避免偏食，如有偏食情况，主人应注意调整。推荐喂给宝路狗粮，以使狗获得均衡营养，并且狗饼干应有适宜的硬度，减少患牙结石的风险。

唾液腺病

狗的唾液腺病主要包括多涎、唾液腺瘘、唾液腺肿瘤、唾液腺囊肿、唾液腺炎和唾液缺乏。

1. 多　涎

【病　因】 多涎是指唾液分泌过多,从口腔中流出。引起多涎的原因有:药物或毒物的副作用(如有机磷农药中毒),口炎,口腔异物或新生物,黏膜损伤,牙结石,狂犬病或犬瘟热等病毒病,某些麻醉药或者对胃肠道的刺激,吞咽困难,代谢病(如肝脑病、尿毒症)等。

【治　疗】 在确定病因之前,可以使用抗胆碱药制止流涎,对症治疗。若发生局部湿性皮炎,可用洗必泰溶液清洗;发生浅层脓皮病的,选用抗生素软膏。注意区分全身疾病与局部炎症。

2. 唾液腺瘘

【病　因】 本病是颌下腺、颧腺或舌下腺创伤的继发症,尤其是腮腺损伤形成的瘘管。多因贯通腺体、腺体脓肿的自发破裂或早期手术的后遗症(破裂)造成。由于唾液不断流出而发展形成瘘管。

【治　疗】 手术切除腺体和瘘管是根治方法。

3. 唾液腺肿瘤

【病　因】 狗发生唾液腺肿瘤无多大规律性,但以恶性腺癌的发生率最高,并且易转移至局部淋巴结。

【治　疗】 手术是治疗方法之一,但是术后复发率高,放射治疗有一定辅助效果。

4. 唾液腺囊肿

本病是指黏液状唾液损伤唾液腺导管和腺体,并且蓄积于腺体周围组织中的疾病。狗以舌下腺囊肿的发生率最高。常发生在下颌间或头颈区,形成颈部囊肿,也可能聚积在舌下组织中,形成舌下囊肿。在咽壁的发生率低。

【病 因】 本病可由于舌下腺、颌下腺、腮腺或颧腺的腺管损伤、炎性阻塞或破裂而形成囊肿。

【临床症状】 与唾液聚积的位置有关。颈部囊肿在早期有急性肿痛,一般情况下并不易被发现,常见颈部出现非疼痛性、逐渐增大的团块;而舌下囊肿在未出血破裂之前也不易被察觉,当咽壁的囊肿阻塞呼吸时,才引起主人和兽医的注意。

一般情况下,囊肿多是柔软有波动的无痛肿块。当发生感染时,有热痛反应。从囊肿中可抽出黄色略带血液或凝块状的唾液。X线涎管造影术有助于鉴别诊断。

【治 疗】 手术切除腺体和导管是有效的治疗方法。颈部囊肿不宜手术切除时,可做一个排液性瘘管。治疗舌下囊肿和咽壁囊肿,可以采用瘘管袋形缝合术或切除腺体。

5. 唾液腺炎

本病是指唾液腺的急性或慢性炎症。通常因创伤或唾液腺的邻近组织炎症引起,犬瘟热等全身性疾病也有唾液腺炎的症状。

【临床症状】 体温升高,精神差,唾液腺肿痛。若形成脓肿并破溃,可形成唾液腺瘘管。发病部位:腮腺肿在耳下区域;颌下腺肿出现在下颌角;颧腺肿发生在眼尾,其炎症引起眼球后肿胀,斜视,眼球突出,流泪,不愿张口。颧腺、腮腺脓肿时,病狗因疼痛而拒绝检查或转动头部。

【治 疗】 轻度炎症不治可自愈。发生脓肿则应引流。例如,颧腺化脓时,应在口腔内最后臼齿的后侧方引流。局部消炎,配合全身应用抗生素。当保守疗法无效或复发时,应该手术切除腺体。

6. 唾液缺乏

【病 因】 本病指唾液分泌量减少,口腔干燥。常见于应用某些药物(如阿托品等)、脱水或高热,以及某些麻醉药的副作用。角膜炎、免疫介导病或唾液腺疾患也可能引发本病。

【治　疗】 消除病因是治疗的关键。洗涤口腔,有益于缓解口腔的不适状态。脱水时则应静脉补液。

嗜酸性肉芽肿

本病是发生在口腔和皮肤上的自发性斑块样小结节。主要出现在3岁以上的公狗,多与过敏反应有关,有一定的遗传性,爱斯基摩犬发生率较高,其他品种狗少见。

【病理变化】 病变出现在口腔黏膜、腭和舌体上,不痛,有时有外周性嗜酸性细胞出现。活组织检查可见胶原降解、嗜酸性细胞和游走性细胞浸润,以及栅栏状排列的肉芽肿。

【治　疗】 推荐皮下注射曲安奈德注射液或静脉注射甲强龙。也可以口服强的松,0.5～2.2mg/kgbw·d,一般情况下10～20d内病变可以消退,有的可以自愈。

咽　炎

咽炎是咽黏膜及其深层组织的一种炎症。临床上以吞咽障碍、流涎、咽部肿胀为特征。原发性咽炎多为机械性刺激所致,如骨块、鱼刺划伤,食冰冻食物,投药不当或误食有刺激性的药物等,可直接引起咽部黏膜发炎。另外,也可由邻近组织器官的炎症蔓延造成,如口炎、扁桃体炎、牙龈炎、淋巴结炎等继发。

【临床症状】 发病初期,采食缓慢,随着病情的发展,采食困难或不食,若咽部炎症十分明显,可见病狗欲食却不敢采食,流涎,并可出现全身症状,精神不振,体温升高,咳嗽。咽部触诊敏感,颌下淋巴结肿胀,口腔检查见咽喉部红肿,扁桃体肿大。

【治　疗】

(1)除去病因　若有异物存在,应在全身麻醉的情况下打开口腔,将异物取出。改变投药方式,避免冰冷食物的刺激。

(2)抗菌消炎　全身给予抗生素疗法,强力咳喘宁片剂(强力霉素+鱼腥草)有效。

(3)补液疗法　静脉滴注5%葡萄糖盐水20mg/kgbw。

喉　炎

【病　因】　病毒或细菌性呼吸道感染,创伤,异物梗阻或气管内插管,吸入粉尘、烟雾或者刺激性气体,均可引发本病。

【临床症状】　主要症状是咳嗽。初期为短而粗的干咳,之后变成湿咳,伴发呼吸困难,呼出气体有异味,严重时可窒息。

【治　疗】　对症止咳消炎,可口服抗生素,如强力咳喘宁(强力霉素+鱼腥草)10mg/kgbw·d,或四环素50mg/kgbw·d、先锋霉素10~15mg/kgbw,2次/d和磺胺甲氧嘧啶(10~20mg/kgbw),以控制细菌感染。喉部严重阻塞引起眼结膜发绀时,应及时实施气管切开术。

食管异物

食管异物是指骨块、块根食物(桃核、番薯块、玉米棒)、儿童玩具、铁丝、鱼钩、塑料制品等滞留在狗的食管内。

【临床症状】　完全阻塞时,病狗表现不安,头颈不时伸直,流涎,不食,有饮欲但饮水时不见水量减少,可见有少量的泡沫从口角双侧流于水盆中。不完全阻塞时,表现进食中只能将流体食物通过而固体食物不能通过。可见食物反流现象,病狗表现强烈的饥饿感。随着病程的延长,日渐消瘦,体重减轻。如治疗不及时,可引起阻塞的局部发炎、感染或坏死。

【诊　断】

第一,根据临床症状及主诉。

第二,食管探诊。病狗全身麻醉,插入胃管,如胃管不能插入狗的胃中,或水不能进入胃中,可以确诊。

第三,X线诊断。用胃管后同时灌服钡餐,拍片后可见阻塞物的前面存在大量的钡液,阻塞物的后段没有钡液,这样可判知阻塞的部位。

【治　疗】 根据阻塞物及阻塞部位不同,采取不同的治疗方法:

第一,选择肌松效果好的麻醉剂,给予全身麻醉,如右美托咪啶、复方噻胺酮(5mg/kgbw),或846合剂(0.1～0.2mg/kgbw),推荐使用右美托咪啶与舒泰按照1∶1的比例肌内注射。

第二,有条件的动物医院,可用内窥镜引导,然后用长臂钳将异物取出。

第三,对于阻塞物小、表面光滑的异物,可用胃管将异物捅入胃中,注意不能损伤食管。

第四,对于金属物,可采用手术切开食管取出,根据金属物阻塞的部位来确定手术通路;有些病例通过胃切开术也能取出卡在食管中的异物。

第五,术后护理,绝食3～5d,采用营养疗法,可静脉补充葡萄糖、氨基酸、电解质及抗生素,5d以后可喂服流食,如牛奶、高浓缩的肉汤或鱼汤等。可给予止痛药(痛立消等)。

胃内异物

本病是狗误食了难以消化的异物,如大的骨块、木块、石头、塑料、布料、金属物等,这些物体停留在胃中,造成胃功能紊乱,继发慢性胃炎,引起狗长期食量减少、呕吐、消瘦的一种疾病。

【病　因】 因缺乏维生素、微量元素及矿物质、肠道寄生虫病等引起异嗜癖,或在进食中争抢食物,或在玩耍叼咬玩具时将异物吞咽下去。

【临床症状】 病狗食欲不振,有间歇性呕吐,体重逐渐减轻,有腹痛症状,站立或卧地时可见弓腰,有肌肉震颤。触诊前腹部敏感疼痛。

【诊　断】 根据症状和主诉,加上X线拍片或钡餐造影看到胃中有明显的异物,可以确诊。

【治　疗】

第一,保守疗法,灌服油类缓泻剂,如液状石蜡5～50mL/次。

第二,催吐,可使用0.5%硫酸铜液10～50mL灌服。曾有动物在喂食后肌内注射α_2-NE受体激动剂后将异物吐出的病例。

第三,如果异物比较大,应用以上方法不能将异物吐出或排出时,应采用手术方法将胃壁切开取出异物。

第四,抗菌消炎推荐给予胃溃宁(阿莫西林＋硫糖铝＋维生素B_2),可以有效地抗菌和修补溃疡与缺损。

胃炎

胃炎是指胃黏膜的急性或慢性炎症。临床上以呕吐、胃痛及脱水为特征。

【病　因】 采食不干净、腐败、过冷的食物以及有刺激性的药物或异物。继发于某些疾病,如犬瘟热、细小病毒病、传染性肝炎、肠炎、胰腺炎、肾炎、华支睾吸虫、肠道寄生虫及中毒性疾病。

【临床症状】 呕吐是本病的特征性症状。病初呕吐食糜,即带黏性泡沫的胃液。病狗有饮欲,但饮水后可见呕吐症状加重。精神沉郁,弓背,触压腹部疼痛敏感,脱水,皮肤弹力下降,眼球下陷。

【治　疗】

(1)停食疗法　对患胃肠炎的病狗停食停饮24h。

(2)补液疗法　可用5%葡萄糖盐水20～40mg/kgbw,加入5%碳酸氢钠5～40mL,每日1～2次。

(3)止吐　给予止吐剂,胃复安1mg/kgbw,每日2次,肌内注射。

(4)抗菌消炎　首选胃溃宁(阿莫西林+硫糖铝+维生素B_2),也可以应用庆大霉素(口服,2万～8万U/次,2次/d)、卡那霉素(15mg/kgbw·d)。

病狗有食欲后可口服健胃药,如多酶片、乳酸菌片、复合维生素B等。

胃扭转

由于剧烈运动引起狗胃扭转,使胃内容物不能下行,可导致休克性死亡。主要发生在食量大(日粮差)而运动强度又大的军犬。

【病　因】　狗(尤其是德国牧羊犬)摄入大量食物后,立即饮水并跳跃、翻滚,引起胃扭转较常见。有些狗的幽门部移动性大,胃内容物充盈,导致胃肝韧带、胃脾韧带、胃十二指肠韧带松弛或断裂,使幽门、脾脏和胃底的正常位置发生变化。

【临床症状】　病狗突然腹痛,呆立或躺卧,迅速腹胀,叩诊呈鼓音,腹部触诊可摸到球状囊(胃)。病狗呕吐,呼吸高度困难,脉频数(大于每分钟200次),常在24h内死亡。

【诊　断】　依据突然腹痛、腹胀,胃管插入困难,呼吸高度困难等症状,可作出诊断。

【防　治】　尽快手术复位。对病犬行全身麻醉,采用腹部切口,将胃找出并将胃内气体放出,可以取出或不取出胃内容物,将幽门和十二指肠、脾脏等复位。

预防应注意日粮的质量，根据某狗场和军犬队的经验，大量饲喂低质量的粗粮，每年约引发黑贝犬胃扭转 3～4 例，而换成宝路狗粮后，发病率为零。

胃扩张

本病是由于胃的分泌物、食物或气体积聚，使胃体积过大而引起的。

【病　因】 过食使胃分泌物增多，采食大量低能量日粮、剧烈运动后饮水，幼狗摄食量过多以及寄生虫、胰腺炎、消化不完全等，均可引发本病。

【临床症状】 病狗腹部增大，触诊腹痛，呼气酸臭，干呕，有时流涎，呼吸困难，心动过速。

【诊　断】 根据病狗有大量摄食（尤其是幼狗）的情况，结合症状可以作出诊断。急性胃扩张时，一般均能将胃管插入胃内，导出食糜和酸臭液体，只有个别情况例外。X 线和 B 超诊断有助于确诊。

【防　治】 治疗首先插入胃管放气。用温盐水洗胃，注射止痛药，缓慢静脉输液（注意加入地塞米松 0.5mg/kgbw 和 5%碳酸氢钠），禁食 24h，吃流食 3d。上述方法无效可实施胃切开手术，取出积食。

日常注意防止狗暴饮暴食，提高日粮质量，幼狗应少量多次饲喂。

肠炎

肠炎是肠道的急性或慢性炎症，临床上常以胃肠炎的形式出现。

【病　因】 急性肠炎常见于狗食入低质量食品,对食物中某些成分过敏或不耐受,肠道寄生虫严重寄生,病毒、细菌或真菌感染,药物副作用,中毒等因素。

一般情况下,传染病引起的肠炎症状重,如细小病毒性肠炎。慢性肠炎的病因复杂,肠炎综合征的病因涉及淋巴细胞-浆细胞性肠炎、嗜酸性肠炎、肠绒毛萎缩、谷蛋白质过敏、免疫增生性肠病、小肠细菌过度增殖、淋巴管扩张及淋巴肉瘤等,导致肠道吸收功能异常。肠道寄生虫引起的肠炎,主要是由于球虫、钩虫、贾第鞭毛虫或蛔虫的严重寄生。病毒性肠炎包括犬瘟热、细小病毒、冠状病毒和轮状病毒以及星状病毒。细菌性肠炎多为继发性,细菌侵害肠细胞或产生毒素,主要致病菌是沙门氏菌、弧菌和耶尔森氏杆菌,也包括大肠杆菌、产气荚膜杆菌和分枝杆菌。真菌性肠炎的病原主要是荚膜组织胞质菌、曲霉、腐霉和白色念珠菌等。此外,抗生素、非甾体性消炎药、杀肿瘤药、杀虫剂和毒素也能导致肠炎。

【临床症状】 病狗常见急性水样腹泻,食欲差,嗜睡,呕吐,尤其小肠前段炎症时,呕吐发生率高。大肠炎症时,病狗里急后重,黏液性腹泻频繁。小肠出血时,粪便呈黑色或黑绿色;大肠出血时,粪便表面有血丝或鲜血。病情较重时,表现发热,腹痛,脱水,贫血。慢性肠炎时,以腹泻和消瘦为主。寄生虫性肠炎时,则常以便秘、腹泻交替出现;后期则以腹泻为主。幼狗病症严重。

【诊　断】 包括问诊、体检和粪检。

问诊主要了解病狗发病前的日粮状况,是否免疫、驱虫,粪便性状,发病症状以及用药情况。体检包括:是否脱水,体温、呼吸、心跳等数据,最好做血常规检查。粪检包括:有无隐血,细小病毒诊断,寄生虫虫卵检查,中性脂肪和淀粉含量检查。

【治　疗】 24h内禁食。细小病毒性肠炎则静脉补液4d,补液的成分应取决于血气分析结果和比容。当呕吐严重时,易出现低氯性碱中毒,应静脉注射0.9%氯化钠溶液;当腹泻严重时,易发生代谢性酸中毒，可补给乳酸林格氏液；肾功能正常时，应添加钾盐（浓度为 20mol/L），每天给予钾盐 40mL/kgbw，注意静脉滴注速度宜慢，每小时不应超过 0.5mol/L。细小病毒性肠炎和败血症常继发低血糖，可以静注 2.5%葡萄糖。

止吐可给予胃复安（0.5～1mL，口服或皮下注射）。脱水严重时，可用氯丙嗪（0.5～1mg/kgbw，静注）止吐，但使用期不应超过 36h。呕吐停止后，可给予无刺激性食品，如肉汤、菜汤、煮牛奶等，并逐渐过渡到正常日粮。

麻醉性止痛剂对消除腹泻症状有效，如用苯乙哌啶、复方樟脑酊和氯苯哌酰胺，可减轻腹痛和肠痉挛。但应注意使用期不可超过 2d，并且不能用于传染病性腹泻。

病毒性肠炎腹泻时，口服强力止泻片，临床效果确实。细菌性肠炎可用碱性水杨酸铋制剂，口服庆大霉素，疗效好。对于出血性腹泻、小肠结肠炎或并发全身症状（体温升高，黏膜充血，白细胞有变化）的，应注射抗生素。沙门氏菌对磺胺甲氧苄氨嘧啶、头孢菌素Ⅰ和氯霉素敏感；弧菌对红霉素、呋喃唑酮、氯霉素、氨基糖苷类抗生素敏感；耶尔森氏杆菌对磺胺甲氧苄胺嘧啶、四环素、氯霉素、氨基糖苷类敏感；贾第鞭毛虫对甲硝唑和阿的平敏感，甲硝唑对厌氧菌也有效。柳氮磺胺吡啶对溃疡和肉芽肿性结肠炎有特效。

重金属中毒所致的肠炎，可选用拮抗剂，并止泻和补液。

腹　泻

腹泻的病因较复杂，临床上表现为排粪次数多，粪中水分含量大，有时混有血液。

【病　因】 本病主要由细小病毒、细菌、食物过敏、胰腺外分泌功能不全、肠蠕动紊乱、球虫、钩虫、鞭虫等引起。以小肠炎和结肠炎性腹泻更为多见。

【临床症状】

①食物过敏或胰腺功能差所致的腹泻,粪便呈黄色或黄绿色,成形或者较软,混有未消化的食物。

②寄生虫性腹泻,病狗消瘦,以 3～4 月龄幼狗为主,初期腹泻与正常粪便交替,而后以稀便为主。球虫、钩虫性、滴虫性腹泻时常出现血便。

③非炎性结肠性腹泻,粪便有时软有时正常,同一次排便,可能正常粪便与稀便交替出现。大型犬多发,病程长,但无其他异常症状。

④犬细小病毒性肠炎,病狗呕吐,排血便,腥臭,体温升高,不食。

【诊　断】 粪便检查可以发现隐血、检出虫卵,另可做细小病毒快速诊断实验和细菌染色。

【治　疗】 食物过敏所致腹泻,应增加营养和改换食品,如换成宝路低过敏性日粮。胰腺外分泌功能不足,则应少量多次饲喂,补充胰酶。细菌性腹泻,则应消炎,推荐强力止泻片,也可口服庆大霉素(4 万～8 万 U/次,2 次/d)。细小病毒性腹泻,应注射犬细小病毒单克隆抗体,口服强力止泻片止泻,口服庆大霉素消炎。寄生虫性腹泻,应驱虫和消炎。慢性结肠炎性腹泻,消炎可用柳氮磺胺吡啶(40～60mg/kgbw・d,分 4～6 次口服)、泰乐菌素和甲硝唑(20～50mg/kgbw・d,口服)。

对症治疗包括静脉输液、止泻、止吐和止血。

便　秘

便秘是肠蠕动减少或消失,使粪便变干,排粪减少,里急后重。顽固性便秘则排粪困难,若长期不愈,可以造成巨结肠症。

【病　因】 食入大块的骨头、毛发或异物,腰椎疾患,肛门憩室,直肠狭窄,肛门腺炎,直肠肿瘤,会阴疝,前列腺炎,神经性疾病等均可引起便秘。老龄狗因迷走神经兴奋性降低,可发生特发性巨结肠症。

【临床症状】 病狗排粪迟滞,常做排便姿势,但不见粪便排出,有时出现排便性嚎叫。食欲减退,有间歇性呕吐。结肠不完全阻塞性便秘,可以见水样褐色恶臭粪液绕过坚硬的粪便而排出。触诊腹部可感知腹压增大,触压敏感,有疼痛反应,可触到腹中大量干硬的灌肠样结粪块。发病后期表现精神沉郁、脱水,如不及时治疗,可导致心力衰竭死亡。

【治　疗】 疏通肠道,纠正脱水,防止酸中毒。用温的软皂水灌肠,边灌边压迫便秘的肠管,直至结粪块压软。单纯便秘也可用盐水灌肠。口服液状石蜡 5～30mL。肛门应用开塞露,促进排粪。静脉补充葡萄糖盐水、碳酸氢钠液。如灌肠无效,应进行手术疗法,取出结粪。

小肠阻塞

【病　因】 食入不能消化的异物,大量的寄生虫寄生,肠道手术后粘连,疝,肠套叠,肠扭转,以及小肠因肠炎、腹膜炎、胰腺炎等导致肠弛缓等,均可能形成小肠阻塞。

【临床症状】 病因不同,其症状也有差异。有些狗食欲正常,但出现呕吐。大部分病狗厌食、精神沉郁,有时见腹胀、腹泻,触诊则腹痛。完全阻塞时肠音消失,病狗呕吐,迅速消瘦、脱水。幼狗蛔虫大量寄生时,尚可食入少量食物,但食后一段时间内出现呕吐。

【诊　断】 听诊肠音,腹部手指触诊,钡餐造影后 X 线检查以及内窥镜检查,均可作出诊断。

【治　疗】 根据诊断结果,采取治疗措施。若为寄生虫性阻塞,应驱虫、消炎,配合静脉输液。疝和肠梗阻、肠套叠应采取手术疗法。炎性肠弛缓应消炎。粪便不完全阻塞可以口服润滑剂,促进肠蠕动。静脉输液对各种原因引起的肠阻塞都是必需的。对肠完全梗阻的,可在全身麻醉下做肠管切开术取出梗阻物,然后消炎,静脉输液 4d,术后 5d 才能饲喂正常日粮。

肠套叠

本病常由于腹泻引起肠蠕动紊乱,造成一段肠管套在邻近肠管上。

【病　因】 长期腹泻、严重寄生虫感染为最常见的病因。2～4 月龄的幼狗发生率较高,常伴发直肠脱。

【临床症状】 病狗食欲废绝,有的尚能排出少量稀便。腹痛严重,呕吐,常侧卧不起。幼狗快速消瘦,体温下降。有的出现直肠脱,并反复发生。

【诊　断】 根据症状,做腹部触诊,可发现可移动香肠状的肠段,常有触痛感。钡餐造影 X 线可以确诊。直肠脱反复发生、不易治愈时,应考虑肠套叠。

与其他动物不同,狗发生肠套叠后,有的仍有少量粪便不断排出,腹胀并不明显。

【治　疗】 全身麻醉后,边静脉补液边实施腹腔手术。若套叠处肠管颜色呈黑紫色或肠管已裂开,应切除此段肠管,做肠吻合术。一般做肠管断端的结节缝合,配合网膜覆盖在创口部位,并用肠线做 2 针结节缝合固定网膜与肠管;术后 4d 内静脉输液和消炎,5d 后可吃流食,逐渐换成宝路狗粮正常饲喂。

急性胰腺炎

狗的胰腺炎发病率高于其他动物,而且以德国牧羊犬、雪纳瑞犬的发病率较高。急性胰腺炎胰腺肿胀，是由于胰腺酶消化自体腺泡组织所引起的一种炎症反应。临床上以腹痛、休克、血糖降低为特征。有些患犬有生命危险。

【病　因】 本病可由多种因素引起。用药不当，如长期使用可促进急性胰腺炎发生的噻嗪类药物、速尿、硫唑嘌呤、磺胺、四环素和皮质激素；长期采食高脂肪狗粮，使血脂、蛋白高，肥胖，可能损害胰腺泡细胞；胰管阻塞或感染；胆汁或肠液反流进入胰导管引起感染。由于以上原因导致胰腺缺血、坏死，引起胰腺纤维变性，造成胰岛素释放过多而引起低糖血症。

【临床症状】 病狗症状不一。一般表现精神沉郁，食欲差或不食，呕吐，有的可见出血性腹泻。触诊腹部敏感，腹痛剧烈，有的呈前肢卧地、后肢站立的“祈祷”姿势。严重的病例可见脱水、休克、体温下降。有的出现黄疸、呼吸困难、心律失常和凝血症。转成慢性胰腺炎时，出现厌食，周期性呕吐，腹痛，腹泻和体重下降。由于胰腺外分泌功能不足，粪便酸臭并有大量未消化的脂肪。有的病狗贪食，但因吸收消化不良，体重下降。

【诊　断】 根据症状、病史和实验室检查结果可作出诊断。当血中脂肪酶和淀粉酶活性同时升高，或其中之一急剧升高而另一项指标轻度升高时，可以诊断为急性胰腺炎；检测特异性胰淀粉酶(CPL)更准确。也可能出现白细胞增多(核左移)、比容高、脂血症，肝酶活性高，尿中含蛋白和圆柱形物质。伴发糖尿病时，血糖低、尿糖高。触诊前腹部有时可以触到硬块(胰腺)。

【治　疗】 抑制胰腺分泌，止痛，抗感染，静脉补液是治疗原则。镇痛，用盐酸吗啡 0.11～2.2mg/kgbw，肌内注射；盐酸哌替啶 5～10mg/kgbw，肌内注射。抑制分泌，用阿托品 0.05mg/kg-bw，肌内注射，限在 24～36h 内使用，以防肠梗阻。补充电解质液体，使比容、血压、肾功能恢复正常，复方盐水 20mg/kgbw，静脉滴注。同时给予氨苄青霉素 25mg/kgbw 或拜有利或乐利鲜或者庆大霉素,抗感染。

病情严重的应考虑停食停饮,减少胰腺分泌,待病情好转时给予营养丰富的流食。

为避免刺激胰腺的分泌,在最初2d内应停止口服药品或饲喂。可以少量饮水,不呕吐则给予少量煮熟的鸡肉和米饭。低脂肪、高蛋白狗粮对病狗有益。

腹膜炎

腹膜炎在临床上以腹壁疼痛和腹腔中积有炎性渗出物为特征。

【病　因】 急性腹膜炎主要是由于消化道、膀胱、子宫穿孔破裂,腹腔手术、剖宫产操作污染,腹腔注射、穿刺造成感染而发生。

慢性腹膜炎可因上述因素治疗不及时、不彻底转化而来。另外,腹部脏器炎症的蔓延也可引起慢性腹膜炎。

【临床症状】

1. 急性腹膜炎　表现精神沉郁,体温升高,弓腰缩腹,腹部触诊高度敏感疼痛,病狗拒绝触压腹壁。白细胞总数大幅度升高,中性粒细胞、中性稚粒型细胞升高。腹腔液浑浊、相对密度升高,内有絮状物及血液,蛋白升高。

2. 慢性腹膜炎　全身症状较轻,但以腹围增大、腹腔内有大量腹水为特征。由于慢性炎症的刺激,可造成腹腔脏器粘连,引起慢性的腹痛症状。

【治　疗】 原则是控制感染,防止败血症,减少渗出。

①全身应用大剂量的抗生素,如泰乐菌素、拜有利、乐利鲜、先锋霉素、阿米卡星、甲硝唑等,首次剂量加倍。也可进行腹膜封闭疗法。

②静脉滴注葡萄糖盐水、5%碳酸氢钠液。制止渗出,可静脉

滴注钙制剂。

③防止败血性休克，可应用类固醇制剂。

自发性巨结肠

本病是老龄狗（6 岁以上）易发生的疾病，可能与迷走神经的兴奋性降低、结肠壁肠肌层神经节细胞退化或缺乏有关。

【临床症状】 本病逐渐发生，症状由轻到重。病狗精神差，喜卧不愿动，多日不排便。直肠空虚，腹部触诊感觉结肠内有结粪。

【治　疗】 口服或直肠灌服液状石蜡，配合用开塞露多支从肛门挤入。几分钟后会有粪便排出，粪便色黑味臭。若以上方法无效，则需手术取粪。

本病易复发。

甲状腺功能亢进

甲状腺功能亢进是甲状腺素（T_4）和三碘甲腺原氨酸（T_3）分泌过多引发的一种疾病，临床发生率不高。以多尿、烦渴、体重减轻、食欲亢进、体温升高等高基础代谢率症候群和肌肉震颤、心率加快等高儿茶酚胺敏感性综合征为特征。

【病　因】 目前尚不明确。一般认为主要与甲状腺肿瘤有关，且多见于甲状腺癌。

【临床症状】

（1）高基础代谢症候群　表现多尿、饮欲亢进以至烦渴，食欲亢进，体重减轻，肌肉无力，消瘦，易疲劳，体温升高等症状。

（2）高儿茶酚胺敏感性综合征　表现肌肉震颤、心动过速、各导联心电图振幅增大及易惊恐等症状。

（3）甲状腺毒症　表现肠音增强，排粪次数增加、粪便松软，骨骼脱矿物化而发生骨质疏松。过多的甲状腺素可作用于心血管系统,使心肌厚大,心率加快,心血输出量增加,外周循环阻力降低,最终导致高输出性心力衰竭。

【诊　断】 根据检验血清中甲状腺素的浓度升高(T_4＞40μg/L,或T_3＞2 000ng/L)可确诊。但由于T_4和T_3的浓度变化大,有必要多次测量。

【治　疗】 采用抗甲状腺药物疗法:以硫脲类为主,常用硫氧嘧啶和丙硫嘧啶。丙硫嘧啶,10mg/kgbw,内服,每日1次,病情好转后,减少用药剂量。碘制剂可作为硫脲类的替代药物。每日口服饱和碘化钾液5滴,连续1～2周。有条件的,可进行放射碘疗法。亦可采用甲状腺不全切除。每2～4周监测血常规和血清甲状腺素水平,以调整用药剂量并减少药物副作用。

甲状腺功能减退

甲状腺功能减退是一种甲状腺素和三碘甲状腺原氨酸的缺乏病,以全身发胖、躯干部被毛稀少、嗜睡及不育为特征。本病是狗常见的内分泌病,主要发生于4～6岁的狗,母狗的发病率高。临床病例中博美犬和松狮犬的发生率最高。

【病　因】 常见原因有自发性甲状腺萎缩和重症淋巴细胞性甲状腺炎。少见原因有严重缺碘、甲状腺先天性缺陷及促甲状腺素或促甲状腺素释放激素缺乏等。此外,放射性碘疗、致甲状腺肿的药物、手术切除甲状腺等医源性因素,也可引发本病。

【临床症状】 成年狗主要表现为脱毛,尤以尾部为明显。皮肤干燥、脱屑,皮毛无光泽、脆弱,被毛再生障碍,毛色变白。有的在脱毛的同时呈现油腻性皮脂溢。精神迟钝,嗜睡,体力下降,怕冷,流产,不育,性欲减退,发情紊乱。

重症病例皮肤色素过度沉着,皮肤因黏液水肿而增厚,以眼上方、颈和肩的背侧最为明显。体躯肥胖,体重增加,四肢感觉异常,面神经或前庭神经麻痹,兴奋性及攻击性增加。体温低下,便秘,窦性心动过缓。未交配母狗,在发情期发生乳溢。

幼狗在青春期前,主要表现为不对称性侏儒和智力低下。

血清 T_4 含量<10μg/L,2/3 病狗患高胆固醇血病。

【诊　断】 通过放射免疫分析技术测定血清中 T_4 基础总浓度,以及游离甲状腺素 fFT_4。诊断原发性甲状腺功能低下症用促甲状腺激素(TSH)刺激试验。甲状腺活体组织检查是诊断和区分原发性和继发性甲状腺功能低下的可靠方法。

【治　疗】 采用甲状腺素替补疗法。左旋甲状腺素钠,0.02～0.04mg/kgbw,内服,每日 1～2 次;或三碘甲状腺原氨酸,5μg/kgbw,内服,每日 3 次。对伴有心力衰竭、心律失常及糖尿病的病狗,应逐渐增加剂量。一般治疗后 6 周内显效。

患犬皮肤干燥,是因为脂肪腺异常,需要补充含有 ω-3 脂肪酸等营养物质,推荐使用健肤乐、爱乐滴或黄金点等。

疗效差可能是用药剂量或用药次数不当,病狗吸收不好,或药物被迅速地代谢或排出体外,也可能是诊断失误。

甲状旁腺功能亢进

甲状旁腺功能亢进是指甲状旁腺激素分泌过多。按病因可分为原发性、假性和继发性 3 种类型。

【病　因】 原发性甲状旁腺功能亢进,多见于甲状旁腺肿瘤或自发性增生。假性甲状旁腺功能亢进,又称恶性高钙血症,是由于淋巴肉瘤等非甲状腺肿瘤所引起的一种类似原发性甲状旁腺功能亢进的综合征。继发性甲状旁腺功能亢进的主要原因是日粮中磷多钙少、钙磷比例不当。

【临床症状】

(1)原发性甲状旁腺功能亢进

①高钙血症体征　食欲减退,呕吐,便秘,肌无力,心动过缓,节律失常,精神沉郁乃至昏迷或癫痫发作,血清钙浓度升高至12～14mg/dl。

②甲状旁腺激素过多症体征　骨质疏松,自发性骨折,颜面骨肥厚,牙齿松动或脱落,咀嚼疼痛。

③尿毒症体征　口腔溃疡,呼出气体有尿臭味,贫血,脱水,代谢性酸中毒,多尿,多饮,后期少尿无尿。

(2)假性甲状旁腺功能亢进　除具有原发性甲状旁腺功能亢进的症状外,发生突然,临床表现为体重减轻,贫血,淋巴结肿大,肛门肿瘤及乳腺瘤等体征。

(3)继发性甲状旁腺功能亢进　初期,一肢或数肢不明原因的跛行,且时轻时重,四肢广泛性触痛,牙齿松动,咀嚼困难或疼痛。后期,骨骼肿胀变形,上、下颌骨为甚,肋骨软骨结合部肿大,血清钙浓度在正常范围以下,磷浓度正常或升高。

【治　疗】　原发性病例的根本治疗方法是手术切除甲状旁腺肿瘤。假性病例可采用手术切除或实施放疗破坏淋巴肉瘤。继发性病例则应调整日粮钙磷比例和补充钙制剂。具体治疗措施与骨软病相同。

甲状旁腺功能减退

甲状旁腺功能减退是指甲状旁腺激素缺乏。本病多发生于小型犬,以2～8岁的母狗多发。哺乳期较为多见。

【病　因】　主要由于患甲状旁腺肿瘤,或手术切除肿瘤后,或长期应用钙制剂、维生素D等医源性原因,造成甲状旁腺破坏或萎缩。此外,甲状旁腺发育不全、淋巴细胞性甲状旁腺炎以及犬瘟热、镁缺乏症等也能引发此病。

【临床症状】　多半是起于低钙血症。血清钙浓度<7mg/dl时，病狗呈现局限性或全身性肌肉自发性收缩，并引起体温升高、虚弱及疼痛。病狗表现神经质、不安、精神兴奋或抑制、厌食、呕吐、腹痛、便秘、心动过速、膈痉挛。后期，全身痉挛，喉喘鸣，多死于喉痉挛。

【治　疗】　静脉注射10%葡萄糖酸钙0.5～1mg/kgbw，每日2次。重复用药时，应注意调整注射速度，监测血钙浓度。对慢性低钙血症，可口服碳酸钙或葡萄糖酸钙及维生素 D_2。钙剂，50～70mg/kgbw，分3～4次投服。维生素 $D_2$0.01mg/kgbw，以后用量减半，每周用2～3次。

肾上腺皮质功能亢进

肾上腺皮质功能亢进是指一种或数种肾上腺皮质激素分泌过多。由于以盐皮质激素或性激素分泌过多为主的肾上腺皮质功能亢进很少见，故肾上腺皮质功能亢进通常是指以糖皮质激素中的皮质醇分泌过多，又称为库兴氏综合征或库兴氏样病，是狗最常见的内分泌疾病之一。由于糖皮质激素对患狗的许多系统产生综合性异生、脂解、蛋白质分解和抗炎症效应，引起广泛的功能紊乱和病理变化，病程长，发展慢。母狗发病多于公狗，且以3～9岁的狗多发。

【病　因】　主要有：垂体肿瘤等垂体依赖性因素，淋巴肉瘤、支气管癌等促肾上腺皮质激素异位分泌因素；一侧或两侧性肾上腺瘤或癌等肾上腺依赖性因素。

最普遍的病因是垂体腺（远侧或中间部）功能性促皮质腺瘤，分泌促肾上腺皮质激素（ACTH）引起两侧肾上腺皮质肥大增生。自发性肾上腺皮质增生引起的肾上腺皮质功能亢进，在长毛、卷毛狗中发生率高于其他品种的狗。

本病也可能是医源性的。即为治疗其他疾病而每日注射大剂量皮质醇,诱发肾上腺皮质功能亢进和病理变化,临床上应引起注意。

【临床症状】 对称性脱毛,食欲异常,腹部膨大和多饮多尿。常见患狗肥胖、脱毛和代谢异常。肥胖是由于吃食多,多饮多尿,造成病部增大。病狗皮肤薄而松脆,肌纤维无力使腹部松弛、四肢肌肉无力,运步蹒跚。严重时,皮肤表面有钙化、结痂,且恢复困难,因为毛囊堵塞而造成痤疮。

【诊　断】 最直接而且灵敏的方法是用放射免疫分析技术测量血浆中皮质醇的水平。正常狗安静时皮质醇的含量为 1～5μg/dl,但皮质醇过量时也在此范围内,所以应做刺激和抑制试验。

区别功能性垂体瘤和肾上腺皮质肿瘤引起的皮质醇分泌过多,可以采用地塞米松抑制并结合肾上腺皮质激素刺激的综合试验。肌内注射地塞米松 0.01mg/kgbw,8h 后,正常狗血浆中皮质醇含量降至 1μg/dl,但是患功能性肾上腺皮质功能亢进的狗则不表现出抑制。

血检:淋巴细胞显著减少(<1 000 个/mm^3),嗜酸性粒细胞被破坏而减少。许多狗的白细胞总数略有上升,嗜中性白细胞核呈碎片状。碱性磷酸酶含量升高,血清胆固醇含量上升(250～400mg/dl),血糖含量也有所上升。

尿量大但相对密度低(≤1.007)。

【治　疗】 首选药物为双氯苯二氯乙烷,50mg/kgbw,内服,显效后每周服药 1 次。服药后有的病狗呈现一时性食欲减退、虚弱、头晕等症状,分次给药或采食时给药可缓解药物的不良反应。也可以选择曲洛斯坦。此外,还可选用甲吡酮(美替拉酮)、氨基苯乙哌啶酮等药物。对经 X 线检查确诊为肾上腺皮质肿瘤的,应实施手术切除。

肾上腺皮质功能减退

肾上腺皮质功能减退是指一种、多种或全部肾上腺皮质激素分泌不足或缺乏，又称为阿狄森氏病。多见于2～5岁的母狗，母狗的发病率是公狗的3～4倍。

【病　因】 各种原因引起的两侧性肾上腺皮质严重损伤，均可导致本病。常见于钩端螺旋体病、子宫蓄脓、传染性肝炎、犬瘟热等传染性疾病和化脓疾病时。亦有可能与自体免疫有关。

【临床症状】

(1)急性型　突出表现为低血容量性休克，病狗处于虚脱状态，脉不感于手，心动过缓，节律失常，腹痛，呕吐，腹泻或便秘，脱水明显，体温低下。

(2)慢性型　病程较长，病情发展缓慢，临床表现不明显。病狗轻度肌肉无力，精神抑郁，食欲减退，胃肠功能紊乱时轻时重。体形细长、消瘦，虚弱无力。实验室检查，肾前性氮血症、低钠血症和高钾血症。

【治　疗】 首先静脉注射生理盐水，以纠正水、电解质失衡。应用皮质类固醇激素，如琥珀酸钠皮质醇10mg/kgbw、琥珀酸钠强的松龙5mg/kgbw、磷酸钠地塞米松0.5mg/kgbw，首次剂量，1/3静脉注射，1/3肌内注射，1/3稀释在5%葡萄糖盐水中静脉滴注。以后肌内注射醋酸脱氧皮质酮(油剂)0.1mg/kgbw，每日1次。

糖尿病

糖尿病是由于胰岛素相对或绝对缺乏，致使糖代谢发生紊乱的一种内分泌疾病，是狗常见的内分泌疾病。以8～9岁狗为多见。母狗的发病率是公狗的2～4倍。发病率为0.5%,多见于性成熟的狗,小型卷毛狗、短腿狗和小猎狗发生率较高。

【病　因】 原发性因素包括:胰腺创伤、肿瘤、感染、自体抗体、炎症等引起的胰腺损伤,生长激素、甲状腺激素、糖皮质激素等诱发的β-细胞衰竭以及靶细胞敏感性下降。继发性因素有:急性和复发性腺泡坏死性胰腺炎以及胰岛淀粉样变。镇静药、麻醉剂、噻嗪类及苯妥英钠等药物影响胰岛素的释放。

某些病毒感染可以造成选择性胰岛损害或胰腺炎,胰腺严重发炎或选择性胰岛细胞退化引起的继发性胰岛损害,也是糖尿病迅速发展的原因。

【临床症状】 常表现夜尿、多尿、烦渴、轻度脱水,食欲亢进但体重减轻。有的可触及肿大的肝脏,有的伴有膀胱炎,50%的病狗有白内障。即便在空腹状态下,血液亦呈明显的高血脂。伴发酮酸酸中毒时,食欲减退或废绝,精神沉郁,中度乃至重度脱水,呕吐,腹泻,少尿或无尿。空腹血糖含量可达200mg/dl以上。

【治　疗】 本病的治疗原则是降低血糖,纠正水、电解质及酸碱平衡紊乱。

口服降糖药,常用的药物有氯磺丙脲(0.1～0.3g/d,血糖正常后减至0.1g/d,饭前口服)、甲苯磺丁脲(口服,0.25～0.5g/次,尿糖下降后可酌情减量)、优降糖(口服,1～1.25mg/次,1～2次/d,尿糖下降后减量)等。一般仅限于血糖不超过200mg/dl,且不伴有酮血症的病狗。

胰岛素疗法:早晨饲喂前半小时皮下注射中效胰岛素0.5U/kgbw,每日1次。对伴发酮酸酸中毒的病狗,可选用结晶胰岛素或胰岛素锌悬液,采用小剂量连续静脉滴注或小剂量肌内注射。静脉注射剂量为0.1U/kgbw;肌内注射剂量为3kgbw以上1U,10kgbw以上2U。

液体疗法:可选用乳酸林格氏液、0.45%氯化钠液和5%葡萄糖液。静脉注射的量一般不应超过 90mL/kgbw,可先注入 20～30mL/kgbw,然后缓慢注射。并适时补充钾盐。

本病的成功治疗取决于:胰岛素恢复治疗加食疗加有规律的运动。

虽然营养物质的组成、质量和饲喂时间对控制血糖至关重要,但是越来越多的证据表明,复杂的碳水化合物(淀粉和食物纤维)在血糖控制中的重要性。即使采用外源性胰岛素(insulin)治疗,调节血浆含量也相当困难。单糖基本上禁用于糖尿病患狗。淀粉消化较慢,数小时后葡萄糖才被逐渐吸收。食物纤维也可减缓小肠腔内的消化过程,并进一步降低食后营养物质的吸收速度,这种作用与淀粉慢性吸收作用相协同,能使糖从肠腔向循环系统的转移呈理想的“缓慢释放”状态,从而避免了食后血糖峰值的突然出现。

自然含纤维量高的食物(以谷物为主)可用于组成高食物纤维日粮,宝路高纤维狗粮可用于狗糖尿病的食疗。

低糖血

低糖血症是指血糖含量过低。本病可见于幼狗和母狗,临床主要表现为神经症状。

【病　因】 3月龄前的幼狗多发生一过性低糖血症,因受凉、饥饿或胃肠功能紊乱而引起。母狗低糖血症多因产仔数过多,以致营养需求增加及分娩后大量泌乳而致病。

【临床症状】 幼狗病初精神沉郁,步态不稳,颜面肌肉抽搐,全身阵发性痉挛,很快陷入昏迷状态,血糖可降至 30mg/dl。

母狗肌肉痉挛,步态强拘,全身强直性或间歇性痉挛,体温升高达 41～42℃,呼吸、心跳加快,尿酮体检查呈阳性反应。

【治　疗】 幼狗静脉注射 10%葡萄糖液 2～5mL/kgbw,亦可配合皮下注射醋酸泼尼松 0.2mL/kgbw。母狗静脉滴注 20%葡萄糖 1.5mL/kgbw,或 10%葡萄糖液 2.4mL/kgbw,加等量林格氏液皮下注射。亦可同时口服葡萄糖 250mL/kgbw。

肥胖症

肥胖症是指脂肪组织过度蓄积而使体躯过于肥胖。它影响狗的寿命和生活质量。

【病　因】 主要是由于营养过剩导致体脂过度蓄积。此外,还可见于甲状腺功能减退、肾上腺皮质功能亢进等内分泌疾病。

【临床症状】 食欲亢进或减退,易疲劳,不耐热,体躯丰满,皮下脂肪丰富。心肺功能不良,常可并发糖尿病及脂肪肝。血浆(清)胆固醇含量升高。

【诊　断】 采用 A 型超声仪测量腰中部皮下脂肪厚度,也可用二元能量 X 射线吸收仪(DXA)做评估。

【防　治】 减饲与增加运动相结合并不十分有效,这是因为正常成品日粮中能量和营养成分都是均衡的,仅靠减量饲喂来减少能量摄入,会减少其他营养物质的摄入量。推荐用宝路低热量成品日粮,它更符合减肥食疗的要求。

高脂血症

高脂血症是指血液中脂类浓度过高,而使血浆(清)呈乳浊色。

【病　因】 本病的发生与各种原因引起的采食减少、营养低下等饥饿状态或营养应激有直接关系。甲状腺功能减退、肾上腺皮质功能亢进、糖尿病、急性胰腺炎等病症可伴发高脂血症。摄取高脂食物,可引起一时性血脂升高。

【临床症状】 病狗精神沉郁,食欲减退,虚弱无力,不愿活动。

血浆(清)浑浊,呈乳白色或黄色,血清甘油三酯含量明显增加。

【治　疗】 首先应除去致病因素,饲以低脂食物。内服或静脉注射硫丙酰甘氨酸,100～200mL/kgbw,连用2周。

痛　风

痛风是由嘌呤代谢障碍所引发的一种疾病。临床上以关节肿胀、变形,肾脏功能不全和尿石症为特征。

【病　因】 可能与喂饲富含蛋白质的动物性食品有关。维生素A缺乏亦可引起本病。

【临床症状】

急性期:趾、腕、跗关节肿胀、温热、疼痛,可伴有体温升高。

慢性期:关节肿大、硬固、变形。有的于关节周围形成痛风石,破溃时流出白色尿酸盐结晶。常伴发尿结石,引起尿路阻塞,以至肾脏功能衰竭。

【治　疗】 饲喂富含维生素A和低蛋白食物。急性期可选用痛立消、保泰松(2～4mg/kgbw·次,3次/d)等药物,抑制炎症反应。慢性期可给予羟苯磺胺(25mg/kgbw·d,7d后增至40mg/kgbw·d,分4次口服)、别嘌呤(8mg/kgbw·d,分2～3次口服)等促使尿酸盐排泄和抑制尿酸盐生成的药物。如有痛风石,行手术切除。

佝偻病

佝偻病是由于维生素D缺乏而使钙磷代谢紊乱,软骨骨化障碍,骨盐沉积不足的一种营养性骨病。临床上以发育迟缓、软骨肥厚和骨骺肿胀为特征。常见于1～3月龄幼狗和4～8月龄的大型犬,如大丹犬等。

【病　因】 主要原因是维生素D缺乏。当母犬营养不良、光照不足以及断奶过早时，均可引起维生素D缺乏，从而影响钙的吸收和骨盐的沉积。长期只饲喂动物肝脏和肉类，是本病一个主要发病原因，食肉过多已经成为目前城市养犬中佝偻病的常见病因。

食物中钙、磷不足或比例不当，也是佝偻病发生的原因。

【临床症状】 初期，食欲减退，消化不良，异嗜，逐渐消瘦，生长缓慢。以后表现为关节肿胀、变形，长骨弯曲，呈“X”或“O”形腿，肋骨与肋软骨结合部呈串珠状肿。发生跛行或卧地不起。严重时可造成腰椎凹陷，压迫直肠，造成便秘。

【治　疗】 增加户外活动，多晒太阳。食物中添加鱼肝油，5～10mL/d。亦可皮下注射维生素$D_3$10万～20万IU，适当补充贝壳粉、石粉、蛋壳粉及钙片。

异嗜癖

本病是指病狗吞食或舔食异物，过去认为是营养问题，目前多认为是行为异常。

【病　因】 见于行为异常的犬。过去认为与慢性消化不良、慢性胃肠炎、胰脏疾病等慢性消化障碍，蛔虫病、钩虫病、绦虫病等胃肠道寄生虫病，幼狗发育期长牙、换牙以及佝偻病、骨软病等有关。

【临床症状】 病狗常吞食或舔食木片、石子、砖头、泥沙、破布、被毛等异物，仔细观察粪便可见掺杂物。该病多伴有程度不同的消化不良、皮毛粗刚、瘦弱及贫血。有时异物可造成肠梗阻而表现急腹症。

【治　疗】 纠正不当行为，进行行为学矫正。投服缓泻剂或行深部灌肠，排除消化道内异物。整肠健胃，改善消化功能，定期驱虫。给予营养丰富、全价的食物，补充多种维生素和微量元素。

推荐宝路狗粮、皇家狗粮或顽皮狗粮，以减少发病。

食物过敏

不同个体的狗对不同的蛋白质会有不能耐受甚至过敏的现象，这种现象无季节性，与食物有关，可以分为胃肠道型、皮肤型和混合型3种。临床上常见食物过敏引起纯种犬的皮肤病。

【病　因】 某些狗对牛奶、牛肉、谷物或鱼肉等正常食物产生个体反应，出现代谢性或生化作用障碍而造成对食物不耐受，若出现免疫学反应则称之为过敏反应。

【临床症状】 在改变食物后出现食物不耐受的狗，表现为粪便不成形，排软便，使用消炎药效果不佳。出现过敏的狗，有掉毛和皮肤瘙痒、呕吐和腹泻的症状，因瘙痒可造成皮肤病，如挠耳朵、舔爪子、洗澡后皮肤瘙痒，无毛处皮肤红而湿(急性期症状)与苔藓化(慢性期症状)最常见。有些患病犬日渐消瘦，虚弱。

【诊　断】 常用IgE(林特公司有10μg和1μg的诊断试纸适用于一般程度、轻度过敏的犬使用)诊断试纸；也可以做62项过敏原检测。皮内过敏原试验也可以确诊。也可以采用以下方法：将日粮重新配制，只留1～2种蛋白质，并且最好是发病前没有吃过的，如果临床症状改善，则进一步确定过敏原；用发病时的日粮再次饲喂，又见临床症状，则证实了过敏物质。

【治　疗】 临床统计显示，对牛肉、海鱼、羊肉等过敏的犬较多，对鸡肉、羔羊肉、鹿肉、鸭肉、鲇鱼和大米过敏的犬相对少一些，低过敏的狗粮(已经过水解蛋白处理)适于易过敏犬食用。宝路选择性蛋白质日粮(鸡肉加大米)对于不对鸡肉过敏的犬临床效果好。

首先，立即停喂引起过敏及可疑的食物。然后脱敏，可以选择静脉注射甲强龙，或者皮下注射曲安奈德注射液(天津铁草)，也可以口服地塞米松或泼尼松(0.5～1片/次,2次/d)抗过敏、止痒。

针对食物过敏犬的皮肤病灶,外用霉菌净软膏(伊曲康唑+洗必泰)效果确实。注意,患部不要使用任何刺激性药物。

胰腺外分泌功能不足

本病是德国牧羊犬等易出现的病症。病因多样,极易被忽视。

【病　因】

第一,胰腺泡细胞的持续性损害,使胰腺萎缩,消化胰酶的合成减少,营养物质无法被消化吸收,这是本病的主要病因。

第二,慢性胰腺炎、严重的营养不良及先天性胰腺发育不全。

第三,伴发于急性出血性胰腺炎、自发性胰腺腺泡萎缩。

【临床症状】 病狗排粪次数增加(6～10次/d),粪便稀软并有油腻样物(脂肪痢),味恶臭。贪吃并有异食癖,烦渴,体重下降。个别病狗呈水样腹泻。病狗有长期的胃肠道病史,如呕吐、胀气、腹鸣。有的极瘦,体质差。个别并发糖尿病。有的伴发皮炎。

【诊　断】 确诊可以采集血清胰蛋白酶样,进行免疫反应活性试验(TLI),正常时血清胰蛋白酶＞5μg/L,患此病时,胰蛋白酶＜2.5μg/L。

粪便检查:粪便中出现大量脂肪,胰蛋白酶免疫活性为阳性(健康狗为阴性)。

【治　疗】

第一,补充胰酶,可口服粉剂或片剂,配合服用碳酸氢钠,易于胰酶的吸收。

第二,每天3～4次给予低纤维、低脂肪的狗粮,添加三酸甘油酯,有利于脂肪的吸收和增加能量。

第三,小肠细菌的过度繁殖会加剧腹泻,并且影响营养的吸收,如果调整日粮后症状好转不明显,应口服消炎药,如土霉素、甲硝唑或泰乐菌素等。

第四，给予脂溶性维生素，至体重恢复正常。

如出现糖尿病，则预后不良。

支气管炎

本病是上呼吸道的炎症，可感染所有年龄的狗。幼狗可能发生致命性的支气管肺炎，成年狗和老龄狗可转成慢性支气管炎。本病有群发性。

【病　因】

(1)病毒性　副流感病毒、腺病毒Ⅱ型、疱疹病毒、呼肠孤病毒、犬瘟热病毒等病毒感染。

(2)细菌性　支气管败血波氏杆菌(小于6月龄狗易感染)、假单胞菌、大肠杆菌、肺炎克雷伯氏菌等革兰氏阴性菌的继发感染。支原体也可能引发。

应激和通风差，温度、湿度增加，可加重病情或增加易感性。

【临床症状】　潜伏期5～10d。病狗突发阵发性干咳，随后干呕或呕吐。食欲下降，严重时发热，流脓性鼻液，痰性咳嗽。幼狗易发展成肺炎。

【诊　断】　轻触喉头或气管，很容易诱发阵咳。血检和细菌、病毒培养有助于诊断。

【防　治】

(1)镇咳　可用二氢可待因酮(0.25mg/kgbw)口服，2～4次/d；环丁羟吗喃(0.05～0.1mg/kgbw)，口服或皮下注射，2～4次/d。只有需要控制持续性无痰咳嗽时才可使用。

(2)消炎　严重的慢性病例，可使用抗生素，常用强力咳喘宁片剂(强力霉素＋鱼腥草)，症状缓解后可以给予乐利鲜或胃溃宁(阿莫西林＋硫糖铝＋维生素 B_2)，症状加重时建议给予泰乐菌素或阿奇霉素。将卡那霉素(250mg)或庆大霉素(50mg)稀释于3mL 生理盐水中,进行气雾治疗,每日 2 次,使用 3d。庆大霉素也可用于气管内注射。

预防本病多采用狗六联苗免疫。

心血管系统先天性和遗传性异常

狗的心血管病在临床上主要有:永久性动脉导管、肺动脉瓣狭窄,主动脉瓣狭窄,主动脉弓右位,心室间隔缺损,心房中隔缺损和法乐氏四联症。纯种狗多发,有遗传性。

【临床症状】 病症轻微时不易被发现。重症时,病狗虚弱、易疲劳,呼吸困难,可视黏膜发绀,生长迟缓,甚至可能死亡。有的在成年前出现充血性心力衰竭,偶见 5～7 岁狗发病较重。充血性心力衰竭与潜在的先天性心脏缺陷可能有一定关系。

【诊　断】 通过体检、放射照相、超声诊断和心电图检查,可以确诊。

【治　疗】 常用 F5、匹莫苯丹、盐酸贝那普利等药物,配合其他药物一起使用。限制剧烈运动、给予低钠食物和利尿剂、强心苷后,充血水肿的症状可能会减轻,但只有一时性的疗效,可能会死于充血性心力衰竭。有的需要手术,继发感染应消炎。有些病例的治疗需要胸外科设备,花费也高。并非所有的心血管病都能被治愈。

肺　炎

肺炎是指肺和支气管炎的急性或慢性炎症,以呼吸功能紊乱和低氧血症为特征,有可能并发毒素性全身反应。临床上以下呼吸道的原发性病毒感染较常见。

【病　因】 ①由于犬瘟热病毒、腺病毒Ⅰ型和Ⅱ型、副流感病毒感染,造成呼吸道末端的损害,并易继发细菌性感染。②寄生虫寄生,如类丝虫和其他寄生虫的移行。③霉菌性肉芽肿性肺炎。④支气管黏膜损伤继发细菌感染。⑤因呕吐、灌食、喂药方法不当引起的异物性及吸入性肺炎。

【临床症状】　病初常见狗嗜睡和厌食,低幅度的深咳,运动后呼吸困难,发绀。体温稍上升,白细胞总数增高。可能并发胸膜炎、纵隔炎或条件性致病菌入侵。

【诊　断】　听诊常发现肺实变区,X线透视可观察到炎症引起的肺密度增加和支气管周围的实变。对气管冲洗液进行细菌培养(包括厌氧菌及支原体的培养)与药敏试验,有助于诊断。

病毒性感染性肺炎初期,一般体温上升,达40～41℃,白细胞减少,但在传染性支气管炎中可能不会出现。霉菌性肺炎一般为慢性经过。做过麻醉或有呕吐的狗,可怀疑吸入性肺炎。尸体剖检时发现肺部有粟粒状结节,常提示原虫性肺炎。

【治　疗】　将病狗置于温暖、干燥的环境中,对缓解病情有益。发绀则应吸氧(氧气浓度30%～50%)。全身应用抗生素,并对症治疗,尤其是支气管扩张药。定期复查并进行胸部透视。

治疗细菌与支原体性肺炎,首选肺炎灵(泰乐菌素),连用5d,效果确实;症状减轻后可以使用强力咳喘宁(强力霉素+鱼腥草)7d,或者乐利鲜;症状减轻但依旧高热者,建议使用阿奇霉素,配合犬重组干扰素-α、胸腺肽等制剂。

血小板减少症

本病与凝血障碍有关,特征是血小板数量减少和出血。临床上以皮肤、黏膜出现淤点和淤斑及鼻出血为典型症状。

【病　因】　本病通常是由于骨髓疾病免疫介导的破坏作用或消耗性凝血病造成的,使用某些药物如奎尼丁、奎宁、洋地黄苷、氯塞、苯妥英、保泰松、青霉素、苯丙胺、苯巴比妥和增效磺胺,可能产生药物诱导的抗血小板抗体。某些病毒感染或使用某些致弱的活病毒疫苗,可能发生免疫介导性损害,或由于病毒的直接细胞毒性效应而致病。雌激素疗法可能是致病的一个潜在性因素,某些狗的周期性血细胞形成可表现为周期性血小板减少。

【临床症状】 在皮肤和黏膜上突然出现淤血斑和淤血点,可能伴发鼻出血、黑粪、血尿,出血处不易凝血,皮肤青肿和血肿。严重贫血的狗,黏膜苍白,虚弱,甚至水肿。

【诊　断】 血小板计数检查,血小板数小于 20×10^{9}/L。自身免疫溶血性贫血症,库姆斯(Coomb′s)试验阳性,LE 制备物阳性,均可间接提示免疫介导的血小板减少症。

【治　疗】 对于长期应用新的药物而出现的医源性紫癜,应停止使用可疑药物,口服地塞米松(0.25～0.5mg/kgbw・d),或强的松龙(2～4mg/kgbw・d)。使用皮质类固醇对多数免疫性血小板减少症可缓解症状,但可能复发。若用类固醇类药物无效,可选用长春新碱、环磷酰胺等抗代谢药物可能有效。L-甲状腺素(2次/d),有利于刺激血小板的生成并促进血小板附着。输血是很好的治疗方法。

维生素缺乏症

狗从日粮中获得维生素,自身也能在肠道中合成维生素。维生素的缺乏与以下因素有关:日粮质量差或者偏食,长期患病使营养和代谢失调,长期服用消炎药杀灭胃肠微生物,使自体合成的维生素缺乏等。

1. 维生素 A 缺乏

【临床症状】 眼干燥,结膜炎,角膜混浊或溃疡,共济失调,皮肤病损和上皮层异常(如支气管上皮、呼吸道、唾液腺和输精管上皮)。

【治　疗】 可口服维生素 A 胶囊，400IU/kgbw · d，连用10d。

注意：维生素 A 过量（主要因长期以肝为主食），可以引起骨跛行性疾患，四肢有触痛，牙龈炎及掉牙。

2. 维生素 D 缺乏

维生素 D 在钙的吸收中起作用，也称为骨维生素。

【临床症状】 维生素 D 缺乏可引起佝偻病，与日粮中肉食过多而骨成分极少有关，尤其是快速生长期的幼狗，长骨变形。

【治　疗】 维生素 D 不足时，可以给予维生素 D_1 和维生素 D_3，或维丁胶钙。但是应注意，个别狗可能过敏。维生素 D 过量可引起软组织、肺、肾和胃广泛性钙化，牙齿和爪子可能畸形。摄入量过大还可能引起死亡。

3. 维生素 E 缺乏

维生素 E 又称生育酚，它作为抗氧化剂，在维护细胞膜的稳定性上有重要作用。维生素 E 的需要量与食物中聚不饱和脂肪酸的含量有关，应避免吃腐肉。

【临床症状】 维生素 E 缺乏会影响肌肉、繁殖、神经和血管系统，造成骨骼肌营养不良，睾丸输精管上皮退化和妊娠失败，并且降低免疫反应。

【治　疗】 补充维生素 E 制剂。维生素 E 浓度过高可能有害，但危险性远不及维生素 A 和维生素 D 引起的中毒。

4. 维生素 K 缺乏

【临床症状】 维生素 K 有调节凝血机制的作用，狗所需的大多数维生素 K 在肠道中合成后被利用。健康狗缺维生素 K 非常罕见，只有当药物治疗使细菌的合成下降、维生素 K 的吸收或者利用受到干扰时，才需要补充，尤其要注意长期使用抗生素造成肠道有益菌群失调或者减少，引起维生素 K 缺乏，排便中常见血，需要及时给予维生素 K。

大量摄入维生素K可导致幼狗贫血或其他血液异常,但有害影响不大。

【治　疗】　注射维生素K_1及维生素K_3时应注意:个别狗可能过敏。

5. 维生素B缺乏

维生素B是一组维生素,也称B族维生素,在体内食物的转化、能量的产生或互变中发挥作用,是体内酶有效地催化生化反应所必需的。

(1)维生素B_1缺乏　维生素B_1的需要量主要取决于日粮中碳水化合物的含量。维生素B_1缺乏时表现为厌食,神经紊乱,特别是姿势紊乱。最终出现体弱,心功能衰竭,甚至死亡。在烧煮过程中,维生素B_1被逐渐地破坏,生鱼和某些植物中天然存在的硫胺酶也可降低维生素B_1的活性。

虽然维生素B_1是低毒的,口服极安全,但静脉注射可能因抑制呼吸中枢而使狗致死。

(2)维生素B_2缺乏　表现眼疾、皮肤异常和睾丸发育不全。狗的部分维生素B_2来自于细菌在肠道中的合成。

(3)泛酸缺乏　泛酸是辅酶A的成分。缺乏时表现生长迟缓,发育停滞,脂肪肝,肠道紊乱。在正常情况下,狗极少缺乏泛酸。

(4)烟酸缺乏　烟酸缺乏症在狗叫作"黑舌病",表现为口腔炎症和溃疡,有黏稠、充满血污的唾液从口中流出,呼气恶臭。烟酸也被称作抗癞皮病维生素或PP因子。大剂量的烟酸(非烟酰胺)可引起狗发热。

(5)维生素B_6缺乏　维生素B_6由吡哆醇、吡哆醛和吡哆胺组成。具有生物活性的物质是吡哆醛。高蛋白质日粮可加重维生素B_6的缺乏,吡哆醇缺乏可导致体重下降和贫血。

(6)维生素H缺乏　维生素H现称生物素。缺乏的早期症状是出现鳞状皮炎，这种情况只有当使用抗生素抑制肠道细菌活动或日粮中蛋白质含量大时才会出现。

(7)叶酸缺乏　在给狗吃半精制日粮并且使用抗生素时，由于狗每日所需的叶酸来自肠道细菌的合成，所以可造成维生素 H 的缺乏，导致贫血和白细胞减少。

(8)维生素 B_{12} 缺乏　维生素 B_{12} 又叫钴胺素。其功能与叶酸有关，缺乏时出现恶性贫血。

(9)胆碱缺乏　表现包括肾脏和肝脏功能障碍在内的严重功能紊乱。增加食物中蛋氨酸的含量可以满足合成胆碱的需要。

使用复合维生素 B 或相关维生素 B 制剂可防治本病。

6. 维生素 C 缺乏

维生素 C 又称抗坏血酸。狗能从葡萄糖中合成维生素 C。维生素 C 可以改善狗的一些疾病的症状，肥大性骨营养不良、髋部发育异常和某些大型或巨型犬的常见病，被认为与维生素 C 缺乏症相似。额外补充维生素 C，对接受艰苦训练或在恶劣条件下工作的狗(如雪橇犬)有益。

维生素缺乏症与日粮质量差有关，应给予营养全面均衡的日粮。胃肠道紊乱或长期服用广谱抗生素的狗，应当补充维生素，尤其是 B 族维生素和维生素 K。吃腐肉的狗应补充维生素 E，佝偻病狗则应补充维生素 D。

肾　炎

肾炎是指肾小球、肾小管和间质组织的炎症。

【病　因】

(1)急性肾小球肾炎(简称急性肾炎)　是一种由某些病原感染后变态反应引起的弥散性肾小球的损害。病因尚未完全清楚，一般认为与感染和中毒等因素有关。感染可因溶血性链球菌、肺炎双球菌、葡萄球菌、脑膜炎双球菌、结核杆菌、犬瘟热病毒、传染性肝炎病毒、钩端螺旋体等感染引起。中毒则因内、外源毒素引起,如胃肠炎、代谢病、皮肤病、食入腐败食物和有毒物质等。

(2)慢性肾小球肾炎　其病因与急性肾小球肾炎相似。

(3)间质性肾炎　主要由钩端螺旋体感染引起。

(4)肾盂肾炎　主要与感染有关,包括细菌、真菌、原虫或病毒的感染,以细菌性感染为主。

【临床症状】

(1)急性肾炎　病狗精神沉郁,厌食,体温升高,有时呕吐,排便迟滞或腹泻。肾区触痛,弓腰,尿频但尿量少。病程长时眼睑、胸腹下水肿。出现尿毒症时呼吸困难,昏迷,全身肌肉痉挛,体温下降,呼气中带尿味。

(2)慢性肾炎　症状变化大,有的症状不明显,有时出现水肿、高血压、血尿,甚至尿毒症,尿量多少不一。

(3)肾盂肾炎　急性表现体温升高、厌食、呕吐、沉郁、肾区触痛。慢性引起间歇热、厌食、精神差,严重时出现尿毒症。有的见烦渴和多尿症,伴发膀胱炎时有下泌尿道症状。

(4)间质性肾炎　尿频、血尿,体重减轻,肾区疼痛。

【诊　断】　血检可见血清中肌苷和尿素氮浓度升高,血磷升高,以及其他与肾功能衰竭有关的指标异常。多数病例的尿液分析与细菌感染一致,细菌培养呈阳性。尿液中有细菌或白细胞管型,极有可能是肾盂肾炎。感染局限于肾实质时,尿分析结果正常,而尿液细菌培养呈阴性。肾小球疾病有蛋白尿。

肾盂肾炎的诊断有一定困难。放射学检查和超声波检查可以显示急性肾盂肾炎时肾肿大、慢性肾盂肾炎时肾变小且不规则。静脉注射尿路造影剂可显示肾盂肾炎(肾盏膨大、变钝)或输尿管炎(输尿管膨大、弯曲)。有时需要做肾活组织检查和病原培养来确诊并鉴定病原。

【治　疗】

第一，急性感染可用抗生素，至少4～6周。严重肾功能障碍时，禁用磺胺类药物（以免形成肾结石）等对于肾脏影响大的药物。

第二，间歇性地给予利尿剂，有助于控制水肿和腹水。

第三，抑制免疫反应，可用强的松龙（20～50mg/d）或地塞米松（0.125～1mg/d），口服或肌内注射，可减轻肾小球病变。

第四，给予低钠优质蛋白日粮，必要时静脉补液。

肾衰竭

肾衰竭的原因可分为肾前性、肾性和肾后性的。肾前性氮血症是因为脱水、充血性心力衰竭或休克等引起肾脏血流量减少，经正确的治疗可以完全消除，否则可能发展成肾病和衰竭。肾性氮血症可以继发于急性或慢性肾衰竭。肾后性衰竭原因包括泌尿道损伤、结石或血凝块等造成尿液流出受阻而引起。

肾衰竭可分为急性和慢性2类。当肾脏严重损害导致不能调节水和电解质平衡时，发生急性肾衰竭，出现尿液减少、正常或尿量增大。慢性肾衰竭是肾功能长期渐进性破坏形成的，常发生在年龄较大的狗，伴发氮血症或尿毒症。

本病是狗的常见疾病之一，多数病狗死于尿毒综合征。

【病　因】

（1）急性肾衰竭　毒物中毒（重金属、乙二醇、氨基糖苷类抗生素、甲氧氟烷、非那西丁），脉管炎（急性肾小球性肾炎和红斑狼疮），长期局部缺血，细菌性心内膜炎骤发栓塞性梗死或弥散性血管内凝血，感染，肌红蛋白尿或血红蛋白尿，高血钙等。

（2）慢性肾衰竭　肾盂肾炎，肾淀粉样变，慢性尿路阻塞，先天性疾病，肾小球肾炎和肿瘤等。

【临床症状】

(1)急性肾衰竭　病狗厌食,沉郁,脱水,口腔溃疡,体温低,呕吐,腹泻。

(2)慢性肾衰竭　主要症状是氮血症和尿毒症,出现临床症状时肾组织的60%以上已受到损害。初期病狗表现为烦渴、多尿,有时呕吐;发病数周甚至数年后,体重减轻,脱水,口腔溃疡,呕吐和腹泻,严重时病狗抽搐、昏迷而死。可能继发掉牙、骨折。

【诊　断】

(1)急性肾衰竭　血液中尿素氮、肌苷和无机磷浓度上升,代谢性酸中毒,少尿或无尿,尿相对密度为1.008～1.029,高血钾。必要时做肾活组织检查。

(2)慢性肾衰竭　血液中尿素氮、血清肌苷和无机磷浓度上升,贫血,代谢性酸中毒,高血压,骨质疏松,尿相对密度为1.0088～1.012,肾脏缩小。

造影、腹部B超、特定肾功能试验、尿液培养、肾活组织检查可确定病因和病情。

【治　疗】　急性肾衰竭时应根据病因治疗。静脉补液是必需的,当出现高血钾时,选用生理盐水,其他情况下用多离子液体(如乳酸林格氏液)效果较好。纠正酸中毒用碳酸氢钠。检查尿量,若排尿量少于20mL/kgbw·d,应促进排尿,如用速尿、渗透性利尿药(20%葡萄糖或甘露醇,0.5g/kgbw,缓慢静注,与乳酸林格氏液30～60mL/kgbw,交替使用)或肾血管舒张药(多巴胺稀释于5%葡萄糖液中,以每分钟1～5μg/kgbw,静脉注射)。必要时做腹膜透析或血液透析。

慢性肾衰竭是不可逆的病变过程,但对症治疗加上合理的食疗,可以延缓病程,提高生活质量。饲喂宝路低磷低蛋白质高能量的狗粮,喂给新鲜饮水,给予碳酸氢钠纠正酸中毒;服用含氢氧化铝的磷酸盐结合性凝胶,给予西咪替丁(5mg/kgbw,口服,3～4

次/d)，以减少胃酸和呕吐，并降低甲状旁腺激素水平；口服维生素B，以补充因排尿而丧失的水溶性维生素；给予红细胞生成素、钙和钙三醇；必要时输血。

重症病例或治疗无效时，应考虑安乐死。

膀胱炎

膀胱炎是膀胱黏膜和黏膜下层组织的炎症。母狗发生膀胱炎比公狗多；食物中肉食比例高的易发生膀胱结石和膀胱炎。

【病　因】 细菌等微生物感染是本病最常见的原因。尿液停滞、排尿障碍、膀胱壁缺损、尿结石、导尿管导尿和免疫抑制等均可引发本病。当免疫抑制或长期应用抗生素时可能发生念珠菌病。全身性霉菌感染也侵害泌尿道。

【临床症状】 尿频、血尿或排尿困难。血尿在排尿的最后部分最明显。病狗呈频频排尿姿势，却只能滴状排出或无尿排出。

【诊　断】 触诊膀胱有触痛和积尿，可以穿刺取尿液分析和做尿液培养。泌尿道感染时，尿分析可见血红蛋白和蛋白质增多，红细胞、白细胞和细菌数量增加，pH值偏碱(尤其是葡萄球菌或变形杆菌等尿酶阳性细菌感染时)，也可能发现真菌。若长期应用抗生素后临床症状仍存在，可能有尿结石或肿瘤，应做X光片分析。

【治　疗】 根据细菌培养和药敏试验结果，在病初使用2～3周的抗生素，一般可选用拜有利、胃溃宁(阿莫西林＋硫糖铝＋维生素B_2)、乐利鲜等。口服氯化铵0.3～1.2g，每日3～4次，有助于酸化尿液，减轻对膀胱黏膜的刺激，也有助于抑菌。有尿结石的应排石，可手术取出膀胱和尿道中的结石，并给予处方狗粮。重症者导尿后应补液。

膀胱麻痹

【病　因】 主要因尿道结石或肿瘤引起尿道阻塞,使排尿障碍,引起尿液潴留,造成膀胱壁肌层弹性丧失,收缩无力而麻痹。

【临床症状】 尿淋漓,腹围增大,排尿少,精神差。

【诊　断】 触诊膀胱有积尿,按摩膀胱可挤出尿液,X 光片可以确诊。

【治　疗】 对症治疗包括除去尿道结石、肿瘤,膀胱穿刺放液,手术后可保留导尿管数日,以使尿道创口愈合。应用抗生素防止继发感染。对于长期吃肉过多引起椎骨增生性异常(骨刺、骨赘或骨桥)而膀胱出现不同程度异常的犬,需要使用骨康(当归+骨肽)、曲安奈德等治疗。

尿结石

尿结石是膀胱内形成的结石刺激和损伤尿路黏膜,使尿道发生阻塞的疾病。尿结石是由于在尿中正常排出的盐类发生沉淀而形成。本病是狗的常见病,以 2～10 岁狗多发,公狗和以肉食为主的狗发生率高。

【病　因】 ①饮水减少,盐类浓度增加,促使晶体物质沉淀;②维生素 A 缺乏和雌激素过剩,促使上皮细胞的脱落而形成结石的核心;③泌尿道感染;④代谢异常,可引起胱氨酸结石;⑤尿中 pH 值的改变。碱性尿中磷酸盐和碳酸盐容易沉淀,而中性或酸性尿中,尿酸盐、草酸盐和胱氨酸一般容易沉淀。

【症状及诊断】

(1)膀胱结石　排尿困难,血尿,频频排尿,但每次仅排出少量尿液。膀胱触诊可感到多个结石相互摩擦或触诊到坚硬的膀胱结石。并发膀胱炎时尿检可见白细胞、红细胞、蛋白尿等量的增加，pH 值常升高，而且尿液中含有大量的细菌。

(2)*尿道结石*　为膀胱结石的并发症，病狗努责、频尿，但仅有少量血尿排出或完全无尿。不安，步行强拘，痛苦，触诊膀胱有剧烈疼痛，长期尿闭时可引起尿毒症。精神沉郁，呕吐，呼出气体有氨味，巩膜充血，脱水，血液中尿素氮及肌酸酐含量增加，膀胱极度膨胀，弹性严重丧失，可能导致膀胱破裂。

拍 X 光片或者 B 超对由于结石引起的泌尿系统疾病很有诊断意义。

【防　治】　凡膀胱结石已表现出临床症状的，应考虑手术切开膀胱取出结石。

对于尿道结石，可实施尿道逆行冲洗，把导尿管插入尿道，边压迫骨盆缘处的尿道边向内注入尿道冲洗液或者生理盐水和液状石蜡的等量混合液。当尿道压力增高后，迅速放开抽出导尿管，可反复进行数次。直至结石被冲出，若冲洗不成功，应尽早实施尿道切开术取出尿道结石。手术后，采取抗菌、止痛(痛立消)和给予处方狗粮。

劳累性横纹肌溶解

本病是赛狗、猎狗和斗狗的常见病，发生在剧烈运动或打斗之后，是一种类氮尿综合征。死亡率达 25％。

【临床症状】　腰部肌肉僵直使腰部活动不灵活，烦渴，尿频，出现肌红蛋白尿。严重时出现肾衰竭。

【诊　断】　根据症状结合检出肌红蛋白尿、血清酶升高可作出诊断。必要时做肾脏活组织检查。

【治　疗】　静脉注射 4.2％碳酸氢钠溶液 20mL/kgbw 之后，换注 1.4％碳酸氢钠溶液 2～3d，可以治愈轻症病例。

萎缩性肌炎

本病又称嗜酸性细胞性肌炎，以德国牧羊犬发生率高，主要侵害咀嚼肌。

【病　因】 尚不完全清楚，可能是一种由免疫介导的选择性损伤咀嚼肌纤维的特殊蛋白质引起的。

【临床症状】 病狗突然发病，颌骨不能运动，咀嚼肌对称性肿胀，结膜水肿，瞬膜脱出，眼球突出，不能完全张口，疼痛，采食困难。病程一般7～21d，伴发嗜酸细胞增多症。发病后期咀嚼肌萎缩，肌纤维变性，大量浆细胞和淋巴细胞浸润。

【诊　断】 根据发病部位、狗的品种和发病周期不难作出诊断。肌肉活组织检查可见嗜酸性细胞浸润。

【治　疗】 给予皮质甾类药物和促肾上腺皮质激素，可以缓解症状，减轻咀嚼肌的肿胀，但无法改变病程和复发性。常用倍他米松，25μg/kgbw，口服；地塞米松，50μg/kgbw，口服，注射剂量为20～200μg/kgbw；或者皮下注射曲安奈德，药效2周。

多发性肌炎

本病发生于成年的大体型狗，呈急性或渐进性发生，可能是免疫介导性疾病。

【临床症状】 病狗肌肉僵硬、疼痛和肌肉萎缩，不愿运动，若喉部与食管肌肉发炎时，吞咽困难。

肌肉活组织检查，可见局灶性淋巴细胞和浆细胞浸润、肌纤维坏死。

【治　疗】 多数用皮质甾类药物治疗有效。

第十章 外科病

牙周病

牙周病是涉及牙周即龈缘、齿周袋、齿周韧带和齿槽骨的急性或慢性炎症过程。

【病 因】 细菌活动引起的牙周病,有黏合在牙表面的斑和结石。由于牙斑和结石产生的机械性刺激及细菌的毒性产物释放,斑和结石沿着龈缘引起软组织炎症;如不及时治疗,炎症进一步发展引起齿龈和齿槽骨组织萎缩,进而引起齿龈萎缩,齿槽骨骼的再吸收,牙齿松动。另外,齿龈组织损伤和牙齿排列不整、低钙饮食或在发病过程中口腔内细菌侵入齿龈,破坏齿根部组织,都易引起本病。采食量大、食物中肉食比例高都是常见的病因。

【临床症状】 病狗口臭,流涎,齿龈发红、肿胀、变软、萎缩,牙根暴露,牙齿松动,齿龈处可见脓性分泌物,或挤压齿龈流出脓性分泌物。X光片显示出齿槽局限性骨溶解,说明齿根尖脓肿。有些犬还出现面部的病灶,一般是与患牙相连的窦道。

【防 治】 在麻醉状态下清除牙斑、结石及食物残渣。注意清除齿缘下齿根表面(即齿周袋内)的牙斑和结石。尽可能磨光所有的齿面,防止斑和结石再聚积和黏合。拔除松动的牙齿。对于久治不愈的顽固性牙周炎,也应将有关牙齿拔除。若齿龈肥大,可用电烧烙除去过多的组织。术后涂以碘甘油。全身应用抗生素、复合维生素B、烟酸等。

预防要经常进行口腔和齿的检查。用纱布定期清理牙垢。饲喂固体食物。给予大的骨头或犬咬胶等,以锻炼牙齿和齿龈。喂食狗粮有益于齿龈健康。

牙结石

牙结石的发生与狗长期以肉食为主有关。一般以5岁以上的狗多见。

【临床症状】 主要症状是流涎,逐渐消瘦,食量减少,口腔有异味。掰开口腔检查,可见黄黑色的结石附着于牙齿上,常伴发齿龈红肿,易出血。

【治 疗】 可在全身麻醉后用剔牙器械清除牙结石,注意止血,用碘甘油涂抹于牙齿上。术后口服胃溃宁7d。改食有一定硬度的狗饼干有助于牙齿保健,可经常对牙齿和齿龈机械性摩擦,不易产生牙结石,同时对齿龈有硬固作用。

血 肿

血肿是由于机械性损伤形成的、有血液潴留于局部组织的局限性隆肿。主要原因是受挤压和挫伤,也伴发于骨折等损伤过程中。

【临床症状】 有外伤或碰撞的病史,局部皮肤(四肢、耳壳、腰腹部为主)出现隆起、发红,逐渐肿大,有痛感,有波动。几天后隆肿的颜色变深,质地变硬,最终形成血凝块。

【诊 断】 触诊加穿刺(以流出红色血液为标志),可以确诊。

【治 疗】 小血肿可以自愈。大的血肿待形成血凝块后,再切开取出。初期不宜切开,以防感染。血肿发生后24h内可以冷敷(毛巾或者塑料袋裹冰块),3d后可以热敷。外用曲咪新软膏等有一定效果。

脓　肿

脓肿是由于局部组织化脓性炎症或其他化脓灶转移形成的外有脓肿膜包裹、内有脓汁潴留的局限性炎症。

【病　因】

(1)外源性感染　由于扎伤(木刺、铁丝)、手术消毒不严(缝线)、开放性创伤、血肿或淋巴液外渗感染而引起,主要是葡萄球菌、链球菌、化脓性棒状杆菌等细菌感染。

(2)内源性感染　由其他组织或器官的化脓灶经血路转移,形成转移性脓肿。

【临床症状】　局部出现肿胀(深部脓肿肿胀不明显),有红肿、热痛反应,肿胀由硬逐渐变软,最终破溃流出脓汁,严重时体温升高。

【治　疗】　局部涂抹抗生素软膏,如聚维酮碘膏、红霉素软膏等。破溃的脓肿应彻底清创处理,一般用甲硝唑液、左氧氟沙星注射液等冲洗,给予过氧化氢是必要的;未破溃的脓肿可以抽出脓汁并冲洗干净,做青霉素普鲁卡因封闭,也可以将整个脓肿手术剥离,全身应用抗生素(如乐利鲜、拜有利等)。

淋巴外渗

皮下淋巴管常因挫伤或抓磨而使局部淋巴管断裂,淋巴液(常混有少量血液)蓄积而形成淋巴外渗。

【临床症状】　皮下肿胀,柔软而且波动一致,无痛无热,后期纤维素析出则肿胀质地变实。抽出的液体为橙黄色淋巴液。

【治　疗】　以保守疗法处理小的淋巴外渗,不冷敷也不热敷。若抽出淋巴液,应注意防止感染和渗出。也可以采用能够凝固断裂淋巴管的药物处理局部的淋巴外渗,如福尔马林酒精溶液等,而后用生理盐水将此药物冲洗干净。

良性肿瘤与恶性肿瘤

【临床症状】 良性肿瘤表面光滑,推之可动,有蒂,膨胀性生长,与周围组织界限清楚。

恶性肿瘤为浸润性生长,无蒂,与周围组织界限不明显,表面凹凸不平,常呈“菜花样”,病狗消瘦。

活组织穿刺(针吸细胞技术)或组织切片观察:良性肿瘤细胞分化良好,与周围组织细胞结构相似,只是增大些;恶性肿瘤细胞分化不良,与周围组织细胞不相似。

【治　疗】 良性肿瘤,可以采用手术方法根除。恶性肿瘤,以化疗为主,手术切除易复发。

骨　折

【病因与症状】 狗的骨折以病理性骨折和外伤性骨折为主。病理性骨折发生在有骨炎或骨病的骨组织。外伤性骨折以车祸、棍棒打击、硬物砸伤和人为踢伤多见,骨营养不良的狗更易发生。

触诊患部有异常活动,可听到断端骨的摩擦音,局部有出血性肿胀,肢长短有变化。X光片可以确诊。

【治　疗】 有内固定和外固定2种方法,也可2种方法配合使用。骨折内固定多用于股骨、臂骨骨折,这2个部位骨周围的肌肉肥厚,不易打外固定夹板,以采用骨板和骨髓针固定为宜。前肢肘部以下、后肢膝部以下的非开放性骨折,采用内固定最好,也可以采用竹板绷带、有机物夹板绷带和石膏绷带3种方式固定骨折端及其上下2个关节。

给予止痛药物非常必要。常用卓比林、痛立消、维他昔布等药物。

脱臼

【病因与症状】 脱臼发生在外力作用下或剧烈运动后，肢异常固定、肢势改变(伸长或缩短，内收或外展)、趾轴变化(向内或向外)。触诊常有痛感，脱臼处远端肢关节活动不灵活。临床上以膝关节、髋关节脱臼为主。

【治 疗】 在全身麻醉下，根据X光片复位。复位后打上弹性绷带，10d内限制病狗过多的运动。同时给予5～6d的止痛药物，如美洛昔康(痛立消)等。

外耳炎

外耳炎是指外耳道的炎症。多见于耳下垂和长毛的狗种。

【病 因】 ①机械性损伤。如水进入耳道内湿润残留的耳垢，外耳道的创伤，泥土、昆虫等异物对耳道皮肤产生刺激。②寄生虫引起。耳螨寄生并刺激外耳道。③感染引起。如金黄色葡萄球菌、链球菌、变形杆菌、大肠杆菌、马拉色菌及真菌(犬小孢子菌等)的感染等。

【临床症状】 患狗表现不安，频频摇头，擦耳或抓耳，导致耳壳抓伤、擦伤、出血或血肿。早期检查患耳，可见耳壳和耳道外口充血、肿胀。有的发生耳道红肿。按压耳根部有压痛。耳道内积垢较多或耳道表面粘有渗出物。严重时耳道肿胀明显，上皮溃烂，耳道流淡黄色浆液性至深色脓性耳漏。耳漏液黏附于耳根部被毛上。

严重的可引起体温升高及耳道阻塞而致听觉减弱。通过对耳垢和分泌物的性状分析,能初步确认病原体。淡黄色、稀薄的脓性分泌物,并有臭味,多为假单胞菌感染;棕黄色易碎耳垢,多为酵母菌感染;褐黑色鞋油状脓汁,多为糠疹癣菌、葡萄球菌感染;若为耳螨感染,可检出螨虫或螨虫卵。

【防　治】

(1)局部清理　剪去耳部内及外耳道的被毛,除去耳垢、分泌物和痂皮。用生理盐水或0.1%新洁尔灭反复冲洗耳道。耳道内的液体可让其流出或吸出。较大的耳垢或异物可用小镊子除去。

(2)局部用药　由于犬的耳道炎症主要是细菌和真菌(马拉色菌)的混合感染,同时引起患病耳道炎性肿胀,治疗时不要掏耳朵,以免刺激炎性的耳道黏膜组织。常用药物:耳净、耳特净。对于细菌感染的轻症病例,可以使用氧氟沙星滴耳液或者耳漂、耳爽。对于寄生虫性外耳炎,应用杀螨剂(净灭等)直接滴入耳道内。

(3)全身疗法　急性化脓性外耳炎,伴有体温升高、鼓膜发炎者,应及时全身应用敏感抗生素,以防继发中耳炎、内耳炎;常用拜有利、乐利鲜等。

中耳炎与内耳炎

中耳炎与内耳炎常同时或相继发生。

【病　因】 ①病原菌通过血液途径感染;②外耳炎蔓延感染或经穿孔的鼓膜直接感染;③经咽鼓管感染;④食物过敏性疾病引起耳部疾患;⑤可卡犬的特发性耳炎,常与皮肤疾患同时发生。

【临床症状】 病狗摇头、转圈(向患侧转),共济失调,耳痛、耳聋,有耳漏。严重时炎症侵袭面神经和副交感神经,引起面部麻痹、干性角膜炎和鼻黏膜干燥。如侵及脑膜引起脑脊膜炎,可导致死亡。耳镜检查可见鼓膜穿孔。经咽鼓管感染或血源感染者,可见鼓膜外突或变色。X射线检查,见鼓室积液和鼓室泡骨发生硬化性变化的，可疑为本病。

【防 治】 全身应用抗生素，配合中耳洗耳及耳部给药。

中耳冲洗在全身麻醉下进行，冲洗液用 37～38℃生理盐水后用甲硝唑注射液；冲洗液通过 1 根长 10cm、直径 1mm 的中耳导管经鼓膜孔注入中耳；冲洗后再吸出冲洗液，反复冲洗，直至吸出的冲洗液干净为止。

耳净（伊曲康唑＋倍他米松戊酸酯＋庆大霉素）的抗细菌和抗真菌的药效最强，为首选药物。也可以使用耳漂、耳爽（维克）、耳特净（MSD）等。

气 胸

本病是指胸膜腔内存积有气体。

【病 因】 多为外伤（如枪伤、撞压、犬咬伤）所致肋骨骨折，尖锐物体刺入胸壁，造成胸壁穿透或使肺组织破裂而引起。自发性气胸多由于肺结核、肺气肿、肺脓肿等，有时由肺破裂引起。

【临床症状】

(1)开放性气胸 胸壁创口较大，空气随呼吸自由出入。

(2)闭合性气胸 空气经创口进入胸腔后，由于皮肤和肌肉创口交错，创道被血块或软组织闭塞，不再有空气进入胸腔。

(3)张力性气胸 胸壁创口呈活瓣状，吸气时空气进入胸腔，呼气时不能排出，胸腔内压力不断增加。另外，肺组织或支气管损伤也能发生张力性气胸。

胸壁可见有透创或肋骨骨折，创口较大的胸壁透创，可以看到胸腔内面。呼吸急促或困难，呈腹式呼吸。黏膜发绀，呈坐立姿势或臀部侧卧。如果胸腔积存的空气量大，胸膜内压超过大气压，肺就会塌陷，迅速危及生命。X 线诊断，背侧胸膜内有囊状空气占据，由胸骨向心脏的上方可见胸壁与肺间距逐渐扩大，心脏和气管移向健侧。

【治　疗】 首先让动物保持安静。胸壁透创伤口必须缝合。当出现中度或高度呼吸困难时,可用18号针头穿刺胸腔进行抽气。但气管或支气管损伤引起的气胸,要先缝合损伤部位。呼吸困难的患病狗给予吸氧。预防继发感染,全身给予抗生素治疗,推荐使用肺炎灵。

疝

腹腔内脏器官通过腹壁的天然孔道或病理性裂口脱至皮下或者其他解剖腔,称之为疝。疝可分为可复性疝(疝内容物通过疝孔可还纳入腹腔)及不可复性疝(疝内容物被疝孔嵌闭或与疝囊粘连而不能还纳入腹腔)。根据疝发生的部位,可分为以下几种。

1. 脐　疝

腹腔内脏通过脐孔脱至皮下。脐疝是狗的常发病,疝内容物可能是镰状韧带、网膜或小肠。病因多见于先天性脐部发育缺陷,脐孔闭合不全,也可能由于出生后脐孔张力太大,脐带留得太短,或脐带感染所致。

【临床症状】 脐部出现大小不等的圆形隆起,触摸柔软、无痛、无热,压迫可感觉到疝孔,挤压疝囊或动物背卧位时,疝内容物可还纳,挣扎或食后隆起增大,此种为可复性脐疝。少数病例疝内容物发生粘连或嵌闭,触诊囊壁紧张,压迫或改变体位不能还纳疝内容物。若嵌闭的疝内容物是肠管,则表现急腹症症状。腹痛不安,饮食废绝,呕吐,发热,严重者可出现休克。

【治　疗】 幼狗随着身体生长,有的(尤其是疝的直径不大于2cm的)常自行消退。6月龄以上狗的脐疝则须手术整复。手术方法为:将狗全身麻醉后取仰卧位保定,腹底部和疝囊周围做常规无菌消毒。在疝囊皮肤上做一梭形切口,打开疝囊,暴露疝内容物。如疝内容物无粘连，未嵌闭，则将之经疝环还纳入腹腔，如与疝囊或疝环粘连，则仔细剥离粘连或将之切除（网膜、镰状韧带）。如果发生了嵌闭，先检查疝内容物（如肠管）是否已坏死，如未坏死，小心还纳。疝环过小时，可扩大环后再还纳；如已坏死，则须切除坏死段肠管后行吻合术再还纳。修理疝环，闭合疝孔，缝合腹壁。

2. 腹股沟疝

腹腔内脏器官经腹股沟环脱出，称为腹股沟疝。疝内容物可能是网膜、膀胱、小肠、大肠、脾的一部分、子宫或某阔韧带、圆韧带等。母狗多发。在公狗，又称之为腹股沟阴囊疝，病因多为先天性腹股沟环闭合不足或后天性腹压过大。也可见于外伤性因素。

【临床症状】 单侧或双侧腹股沟部隆突肿起，肿物大小不定。可复性疝，触摸肿物柔软、无痛、无热；不可复性疝，触诊热痛、疝囊紧张。肠管脱出嵌闭后，表现急腹症症状。在公狗，疝内容物主要在阴囊内，且易于嵌闭，故表现为单侧或双侧阴囊肿大。

【治　疗】 手术整复。对母狗，麻醉后取背侧卧位，分开两后肢，腹股沟部和腹底术部做常规灭菌准备。做腹后部中线切开，切口越过疝囊。打开疝囊，还纳疝内容物，内容物过大时可扩大腹股沟环后再回纳。收紧结扎疝囊腹膜，切除多余部分疝囊，分层结节缝合腹股沟内环及外环，保护好阴部血管神经，闭合皮肤切口。对公狗，切开阴囊还纳疝内容物，闭合腹股沟环。

3. 腹壁疝

腹腔内脏器官通过外伤性腹壁破裂孔脱至皮下，称之为外伤性腹壁疝。腹壁破裂孔易发生在腹侧壁或腹底壁上，肷部最常发。病因见于车祸、摔跌等钝性外力或动物间撕咬，引起腹壁肌层或腹膜破裂而表层皮肤仍完整，或腹腔手术之后腹壁切口内层缝线断开、切口开裂。腹侧壁肌层的破裂可能是腹外斜肌、腹内斜肌和腹横肌破裂，腹底部肌层的断裂则主要是腹直肌或耻前腱断裂。

【临床症状】 腹壁皮肤囊状突起,皮肤上可能有损伤(如擦伤、挫伤)的痕迹。囊的大小不等,体积随疝内容物的充盈、排空等而改变。触摸其质地或软或硬(因脱出脏器不同),不热不痛或温热疼痛。早期可摸到疝环,疝内容物可还纳,久则因局部发炎使疝的轮廓不清,疝内容物不可复。如发生嵌闭,可引起急腹症症状。

【治　疗】 急性外伤性腹壁疝,往往伴有多发性损伤,所以在手术整复腹壁疝之前须先稳定病情,改善全身状况。术部在疝囊处,整复原则同脐疝手术。缝合腹底壁疝时,用褥式缝合或减张缝合法,以加强腹壁裂口的张力。耻前腱断裂后,创口一般不易闭合,这时可用不吸收线沿创缘做网状缝合,或采取自体组织移位闭合。

肾肿瘤

狗的肾肿瘤以恶性为主。最常见的原发性恶性肾肿瘤是腺癌,长在肾小管上皮上,并且早期常转移至对侧肾脏、肺、肝和肾上腺。肾胚细胞瘤以 1 岁以内的幼狗最常见,公狗发病率高于母狗。以单侧性为主,个体很大,甚至占满腹腔,并向局部淋巴结、肝脏和肺转移。此外,变异性细胞癌、肾脏淋巴肉瘤等也有一定的发生率。

【临床症状】 病狗体重下降,食欲差,精神沉郁,体温升高。双侧性肿瘤,因损害大部分肾组织而出现肾衰竭,表现出尿毒症的症状。

【诊　断】 触诊肾区有肿块,采用尿道造影和肾动脉造影有助于确诊。超声波检查和 X 光片可确定肿物的位置和体积,胸部 X 光片可发现转移病灶。尿检可见血尿,尿液沉渣中可见肿瘤细胞。肾活组织检查,可确定肿瘤的类型。

【治　疗】 除淋巴肉瘤外,其他的肾肿瘤均需要手术切除,但仅限于单侧肾切除。淋巴肉瘤可采用化疗方法。注意化疗对淋巴肉瘤以外的肾肿瘤无效。

睾丸炎和附睾炎

睾丸和附睾的炎症分别称为睾丸炎和附睾炎。因其解剖位置紧密相关,故常常相伴而发。

【病　因】 狗急性附睾炎最常见的原因是布鲁氏菌感染。有些霉菌病,如芽生菌病和球孢子菌病,能引起肉芽肿性睾丸炎和附睾炎。睾丸和附睾的外伤有时能引起炎症和感染。患阴囊脓皮病的狗,经常舔阴囊,可导致睾丸和附睾细菌感染。犬瘟热病毒也可引起睾丸和附睾的炎症。

【临床症状】 急性睾丸炎局部有热、痛和肿胀,睾丸质地坚实,可能出现全身不适、发热和食欲减退。

慢性肉芽肿性睾丸炎的睾丸肿大、坚实、无痛。睾丸可能有巨噬细胞弥漫性浸润。慢性睾丸炎一般无全身症状。

病程较长者,其睾丸萎缩、纤维化和形状变得不规则。常见睾丸和下面的阴囊之间发生粘连。精液品质下降,异常精子明显增多。布鲁氏菌引起的急性睾丸炎,染病后 2～5 周精液中含有的异常精子可达 30%～80%,染病后 5 个月可达 90%以上。必要时,可做布鲁氏菌病的血清学检验。

【防　治】

第一,全身大剂量抗生素治疗。局部感染时,在全身治疗的同时,须局部进行引流。

第二,手术切除睾丸及附睾。布鲁氏菌阳性,睾丸有严重损伤、脓肿或坏死的患狗,均应将睾丸切除。

第三,佩戴项圈,以防止舔舐。

龟头包皮炎

龟头和包皮表面黏膜发炎称为龟头包皮炎,这是成年公犬的常见疾病。

【病　因】 原发性龟头包皮炎由细菌感染引起,发情期或者周围有发情的母犬存在时,公犬因嗅到发情母犬分泌物,阴茎常伸到包皮囊外,回缩至包皮囊中时带回尘土或者细菌,引起包皮炎症。继发性的可由外伤、异物、阴茎淋巴组织增生引起。尿道感染扩散、与患生殖道疾病的母狗交配等亦可引起感染发炎。

【临床症状】 经常从包皮孔中排出浅绿色脓液和包皮垢,病狗常自舔阴茎。阴茎淋巴组织增生类似囊肿,囊腔中充满液体,轻度刺激(配种、采精)可使滤泡破裂出血,有时甚至整个黏膜出血。患狗如经常配种或采精,引起滤泡持续不断发生变化时,则可形成覆盖在龟头的出血性囊肿,这种囊肿在停止配种1周后能自行消失,且不留任何痕迹。

【治　疗】 用1∶4 000洗必泰溶液冲洗包皮,每日2次,洗毕使用抗生素软膏,如红霉素、金霉素、曲咪新、霉菌净软膏等;口服拜有利或乐利鲜片剂有效。对顽固病例,可用20%硫酸铜溶液冲洗包皮黏膜。

如发生淋巴组织增生,则需要比较严格的治疗:①全身麻醉,先用洗必泰溶液清洗,再用聚维酮碘膏涂抹病变部;②每日使用皮质类固醇软膏;③观察是否发生粘连与感染。每日压出阴茎,连续5～7d,以确保不发生粘连。

包茎嵌顿

本病指伸直的阴茎被包皮卡住,不能全部缩入包皮腔内。以发情期公狗配种射精后和人工采精后最常见，造成阴茎内静脉回流受阻。

【临床症状】 常在交配后发生，阴茎头肿大，时间长则发干、有痛感，并且出现溃疡和坏死。

【治　疗】 尽早治疗。如果病狗温驯，可让其侧卧；若病狗不配合，则应实施全麻。清洗龟头和阴茎的脱出部位，放出水肿液，局部涂布红霉素软膏。

先将阴茎头向外轻拉，看到包皮口皮肤紧张处后将皮肤适度用力张开，将阴茎还纳包皮腔内。若确实无法使阴茎脱出部分复位，可将包皮口皮肤做一小切口，再将阴茎复位后缝合包皮切口。对于易复发的狗，可以做去势术。

前列腺炎

本病是由细菌感染所引起的前列腺的炎症。分为急性和慢性2种。急性前列腺炎又包括化脓性前列腺炎和前列腺脓肿。本病常见于成年公狗，临床上有时并发前列腺肥大、前列腺囊肿和前列腺癌。

【临床症状】 急性前列腺炎具有易于诊断的明显症状，如体温升高、精神沉郁、食欲废绝，由于疼痛而行走缓慢，步态拘谨并有便秘和里急后重的表现。直肠、腹部触摸，可感知前列腺肥大、有压痛，前列腺脓肿则有波动感，采不出精液。前列腺脓肿的狗，可见排尿困难或尿闭；在尿液的后段出现血液，是前列腺炎常见的症状。

慢性前列腺炎很少见到明显的临床症状。往往是主人在患狗早晨第一次排尿时，或在它的卧处周围发现有血液或脓液而前来就诊。直肠、腹部触诊，可感知前列腺的体积呈对称或不对称性增大，无痛感。视病程的长短，其质地从坚硬至柔软，直到有波动感。

【诊　断】 急性期患狗白细胞增多。对渗出物和精液进行细菌培养,可帮助进行诊断。X 线和 B 超检查,可见前列腺体积增大。前列腺脓肿时,B 超检查可见局限性液性暗区。

【治　疗】 先使膀胱内的尿液排空,通过直肠按摩前列腺,采集前列腺液体培养和做药敏试验,以选择抗生素。同时配合解热、镇痛、缓泻、导尿等对症治疗。前列腺脓肿,用上述方法治疗无效时,应手术切开排脓,并做外瘘术。

不便作药敏试验时,可选择甲氧苄啶、强力霉素、克林霉素和红霉素。因它们在前列腺内的浓度比在血浆内高出数倍,有利于本病的治疗。红霉素,口服,每日总量为 22.22mg/kgbw,分作 3 剂,每 8h 1 剂。同时按每日量 0.44～0.67mg/kgbw 给予碳酸氢钠。也可选用氯霉素,剂量为 55.6mg/kgbw,分为 3 剂口服,每 8h 1 剂。

使用抗生素治疗,一个疗程至少要持续 6 周。停药后 5d,取精液做微生物培养,以后每月培养 1 次,至少连续 2 个月的培养结果均为阴性时,才可认为治愈。

临床经验证明,去势可促进本病痊愈及预防本病的发生。

前列腺增生

前列腺增生主要在 6 岁以上的狗中发生,有些不表现出临床症状,病因可能与内分泌有关。前列腺增生在多数老龄狗中均存在。

【临床症状】 前列腺增生到一定程度时,表现里急后重、便秘、尿滞留、排尿困难等症状,甚至后腿跛行。这是由于增大的前列腺压迫直肠和膀胱引起的。

【诊　断】 直肠指检、膀胱造影配合 X 线检查,可发现在骨盆腔入口处有增生肿大的前列腺。

【治　疗】 做去势手术的效果比手术摘除增生的前列腺效果好。口服雌激素(已烯雌酚),可阻止前列腺增生,减小增生的体积,用量0.2～1mg/3d,连用不超过3周。缓泻、灌肠,促进排粪,膀胱弛缓时肌内注射氨甲酰胆碱(0.025～0.1mg),促进排尿,无效时可导尿。

若发生前列腺炎,则选用在前列腺内浓度高的红霉素(口服,2～10mg/kgbw·d)、竹桃霉素、强力霉素或甲氧苄啶(口服,30mg/kgbw·d)。

前列腺囊肿

本病是由前列腺的导管或腺管闭塞、前列腺的分泌物贮积而形成的。此外,有的狗因胚胎时期体中肾管的残迹在前列腺中形成前列腺小室而贮积分泌物,也可形成前列腺囊肿。

【临床症状】 轻重与囊肿的大小有关。随着囊肿液的增加,前列腺局部或整个腺体肿大,压迫附近的直肠和尿道,导致排粪和排尿障碍。但将导尿管送入膀胱并无多大困难。

【诊　断】 直肠触诊,可触到有波动感、无疼痛、非对称性的前列腺肿大。腹部触诊,可触到一个大的肿块,类似硬实的组织块。B超或X线检查后腹部,可见局限性囊肿性液体密度。

【治　疗】 保守治疗效果不佳,穿刺排出囊肿液可暂时缓解症状,但数日后分泌物又重新蓄积。反复穿刺易引起感染。最好的方法是做外瘘术,即切开囊肿的腹侧,除去内部液体,切除或烧烙囊肿内侧的赘生组织,然后把囊肿壁切缘与皮肤缘缝合在一起,形成外瘘,开口保留7～10d。每天清洗术部。老龄体弱的狗不适合手术,可采取保守疗法,为了防止穿刺感染,可向囊肿内注入抗生素。

髋关节发育不良

本病是生长发育期出现的一种髋关节病,股骨头与髋臼错位。这是一种遗传性的疾病,以大型犬和巨型犬的生长发育期幼犬发生为主。

【病 因】 大型犬发病率高于小型犬。虽然股骨头和股干之间的倾斜程度或股骨头的旋转程度与本病无关,但临床症状可能与以上2种状况有联系。本病是一种受多基因控制的疾病。最后,髋关节受损,周围肌肉萎缩、无力。

【临床症状】 4～12月龄的狗步态不稳,活动减少,后肢拖地而以前肢负重,起卧困难。检查关节时有疼痛反应。剧烈运动时跛行加重。髋关节环状韧带断裂,关节软骨被磨损,关节囊发炎增厚,髋部肌肉萎缩。临床上根据症状的轻重把本病分成5级。

【诊 断】 使病狗仰卧、后肢伸展(可做全身浅麻醉),朝内旋转膝关节,X线(至少2张,包括正位和侧位)检查,正常时股骨头与髋臼吻合,而患髋关节发育不良的狗则出现股骨头脱位。髋臼常变浅,形成骨赘。

髋关节不全脱位时,X光片上髋臼背侧阴影小于股骨头的一半,而股骨头的中心接近髋臼下缘,说明为中度异常。若股骨头与髋臼边缘相距较远,则病情严重。

【治 疗】 止痛药物(推荐给予痛立消或卓比林5d左右)可以减轻疼痛,但不能阻止关节变形。外科手术是治疗跛行和疼痛的方法之一,但不能完全恢复髋关节的正常功能。

散步、游泳和慢跑(非跳跃和长时间奔跑)有利于缓解病情。对正常种狗髋关节实施检查,淘汰不良种狗,有益于减少遗传因素的影响。限制小狗的生长速度,可以延缓本病的发生和减轻疼痛。补充关节软骨素有一定益处。

免疫介导性关节病

狗的全身性免疫介导性关节病有 2 种，都是非传染性的化脓性炎症，包括类风湿性关节炎和全身性红斑狼疮，病因不清。

【发病特点】 类风湿性关节炎是侵蚀性的疾病，主要破坏关节软骨，严重时侵害软骨下骨，以小型犬和玩赏狗多见。

全身性红斑狼疮是非侵蚀性疾病，关节软骨的破坏不是主要特点。本病主要发生在中型和大型狗，主要发病在 6 岁之前。

致病试验和放射诊断有助于两者的鉴别。

【治　疗】 适当运动，加强管理，控制体重和对症治疗，是常用的防治措施。治疗时要选择有外科临床经验的执业兽医师。

骨关节病

骨关节病是始发于关节软骨的非炎性、退行性关节病。骨关节病以关节软骨被破坏、软骨下骨硬化及关节周围形成骨赘为特征。是动物的常见病，在狗多发生于负重较大的关节如髋关节、膝关节、肩关节、肘关节及胸椎椎间关节和颞颌关节等。本病也称为变性关节病、骨关节炎。

【病　因】 任何能引起关节软骨破坏的因素都是本病的诱因，主要有：①继发于先天性关节疾病，如关节的骨软骨病，肘突骨化中心不闭合，膝盖骨脱位，长骨构形不良等，由于关节结构不稳，关节面不整，使关节软骨受力不均，造成局限性磨损；②继发于后天性关节损伤；③无损伤病史，主要见于老龄狗。

【临床症状】 患病关节疼痛，患肢跛行。疼痛于运动后、他动后、气候变冷后加重，具有间歇性。关节活动范围小。慢性病例关节囊增厚、肌肉萎缩。X 线检查可见关节腔狭窄，关节面不平滑，关节骨磨损或增生、硬化,关节周围骨质增生,关节囊增厚或钙化。滑液检查可见滑液量正常或增多(急性期),无纤维性或黏蛋白凝块,细胞计数正常或数量略高。

【防　治】 本病无特效疗法。治疗时首先除去病因,治疗原发病,同时限制关节活动。疼痛较剧烈时给予消炎止痛药,注射曲安奈德消肿抗炎、骨康(当归＋骨肽,天津铁草)活血消骨刺、痛立消(美洛昔康)消炎止痛,但应注意止痛以后易加剧损伤(活动造成)。若药物效果不佳,可手术安装假肢。

散步和游泳可使肌肉和关节囊恢复柔软,增强关节软骨的润滑性和营养。肥胖狗应该减重。减少食物中过高的肉食比例、控制肝脏的摄入量是必要的。病狗在干燥温暖的条件下饲养有益。冷敷可用于消除新的创伤造成的疼痛。

变形性脊椎关节强硬

本病以狗的腰椎部脊柱关节的退行性骨关节炎为主,在脊柱腹侧缘形成骨赘。某一部位发生关节强硬或僵直,常引起其前面的脊椎也出现病变。

【临床症状】 本病是慢性进行性发生的,大型成年狗中发生率最高。如果不压迫神经,则无明显临床症状。

一般临床症状包括病变部位的关节僵直,活动性差,并使其神经所支配的组织和器官的功能受到一定程度的影响。

【诊　断】 X 光片诊断可见骨赘、1 对或多对脊椎受侵害。

【治　疗】 可以给予曲安奈德和骨康(当归＋骨肽),两药联用有一定效果;疼痛症状明显时,给予止痛药物(痛立消、卓比林等)是必要的。

感染性关节炎

本病是指由病原微生物侵袭关节引起的关节炎。

【病　因】 ①外源性的关节感染，常见于关节透创后病原菌直接感染或关节周围组织化脓性炎症的蔓延；②血源性感染，指肺炎、脐带炎、泌尿道感染等原发性病灶的病原菌经血液循环感染关节；③医源性感染，见于关节切开术、关节腔穿刺等手术污染。

【临床症状】 患病关节肿胀、热痛，关节腔内积聚大量浆液性、纤维素性或脓性渗出液，关节囊膨胀，按压有波动感。患肢跛行，常伴有体温升高。经久则关节软骨破坏，软骨下骨被侵蚀，关节骨周缘骨质增生，滑膜增厚。后期可发展为纤维性或骨性关节愈合，关节强硬或成死关节。

【诊　断】 X线检查可见早期关节间隙增大，经久则关节面不平滑，关节周围骨质增生。关节穿刺，滑液白细胞总数显著增多(80 000～200 000个/mm^3)，可见脓球与病菌。

【治　疗】

第一，关节腔穿刺或切开排脓，冲洗引流，随后注入皮质激素和抗生素混合液。

第二，经药敏试验选择抗生素，全身连续应用数周，直至感染控制、平息。

第三，适当活动关节，防止粘连。但病程较久者，由于关节软骨和关节骨的破坏严重，炎症控制以后往往转化为骨关节病，功能难以恢复。

骨　炎

骨炎包括骨髓炎和骨膜炎，主要由细菌引起，偶见真菌感染和异物影响。

【病　因】 组织坏死和传染性病原的存在是发病的必要条件。多数病例出现在外伤或外科矫形手术之后,葡萄球菌、链球菌和大肠杆菌感染均能引发本病。胸腔内感染诺卡氏菌可引起胸腰部脊椎骨炎。全身性真菌感染、球孢子菌病、酵母菌病可引起狗的血源性骨炎。打斗咬伤也是病因之一。

【临床症状】 病狗精神不振,厌食,体温高,软组织肿胀,早期有疼痛症状,不愿运动。感染蔓延至关节则关节肿胀、疼痛。慢性时,肿胀有波动,并可能形成排脓性瘘管。

【诊　断】 病初血检:白细胞总数增高,伴发核左移,血沉加快。化脓后可采样做细菌分离培养、药敏试验和脓汁成分分析。X线检查,病初的骨髓炎不易发现病变,2 周后骨髓的密度增高,骨膜表面不规则增厚。

【治　疗】 根据病原分离培养和药敏试验结果选用敏感的抗生素。一般可使用氨苄青霉素(2～10mg/kgbw,1～2 次/d,皮下注射)、先锋霉素(口服,10～15mg/kgbw,2 次/d)、卡那霉素、林可霉素(22mg/kgbw・d,皮下注射)和克林霉素(口服,5.5～11mg/kgbw,2 次/d;肌内注射,10mg/kgbw,2 次/d)在骨组织中浓度高,也可用于骨髓炎的治疗。对于软组织与骨组织同时感染的,可以使用泰乐菌素;抗生素一般可连续使用 1～2 个月。

化脓性骨关节炎可局部引流。除去坏死组织和骨片,做内外固定,伤口不缝合,以利引流和肉芽组织生长。也可安置引流管后缝合,并经常用盐水、抗菌剂和酶制剂冲洗,以保证引流通畅。

每隔 2～3 周做细菌分离培养和药敏试验。感染被控制后,可进行骨移植。治疗效果差或发生趾骨炎时,应当手术切除。

全骨炎

本病又称嗜酸性全骨炎、全生骨疣、幼狗骨髓炎等，以周期性发生移位性跛行和自愈为特征。

【病　因】 至今不明。由于德国牧羊犬易患此病，因此认为遗传因子是本病的一个致病因素。过敏、雌激素过多、应激均能引起发病。

【发病特点】 狗全骨炎是一个自发自限的疾病。多发生在体型较大品种的年轻狗。尤其是德国牧羊犬，还有大丹犬、圣伯纳犬、笃宾犬、金毛犬、爱尔兰塞特犬、德国短毛指示犬等，发病狗中雄性略多于雌性。发病年龄为5～12个月龄。发病部位在管状骨的骨干和干骺端。

【临床症状】 病狗突然跛行但无受伤史，几天后跛行会自然减轻，但几周以后会在另一肢上出现。慢性情况下再发间隔可长达几个月，多发的管状骨有尺骨、桡骨、臂骨、股骨、胫骨等。随着年龄的增长，症状严重程度变轻，再发的间隔时间延长。到18～20个月龄以后，临床上的症状不再出现。病狗体温正常，无肌肉萎缩现象，压诊患骨的骨干可出现疼痛反应，严重者可出现厌食和倦怠。

【病理变化】 特点是骨髓的脂肪细胞变性，然后是基质细胞增殖，膜内骨化，髓内小梁消失。骨内的原始病灶多出现在滋养孔附近，以后自骨内膜向干骺端扩展；大约20d后，病变从骨干扩大到干骺端，一般不扩大到骨骺；约30d后，在最初出现病变的髓腔部位开始恢复；70～90d后可完全恢复正常。但多次受到本病侵害的长骨亦会变形、变粗，骨髓会失去正常的造血活性。

【诊　断】 X线检查对本病的诊断具有重要价值，但所显现的病变严重程度与临床症状的轻重无相关性。X线征象在病的早期与晚期不及中期明显,病变可能在多块骨上存在。因此,X 线检查应在多块骨上做多次检查。

最常见的 X 线征象是发病长骨的骨髓腔里出现透射性差的或不透射线的阴影,阴影呈斑块状,密度中等,界限不清,部分骨小梁界限不清或消失,此外还可出现骨内膜的骨性增厚及骨膜反应,骨膜上新骨形成一般是光滑的层状结构。在病的早期,还可能出现骨髓腔内局灶性透明度增加的征象。

【治　疗】 没有针对病因的有效疗法,常用的是对症治疗,止疼、消炎,如用痛立消(美洛昔康)、水杨酸类药物、保泰松等,亦可试用可的松类药物(如曲安奈德)。休息和限制运动对病狗有益。

骨软骨病

本病是一种关节软骨和骺软骨的软骨内骨化障碍的非炎性疾病。主要发生在快速生长期的狗(4～8 月龄)。病因尚不清楚,可能与先天性因素有关,与生长过速肯定有关。

【类　型】 临床上常见的骨软骨病有如下几种:

(1)分离性骨软骨病　关节软骨异常增厚、龟裂,进而与软骨下骨分离,形成软骨瓣或游离软骨片。主要见于肩关节(臂骨头后缘)、肘关节(臂骨内髁)、膝关节(股骨内髁)和跗关节(距骨滑车)。

(2)肘突不闭合　肘突骨化中心与尺骨近端干骺端久不闭合(骺生长板软骨不骨化),使肘关节不稳定,易继发肘关节的骨关节病。

(3)尺骨冠状突分裂　尺骨冠状突分裂成数块而未与尺骨愈合,易诱发骨关节病。

(4)骺生长板骨化迟滞　长骨的次级骨化中心,如尺骨远端骨化中心的骺生长板骨化迟滞,造成与桡骨生长不同步,导致桡尺骨成角畸形或肘关节半脱位。

【临床症状】 病狗跛行、疼痛，但无损伤病史，常呈双侧对称性发病，病程发展缓慢，出现症状时软骨或骨软骨结构已有明显改变。他动运动、长期休息、运动后跛行加重。患肘肌肉萎缩，患部无肿胀。

【诊 断】 关节穿刺液正常或混有软骨碎片。X线检查可见关节软骨下骨侵蚀、骺生长板骨化异常或长骨变形。

【防 治】 多休息，少运动，疼痛严重时给予镇痛药(如痛立消)对症治疗。关节内有软骨片、小骨片时须手术去除，成角畸形者可予以手术矫正。一般待成年后症状逐渐缓解，但常继发骨关节病，故功能完全恢复的可能性小。

分离性骨软骨病

本病简称“OCD”，是发育未成熟的关节软骨出现局灶性增厚，软骨细胞结构破坏、数量减少，基底层基质软骨软化、无细胞，发育不全的关节软骨和其下的骨小梁分离。软骨发生横向、纵向骨折。由于软骨纤维化而使关节异常。

【病 因】 可能与局部受压力过大、生长速度过快或精料过多有关。主要出现在肩关节、膝关节和跗关节。

【临床症状】 病狗常见单侧跛行，程度不一，有时多个关节同时发病。休息后可能呈僵直状态，运动后跛行加重，关节伸屈时疼痛，可能因继发骨关节炎而成为永久性跛行。当呈慢性经过时关节有捻发音，肌肉萎缩。

【诊 断】 X线检查发现关节面的特征性异常，可确诊。肩关节的外侧X光片可见肱骨关节面中央后半区变平。检查股骨髁从外侧、跗关节从腹背侧拍X光片为宜。而肘关节、跗关节只有出现增生性骨关节炎后，才能被X光片发现异常。

【治 疗】 有的病狗休息1个月后可自愈。不应使用消炎镇痛药,因为痛感下降则病狗的活动量增大,可加重病情的发展。手术剔除坏死组织、刮除软骨下骨的病灶是有效的治疗方法。

肥大性骨病

本病为继发病,是某一疾病的病理过程,可发生在多种动物上。也有称此病为增生性骨-骨膜炎、结核性骨病、肥大性骨关节病、肺性骨关节病、肥大性肺性骨关节病等。

【病　因】 本病骨的变化仅是某些系统疾病的病理过程。多数病例与某种肺部疾病有关,尤其多见的是肺肿瘤,包括原发性肺肿瘤和肺部转移性肿瘤,还有肺脓肿、慢性支气管炎、感染性肺肉芽肿、肺结核等,也有少数病例见于非肺内疾病过程。

【临床症状】 病狗跛行,不愿行动,并在四肢远端不知不觉地发生双侧、对称、非水肿性软组织的坚实肿胀,触摸时有温热、疼痛和血管搏动的感觉,掌、蹠部正常皮肤由松弛变为紧张。

【病理变化】 肉眼可见的病变是病骨上有粗糙不平的外生骨瘤,多呈结节状,覆盖在病骨的皮质表面。显微镜下见大量富于血管的结缔组织增生,覆盖在病骨远端的骨和腱上。骨内膜上没有新骨形成。如出现关节病则滑膜增厚、发炎,关节内有渗出,关节面上很少有像在骨上那样严重的变化。

【治　疗】 切除原发的肺部或肺外病灶是最好的治疗方法,可使骨病症状迅速减轻,但影响长期存活。有些病例如旋尾线虫肉芽肿,多在变为肿瘤性质后才出现骨病,并常引起局部广泛扩展和侵入肺部,手术治疗是不值得的。决定本病再发的因素是胸内转移病灶的再次出现,而用内科治疗改善症状是无效的。

肥大性骨营养不良

本病主要发生在大型犬的生长阶段，易受侵害的部位是长骨的干骺部。易受分割的骨是桡骨、尺骨和胫骨，且多在远端的干骺部。其他长骨亦可被分割，包括掌骨、上颌骨、下颌骨、肋骨、肩胛骨，亦可出现纤维性增厚和新骨形成的骨性肿胀。本病第一次出现在兽医文献上是1930年，称之为狗的巴洛(Barlow)氏病，或莫勒-巴洛(Moller-Barlow)氏病，现在一些书籍和文献中还有称此病为狗的坏血病、特发性骨营养不良、干骺端骨病等。

【病　因】 尚不明确，有人认为是由于暂时性的维生素C代谢异常引起的。有证据表明，营养过剩是本病发生的重要原因之一。

【临床症状】 多数病狗在3～4月龄时出现异常，起初仅表现为跛行，触诊病骨干骺部有疼痛，严重者有厌食，体温升高，精神沉郁，不愿站立和行走。受侵害的骨多为桡骨、尺骨和胫骨的远端干骺部，局部有温热、肿胀和压痛，多呈双侧对称的发作。有在骨疾和跛行出现以前有腹泻和上呼吸道不适的症状。

慢性或多次发作的病狗可出现骨变形，某些病例在疾病消退后，变形的骨会被再塑改造。

【诊　断】 血细胞计数、血清磷酸酯酶、血清钙、磷一般都在正常范围之内，某些病狗的血和尿中的维生素C的水平较正常为低。

X线检查：早期病骨的干骺端生长板不规则的增宽，随后则在干骺端发现骨膜下或骨膜外有新骨形成，且可能向骨干发展，使整个骨增厚变形。

【防　治】 治疗的原则尚不十分明确，可使用抗生素、止痛药、抗组胺药、维生素C以及改变日粮等试验性治疗。对顽固难治的病例,可有保留地使用可的松制剂。加强护理,防止继发感染。

肘部发育不良

有 3 种疾患可使狗的肘部发育不良,继发骨关节炎:肘突未联合、内侧冠状突不连接和肱骨内侧上髁不连接。

1. 肘突未联合

大型犬和巨型犬多发。一般情况下,在 5～6 月龄时肘突骨化中心与尺骨近端干骺端已融合,但由于肘部用力和运动不平衡,造成肘突骨化中心与尺骨近端干骺端分离。病初,肘突以纤维组织与尺骨连接,而后分裂成假关节,使肘关节不稳、松弛,关节软骨受损,最后继发骨关节炎。

【临床症状】 4～8 月龄的幼犬发病时,跛行并不一定明显,双侧发病时,有的病狗到 1 岁以上时才被确诊。一般症状为肘关节外展,运动受限制,后期表现出骨关节炎的症状。关节有渗出物,触诊有捻发音。

【诊　断】 屈曲肘关节拍侧位 X 光片,可见肘突分离而确诊,但要注意双侧检查。

【治　疗】 手术内固定是治疗方法,但可能复发。

2. 内侧冠状突不连接

肘关节内侧冠状突部分或完全地与尺骨干相分离,而不能成为滑车切迹关节表面的一部分。

【临床症状】 表现为肘关节松弛、疼痛。继发骨关节炎的则引发周期性跛行。本病和肱骨内侧髁的骨软骨病同是肘关节骨关节炎的常见病因。

【诊　断】 X 光片可发现骨断片。

【治　疗】 手术切开关节,取出骨断片后临床症状可以好转。

3. 肱骨内侧上髁不连接

这是因肱骨远端内侧上髁的骺软骨内融合障碍引起的一种疾病。5～8个月龄的大型犬的生长发育期发生率高，病因尚不清楚。

【临床症状】 肘关节屈曲和趾部深部触诊均有痛感，伴发周围软组织肿胀。骨关节炎是常见的并发症。

【诊　断】 X光片显示肱骨内上髁的尾侧与远端有致密的阴影。

【治　疗】 手术切除是治疗方法，若发生骨骺撕脱，应实施复位术。

膝盖骨脱位

本病多发生在观赏犬和小型犬，是一种先天性疾病。以髋关节内偏、股骨颈前倾度降低为特征，有复发性。老龄犬由于损伤、退行性关节病恶化或软组织的破坏，可发生膝盖骨脱位。大型犬和巨型犬中5～6月龄期的膝外翻主要见于髋关节发育不良的狗，一般是双侧性的。

【临床症状】 小型犬中膝盖骨内侧脱位病例约占膝盖骨脱位病的3/4，外侧脱位在5～8岁的中老龄狗中有发生。病狗步态异常，内侧脱位时，患肢呈弓形；而外侧脱位时，膝外翻，屈膝，患肢减负或免负体重。可能周期性发病。慢性的中老龄病狗中，约有1/5的颅侧十字韧带断裂。

【诊　断】 X线检查发现膝盖骨移位可触诊，并且可以与股神经麻痹、颅侧十字韧带断裂、膝关节炎、骨软骨病变、滑车沟或滑车嵴的畸形相区分。

【治　疗】 在全身麻醉下，将脱位的膝盖骨复位。对某些病例，应进行外科手术，加深滑车沟，重造关节周围韧带或关节囊；或者用合金的材料制成“卡子”,固定在较低的滑车脊上;对于膝盖骨运行不成直线的犬,要做滑车脊移位的矫正术。

十字韧带断裂

由于尾侧和颅侧十字韧带在后肢屈曲和伸展时起着稳定膝关节的作用,其中任何一个韧带的断裂,均可导致膝关节不稳,还有可能引发退行性关节病。十字韧带的过度紧张,是损伤的最常见原因。临床表现支跛。

【病　因】 颅侧十字韧带在维持膝关节的稳定、内旋和伸展上起主要作用,因而更易剧伸而断裂,这与膝关节的突然转向和过度伸展有关。尾侧十字韧带的损伤与胫骨尾侧的直接受力有直接的关系。十字韧带的损伤也可能伤及副韧带、半月状板和其他韧带。若相关关节不稳定,可以造成慢性损伤,导致关节周围形成骨赘、关节囊增厚、内侧半月状板变性等退行性关节病。

【诊　断】 让狗侧卧,检查者一只手握住股骨远端,另一只手握住胫骨近端,向不同方向用力,若胫骨向颅侧或尾侧异常移动,运步跛行,说明十字韧带功能不全,可以确诊为本病。

【治　疗】 手术重建韧带是唯一的治疗方法。

脊椎椎间盘骨髓炎

本病是脊椎骨与椎间盘的疾病。大型犬发病率高,公狗多于母狗。

【病　因】 血源性败血因子、手术创伤(椎间盘手术)和异物是主要病因。感染源可能涉及尿道、皮肤、齿龈和心瓣膜等炎症,致病菌包括金黄色葡萄球菌、布鲁氏菌、诺卡氏菌,链球菌和类白喉棒状杆菌等。

【临床症状】 病狗精神沉郁，厌食，体温升高。根据骨质增生和脊髓受压迫的不同程度，病狗表现为脊髓敏感、轻瘫或麻痹等症状。

【诊　断】 依靠X线检查，在接近椎间盘的脊椎骨端的骨骺溶解，骨质增生，脊椎硬化，脊椎体短缩，椎间盘间隙变窄。胸椎段、腰椎段和腰荐联合处为椎间盘脊椎炎的常发部位。

【治　疗】 用头孢菌素等抗生素治疗，对多数病例有效。行脊椎刮除术，可以加快病狗的康复，对于脊髓受压迫的，应解除病因，以消除压迫，并做脊柱固定术。

椎间盘异常

椎间盘异常是狗的常见病，是由于椎间盘错位，突入脊髓腔，压迫脊髓和脊神经根。以3～7岁的北京犬、腊肠犬、狮子犬、比格犬、贵妇犬、西施犬和威尔斯柯基犬发生率较高，与吃肉过多有一定关系。

【临床症状】 发病部位以胸腰椎和颈椎为主。胸腰段椎间盘异常时，病狗出现轻瘫或麻痹症状，前肢正常，病变部疼痛，粪尿失禁，后肢无力。突发胸腰段椎间盘突出时，少数病狗出现弥散性脊髓软化，引发上行或下行脊髓麻痹，可以造成四肢肌肉无力，当发展到颈椎段时，可因呼吸麻痹而死亡。颈椎段椎间盘异常时，颈部疼痛，四肢轻瘫，以鼻端贴地，弓背。

【诊　断】 脊髓造影或X线检查，可以确诊。

【治　疗】 在治疗前，应判断预后：轻瘫或麻痹的病犬，若膀胱功能无异常，对症治疗和手术之后，预后良好；严重麻痹的病例，粪尿失禁，痛觉减弱但仍存在，应予手术，预后保守；严重麻痹，粪尿失禁，且痛觉反射消失，即使手术也预后不良。

轻症的病狗，可以接受保守治疗，限制运动，给予止痛剂和皮质类固醇,如强的松龙,0.5mg/kgbw,2 次/d,使用 3d 后,间隔几天再用药;曲安奈德注射液,配合骨康(当归+骨肽)治疗一个疗程(10 针);之后复查。有一定复发率。

对复发的病例,保守疗法无效的病例,轻瘫或麻痹有深度疼痛,或麻痹而深痛消失不足 24h 的病例,可手术切除椎间盘突出物。护理包括适当运动、人工导尿等。

注意长期和大剂量使用糖皮质激素则可能出现以下并发症:胃肠道溃疡、出血、结肠穿孔和胰腺炎。为此,应减少类固醇的药量,使用胃肠道保护剂、抗酸剂和 H_2 拮抗剂。

脊柱创伤

本病以汽车撞伤、跌倒、搏斗或气枪等机械性损伤为主,甚至造成脱臼和骨折。胸腰椎连接处发生率较高。

【临床症状】 局部出血、水肿,压迫性缺血引起局部组织坏死、神经营养不良,一般消肿后临床症状逐渐消失。但是严重损伤的病例可能导致截瘫。

【诊 断】 X 线检查可以确定有无脊柱骨折或脱臼。

【治 疗】 在全身麻醉下进行手术治疗,使脊椎复位并固定。静脉注射甲强龙或地塞米松(2~4mg/kgbw,3~4 次/d)。痛觉已消失的病狗,预后不良。

肛门腺炎

肛门腺炎是肛门腺囊内的腺体分泌物蓄积于囊内,刺激黏膜而引起的炎症。肛门腺体位于肛门黏膜与皮肤交界处,腺体开口相当于时钟 4 点和 8 点的位置上,呈球形,中型狗的肛门囊直径为 1cm 左右。腺体分泌物呈灰色或褐色油脂状,具有强烈臭味。

【病　因】 肛门腺导管阻塞引起分泌物蓄积、肛门腺的过度分泌、外肛括约肌功能不良等，均易形成肛门腺内的分泌物滞留，引起炎症反应、细菌繁殖并释放毒素，形成肿胀。食物中长期肉食比例高的犬发生率高。

【临床症状】 肛门腺肿胀，局部发痒，病狗有擦肛动作（俗称“蹭屁股”，两条前腿着地，双后肢前伸，似鞍马运动员的动作），并试图用舌舔和啃咬肛门部位。当肛门腺体感染时，分泌物变稀薄发黄，混有脓汁，气味难闻。如果肛门腺排泄管口长期阻塞，则腺体膨胀，突出于其周围皮肤，用手指触压敏感，有弹性，抗拒对腺体的挤压。肛门腺化脓时，可自行破溃愈合。如反复发作可使肛门腺囊肿与外界相通，形成瘘管。

【治　疗】 单纯肛门腺排泄管口阻塞时，可用戴指套的食指伸入肛门，拇指在肛门外对准肿胀腺体轻轻挤压，使其内容物排空。

对化脓性腺体，应先排空腺囊内脓汁，再外用抗菌止痒喷剂，或者向肛门腺囊内注入抗菌药物（拜有利、头孢药物等）。皮肤表面涂布聚维酮碘膏。

已形成瘘管的肛门腺囊肿或难以治愈的病例，可行外科摘除术。

直肠脱

直肠脱为直肠的一部分或大部分经肛门向外翻转脱出，幼龄及老龄狗发病率较高。

【病　因】 幼龄、老弱狗肛门括约肌和直肠韧带松弛，容易发生肠炎、腹泻和里急后重，可导致直肠脱出。便秘、直肠内的新生物、异物和直肠裂伤，可并发直肠脱出。腹压增大、拖延的难产也可导致直肠脱出。肠套叠是引发直肠脱的主要原因之一。

【临床症状】 当直肠呈部分脱出时,病狗排粪或努责,由肛门处见到充血的黏膜由肛门突出,刚脱出时,直肠黏膜呈红色,且有光泽;脱出时间过长,则变成暗红色至近于黑色。脱出部分充血及水肿,可发展成溃疡和坏死。严重时直肠可全部外翻。

【防　治】 直肠脱出时间不长,水肿尚不严重时,可直接还纳。如果脱出的直肠高度水肿、不易还纳,可用 1%明矾液清洗,然后用针头反复穿扎水肿的直肠黏膜,并轻轻挤压,放出肿胀黏膜中的液体后,在黏膜上涂一层液状石蜡后轻轻还纳。还纳后肛门用荷包缝合法缝合。缝线打结时不可过紧,留出排粪的空隙。缝合线保留 4~7d。

术后给予流质食物,并治疗便秘、腹泻等诱因疾病,减轻努责,防止直肠脱复发。

第十一章　眼　病

眼睑内翻

眼睑内翻指睑缘向内侧翻转，导致睫毛刺激眼球的一种异常状态。

【病　因】　①先天性。与品种有关，常见于沙皮犬、松狮犬、拳师犬等幼犬的正常发育过程中。②痉挛性。见于某些急性或疼痛性眼病，如角膜擦伤或溃疡、眼内异物等。③瘢痕性。慢性结膜炎或结膜手术后，化学物质（酸、碱等）刺激，烫伤、烧伤等引起睑结膜或眼睑瘢痕收缩所致。

【临床症状】　眼睑向内侧弯曲，睫毛甚至睑缘皮肤对眼球造成持续性刺激。临床表现为患眼流泪，频频眨眼，眼睑痉挛，分泌物增加，角膜血管增生，结膜充血，角膜浅层有新生血管形成。严重时发生角膜溃疡。

【治　疗】　首先确定和消除引起眼睑内翻的原因。怀疑为痉挛性内翻的，可对患眼表面麻醉或阻滞耳睑神经，观察眼睑能否恢复正常位置。若确定为痉挛性眼睑内翻，应治疗引起内翻的原发性眼病，同时可将睑裂外 1/3 处暂时缝合，以减轻睑缘内翻程度，消除睫毛的持续性刺激。一般对 6 月龄之内的患狗，采取药物疗法或上述暂时性部分睑缝合术可缓解症状。

对难以改善的眼睑内翻，可施行手术矫正。在距睑缘 2～3mm 处切除一椭圆形皮肤条，其长度与内翻睑缘相等，宽度以恰使内翻得到矫正为度，然后将切口两缘拉拢缝合。术后应用消炎药水滴眼，每日 3～4 次。

瞬膜腺增生

本病是青年犬和成年犬常见的疾病,以内眼角瞬膜缘处出现黄豆大、粉红色、椭圆形增生物为特征。发生突然,以长毛小型犬(如西施犬、北京犬、藏狮、贵妇犬)和大丹犬、马士提夫犬等多发。

【治　疗】 病初点氯霉素眼药水后者托百士眼药水等可以将新生肿物局限,但一般不能消退。全麻下手术切除新生物,可以根治此病,但易造成眼干燥。

泪道狭窄或阻塞

本病是泪液的排泄系统障碍,使泪液从眼睑缘溢出。主要见于泪点、泪小管或鼻泪管的狭窄或阻塞。先天性常见于泪孔闭锁或结膜皱襞覆盖泪孔所引起。后天性见于脱落睫毛、沙粒等异物落入泪道,或外伤、炎症引起管腔黏膜肿胀或脱落。另外,一些眼球较大的狗种,如北京犬、马耳他犬等短鼻子犬种,泪孔或泪小管受眼球的压迫,泪液不能向鼻泪管排泄,也可出现单侧或两侧性流泪。

【临床症状】 泪液从一侧或双侧眼睑缘溢出,内眼角下方可见茶褐色泪液痕迹或集聚成黏稠的分泌物。由于该部皮肤长期受泪液的浸渍,可能发生湿疹。

诊断可将1%荧光素溶液滴于结膜囊内,10min之内染料在鼻孔出现,证明泪道通畅。也可在被检眼表面麻醉后,将4～6号钝圆针头插入上泪点及泪小管,连接装有生理盐水的注射器缓慢冲洗,若液体经下泪点排出,证明上、下泪点及泪小管通畅。指压下泪点及泪小管时,若液体流入咽喉(动物有吞咽或逆呕表现)或从鼻孔排出,即证明鼻泪管通畅。

【治 疗】

第一，对引起溢泪的先天性下泪点闭锁，可施行泪点重建手术。先如上法作泪道冲洗，冲洗开始时在内眼角下睑缘内侧出现的局限性隆起即为下泪点正常位置，然后在该处切除一小块圆形或卵圆形结膜。术后滴氯霉素眼药水和醋酸氢化可的松眼药水，6～8次/d，连用10～14d。

第二，为排除泪道内可能存在的异物或炎性产物，用含青霉素的生理盐水做强力泪道冲洗。

第三，对顽固性泪道狭窄或阻塞，可施行鼻泪管插管，使泪道狭窄部永久性扩张。由于肿瘤压迫的，要切除肿瘤。

瞬膜外翻

本病是由于狗的瞬膜内软骨的异常弯曲或软骨骨折，使瞬膜的游离缘翻向外侧的一种异常状态。

【病 因】 某些狗的瞬膜软骨发育异常，抓伤或搔痒引起的摩擦造成软骨的损伤。

【临床症状】 瞬膜外翻，或者下垂于结膜穹隆，瞬膜红肿，有浆液性或黏液性分泌物。

【治 疗】 全身麻醉，眼部用3%硼酸液消毒。向瞬膜内注入适量生理盐水，使瞬膜外层与软骨分离，在瞬膜球面软骨骨折处或异常弯曲处做一个横切口，分离软骨，并摘除软骨，用细肠线缝合切口。术后5d，局部应用抗生素眼膏点眼。

角膜炎

角膜炎主要以角膜组织的病变为特征，如角膜混浊，角膜周围形成新生血管或睫状体充血，眼前房内纤维样沉着，角膜溃疡、穿孔、留有角膜斑翳等。

【病　因】 多由于外伤(尖锐物体的刺伤,宠物之间的打斗等)或异物进入眼内而引起。角膜暴露受细菌感染,营养障碍,邻近组织病变的蔓延等,均可诱发此病。在某些传染病过程中(犬瘟热、传染性肝炎等)能并发角膜炎。

【临床症状】 浅表性角膜炎为临床常见,通常为角膜直接受外来因素刺激所致。表现为角膜表面混浊和呈树枝状新生血管。

深层性角膜炎多因眼内感染引起。可见于前色素层炎、犬瘟热、传染性肝炎、全身性真菌感染等疾病过程中。表现为角膜混浊增厚,新生血管分支少,呈细扫帚状。

溃疡性角膜炎时角膜出现溃疡,患眼疼痛,导致眼睑痉挛,角膜水肿,表面不规则,有浅表性血管形成;深入基质层的溃疡多呈圆形或椭圆形,边缘因白细胞浸润呈灰白色混浊,容易发生后弹力层突出和角膜穿孔,伴有多量浆液、黏液、脓性分泌物。荧光染色和细菌培养有助于诊断。

【治　疗】 治疗首先要查出并除去致病原因。急性期的冲洗和用药与结膜炎治疗大致相同。可用托百士眼药水后者氧氟沙星眼药水,4～6 次/d;为防止虹膜粘连,可用硫酸阿托品眼药水与以上药物交替使用。角膜水肿严重时,可滴用 2%～5%灭菌氯化钠溶液。对于深在性角膜溃疡,为抑制胶原蛋白溶解,可滴用 5%～10%乙酰半胱氨酸溶液。用 0.3%盐酸普鲁卡因溶液 2mL 加青霉素 10 万～20 万 IU 或硫酸庆大霉素 2 万～3 万 IU,与地塞米松注射液 1mL 混合后做结膜下注射或眼球后封闭。同时应用瞬膜瓣保护角膜。硫酸妥布霉素(托百士眼药水)对革兰氏阴性菌感染的角膜炎有效。角膜溃疡时,还可选用素高捷疗或者贝复舒眼药。

结膜炎

结膜炎是球结膜和睑结膜的炎症。结膜内含有丰富的毛细血管、感觉神经末梢和多量的淋巴细胞,对内在或外来刺激极其敏感。本病常由外来的或内在的轻微刺激而引起。

【病 因】 ①机械性原因。结膜外伤,各种异物(灰尘、皮毛、昆虫等)落入结膜囊内或粘在结膜上,寄生虫寄生于结膜囊内(如犬结膜吸吮线虫),眼睑位置改变或结构缺陷,眼睑内翻或外翻、缺损,睫毛异常生长。②化学性原因。各种化学用品或药品的喷溅、气熏,给狗洗澡或体毛驱虫时应用的皮毛清洁剂或驱虫剂误入眼内。③继发性原因。继发于某些传染病,如犬瘟热、传染性肝炎,还可见继发于邻近组织的疾病,如泪囊炎、角膜炎、窦炎、鼻泪管阻塞等。

【临床症状】 主要症状为畏光、流泪、结膜潮红、眼睑痉挛。从内眼角排出浆液性至脓性分泌物。又可分为卡他性结膜炎和化脓性结膜炎2种。

(1)卡他性结膜炎 是临床上最常见的病型,表现为结膜潮红、肿胀、充血,分泌浆液、黏液或黏液脓性分泌物。其又可分为急性和慢性2型。

急性型:轻度时结膜及穹隆部稍肿胀,呈鲜红色,分泌物少,初期清亮,继而则变为黏液性。重度时眼睑肿胀,常有热痛、畏光、充血,甚至见出血斑,炎症可波及球结膜。

慢性型:常由急性转来,症状往往不明显,畏光程度很轻或没有,轻微充血,结膜呈暗赤色。

(2)化脓性结膜炎 因感染化脓菌或在某种传染病(特别是犬瘟热)过程中发生。除结膜炎的一般症状外,其症状表现更剧烈。以眼内流出多量黏液性或纯脓性分泌物为特征。上、下睑缘和睫毛常被黏稠脓性物粘在一起。若炎症较重或持续时间较长,可发生结膜坏死、眼球粘连,甚至角膜溃疡。

【治　疗】 除去病因。若为继发则以治疗原发病为主。应用3%硼酸水、0.1%雷佛奴尔或生理盐水洗眼。非病毒性感染和角膜完整时,首选托百士或者杆菌肽眼药水,局部肿胀严重时合并滴用氯霉素眼药水和醋酸可的松眼药水或典必殊眼药水,每日3～4次。如无效,则选环丙沙星、先锋霉素Ⅳ。疑为病毒感染时,可滴用疱疹(碘苷)净眼药水、吗啉胍眼药水或者猫眼康眼药水(阿昔洛韦+泰乐菌素),最初每2h 1次,症状改善后,每日5～6次。对于顽固性化脓性结膜炎,可选用1%碘仿软膏,同时用普鲁卡因青霉素做结膜下或球后封闭。

干眼病

本病又称干性角膜结膜炎。

【病　因】 通常由泪腺缺乏引起。细菌感染、自身免疫性腺炎、犬瘟热、长期应用阿托品及磺胺类药物、手术摘除瞬膜腺等,均可引发本病。

【临床症状】 出现持续性黏液脓性结膜炎、角膜瘢痕及溃疡。眼睑痉挛,眼球凹陷且疼痛,流黏性或脓性分泌物。用湿棉签清洁角膜,可见结膜潮红,血管增生,角膜干且有色素沉着。泪液少,内侧鼻孔干。

【诊　断】 可做眼泪液试纸试验。

【治　疗】

(1)人工诱泪　将毛果芸香碱混于食物中饲喂,每10～15kgbw加2%毛果芸香碱,2次/d;或2%环孢菌素A,2次/d。有人建议加少量可的松。

(2)溶解过多黏液　用黏液溶解剂10%乙酰半胱氨酸滴眼,

使其他药物能够在表面扩散。

(3)腮腺管移植术 对慢性病例，药物不能控制角膜瘢痕化发展时，可以采用腮腺管移植术。

白内障

白内障指晶状体或晶状体前囊发生混浊。由于视路受阻，导致视力减退或丧失。

【病 因】 ①先天性白内障。始于胚胎期，由于晶状体及其囊在母体内发育异常，出生后即表现为白内障。②外伤性白内障。由于各种机械性损伤(如角膜透创)，致晶状体及晶状体囊营养发生障碍。③继发性白内障。继发于其他眼病及全身性疾病，如虹膜炎、眼色素层炎、糖尿病等。④老年性白内障。系晶状体的退行性变化，主要见于8～12岁的老龄狗。

【症状与诊断】 病初视力正常。当晶状体失去透明性，进一步发展为晶状体混浊时，瞳孔变为蓝白色或灰色，视力消失或减退。混浊明显时，裸眼检查即可确诊。否则，需要做烛光成像检查或检眼镜检查。当晶状体混浊时，烛光成像看不见第三个影像，第二影像反而比正常时更清楚。检眼镜检查时，混浊部呈黑色斑点。

【治 疗】 早期针对发病原因治疗。一旦混浊就不能被吸收。白内障手术疗法是目前唯一有效的方法，国内已有几家宠物医院可以做该手术。

青光眼

本病是狗的眼内压升高导致视网膜和视神经损伤的眼病，伴发瞳孔扩大、固定或反应迟钝、特异性结膜充血、角膜水肿和眼球变硬。

【病 因】 可分为原发性和继发性2种。原发性的有遗传性，如比格犬原发性眼前房开放，是单纯性常染色体隐性遗传病。眼内炎症，晶状体脱落，引起色素层炎，使眼房液排出受阻，眼内压增高，可引起继发性青光眼。其他如肿瘤、眼前房出血、晶状体移位等，也可继发青光眼。

【临床症状】 眼球肿大，导致晶状体移位和角膜后弹性层破裂，疼痛。

【治 疗】 由于眼内压高，在几天内可使眼睛遭受永久性损害。所以在急性期治疗才有意义。静脉滴注甘露醇，口服碳酸酐酶抑制剂、2%毛果芸香碱或噻吗心安，给予1%可的松，或口服双氯磺酰胺，2.2～4.4mg/kgbw，2～3次/d，使眼房液减少。应同时补钾。禁用阿托品。

原发性青光眼需要进行手术或睫状体冷冻疗法，因为药物对眼内压维持正常的时间不超过2～3d。出现视力丧失后，可采取以下方法：摘除眼球、眼内修复术、睫状体冷冻疗法、玻璃体内注射10～25mg庆大霉素。

眼球脱出

本病常由外伤引起，主要是打斗中被其他狗抓出。多见于北京犬。

【治 疗】 需全身麻醉，彻底清除异物、血凝块和坏死组织，检查脱出的眼球上视神经是否断裂，视神经已断的狗，预后视力不能恢复，眼球会萎缩。

将眼球涂布抗生素眼膏后还纳眼眶窝中，眼肌断裂少的可以直接还纳，若眼球肿胀无法还纳时，可在外眼角处剪一创口，先将眼球还纳。眼肌断裂多的，可以考虑用缝线将巩膜和眼眶内组织缝合2～3针，以固定眼球，然后缝合眼睑创口皮肤。

可将瞬膜与眼睑缝合，或上下眼睑缝合，以防眼球再脱出。全身应用抗生素治疗。

感染严重、眼球已损坏的病狗，应摘除眼球。

视神经炎

本病是视神经的急性炎症，可引起急性双目失明。

【病　因】 原因不明或为自发性的。某些中枢神经系统疾病的过程中，如犬瘟热、弓形虫病、肉芽肿性脑膜炎等，可引发视神经炎。

【临床症状】 瞳孔散大且固定，视力突然消失。检查眼底可见视神经乳头发炎、肿胀，边缘不清，局灶性视网膜剥离，而其他结构一般不见异常。

【治　疗】 连用3周皮质类固醇，如皮下注射曲安奈德注射液，或者口服强的松，1～3mg/kgbw，若3周后疗效不明显，则逐渐停药。给予营养神经的药物有益。

眼肿瘤

根据发生部位的不同，有以下几类：

1. 眼眶肿瘤

为渐进性的占位性肿瘤，可引起眼球突出，眼睑和结膜肿胀，暴露性角膜炎，斜视，疼痛，以恶性的为主，多在眼眶内。此类病狗存活时间不长。应进行活组织检查，以确定是良性还是恶性，通过透视和B超决定肿瘤的范围，而后手术摘除肿瘤。

2. 眼睑肿瘤

发生率最高，以睑板腺腺瘤和腺癌最常见。皮脂腺癌侵害局部组织，是恶性肿瘤，但未见转移的现象。眼睑黑色素瘤，是眼睑边缘上弥散性有色素的肿瘤,需要大面积切除。也发现眼睑的组织细胞瘤、肥大细胞瘤和乳头状瘤。

3. 角膜肿瘤

比较少见。角膜缘恶性黑色素瘤为浅表性可蔓延的肿瘤,切除前需要做眼内检查,有时见其影响到虹膜和睫状体。手术摘除是常用方法。

虹膜睫状体炎

本病又称前眼色素层炎。

【病　因】 穿透性和非穿透性外伤及全身感染,是单侧色素层炎的病因,肿瘤和眼内蠕虫也是病因。

全身感染和免疫性疾病是引起双侧性虹膜睫状体炎的常见原因。例如,传染性肝炎、布鲁氏菌病、弓形虫病、全身性真菌病、钩端螺旋体病、恶性卡他热和埃利希病等。

【临床症状】 病初瞳孔缩小,眼前房内蛋白质和细胞增多,球结膜血管充血,虹膜肿胀,畏光,眼睑痉挛。并发症包括:青光眼、白内障、角膜混浊。由免疫反应引起或部分引起的复发性全色素层炎,伴发色素消失。

【诊　断】 调查病史,检查角膜完整性,同时进行眼房液穿刺培养和细胞学检查。

【治　疗】 局部给予阿托品,2～4 次/d。无细菌感染时,局部应用皮质类固醇,4～6 次/d。病狗放在光线暗的条件下饲养,给予前列腺素抑制剂,如阿司匹林(25mg/kgbw,3 次/d)、氟胺烟酸甲基葡胺(口服或皮下注射,1mg/kgbw · d,共用 3d)和保泰松(口服或缓慢静脉滴注,2～20mg/kgbw · d,最多用 800mg;静脉滴注,共用 3d),局部和全身应用抗生素治疗,防止细菌感染,必要时眼内应用抗生素。由免疫反应引发的虹膜睫状体炎需要全身或结膜下、眼表面应用皮质类固醇。

遗传性视网膜病

本病包括柯利犬的先天性隐性遗传病、渐进性视网膜萎缩、视网膜中央渐进性萎缩、视网膜发育不全和视神经发育不全。

1. 柯利犬先天性隐性遗传病

柯利犬眼异常表现为多种眼缺陷,主要是视盘周围脉络膜视网膜发育不全,以及视神经乳头及周围组织的缺损,严重时视网膜剥落。有时见有视网膜血管扭曲,可能出血。若视网膜脱落,则影响视力。目前尚无有效治疗方法。

2. 渐进性视网膜萎缩

这是一种退行性视网膜病,包括几种遗传性光受体病,是多个品种狗的隐性遗传病,并且品种不同症状和发病年龄上也有差异,例如,爱尔兰塞特犬和柯利犬在 4～6 月龄发病,小型贵妇犬和其他品种的狗在 3～5 岁时发病。从夜盲开始,数月至数年内逐渐丧失视力。检查眼底,见基底细胞层反光性双侧对称性增强,非细胞层的色素消失,视网膜血管数量减少并且变细,最后视神经乳头萎缩。由于本病后期出现皮质白内障,常掩盖视网膜的病患。目前尚无有效治疗方法。

3. 视网膜中央渐进性萎缩

主要是视网膜色素细胞营养不良。本病主要出现在拉布拉多犬、柯利犬以及英国的一些牧羊犬。早期检查眼底,可见眼底细胞层出现不规则的、带色素的小病灶,随着其反光性的增强,小病灶融合并褪色,非细胞层变成花斑状,视网膜血管消失,视神经乳头萎缩。几年内出现不可复性失明。目前尚无有效治疗办法。

4. 视网膜发育不全

本病是指视网膜的局部或整体先天发育不良。外伤、遗传缺陷和子宫内损伤以及病毒感染均为病因。可能无症状,或者视力受影响,严重时视网膜剥落。本病常伴发白内障,拉布拉多犬伴发前肢骨骼发育不全,骨骼短小。目前尚无有效治疗方法。

5. 视神经发育不全

本病在小型贵妇犬有遗传性。可单侧或双侧发病。出生后失明,是双侧发病的表现之一。单侧发病,一般被偶然发现,若另一只眼也出现病患,则症状明显。目前尚无有效治疗方法。

第十二章　皮肤病

蚤　病

跳蚤是小的棕色、侧面窄的昆虫，在体表被毛中活动时可被发现。狗最常见的是栉头蚤感染，这是一种猫的跳蚤。

在长毛品种的狗身上不易找到跳蚤，但可以发现体表被毛深部黑、硬、发亮的东西，这是跳蚤的粪便，是跳蚤存在的证据。

【临床症状】　跳蚤叮咬动物，可引起瘙痒、局部脱毛、皮肤红斑以及过敏性皮炎。

【治　疗】　口服体虫清片剂，每月 1 次，或者外用大宠爱、福来恩滴剂；也可给患病狗佩戴防蚤狗颈圈（法国维克），同时对症给药（止痒，消炎），首选抗菌止痒喷剂；严重瘙痒时可以皮下注射曲安奈德（一针止痒 2 周）。

虱　病

虱目为吸血昆虫。狗体表寄生的虱主要有：多行长颚虱、狗啮虱。虱为无翅、体扁平的昆虫，体长一般为 1～2mm，贴附于被毛和皮肤上吸血，不吸血时，口器的吸血管刺缩回头部。食毛目虱以表皮为食，有些也能以宿主血液和皮肤渗出物为食。

虱卵呈灰色，半透明，近似卵圆形，紧附于宿主的毛干上。若虫分 3 期，比成虫小，但生活习性和外观与成虫相似，1 个世代约 3～4 周（平均值）。

【临床症状】　皮肤瘙痒，引起狗抓、摩、啃、咬患部，被毛粗乱，严重时脱毛、皮肤损伤重,体弱,贫血。皮肤粗糙发干,无光泽,易继发细菌感染。

【诊 断】 检查狗体表可直接发现虱子的存在。可将狗的被毛分开,在强光照射下检查皮肤和毛根处有无虱子,有时被毛起结后,打开毛结即可发现虱及卵。

【防 治】 口服体虫清片剂或者拜宠爽治疗有效。也可以给狗佩戴除虱颈圈。可用药浴、清洗、喷雾和喷粉等方法防治,推荐菊酯类药物。

平时注意搞好狗舍和狗体清洁卫生,定期消毒杀虫。

蜱 病

蜱俗称壁虱、扁虱、狗豆子或草爬子,呈褐色或灰褐色,长卵圆形。在狗身上寄生的蜱,经过幼虫、若虫和成虫 3 个阶段,蜱吸饱血后离开狗体,落地进行蜕皮或产卵。

【临床症状】 一般情况下不产生皮肤瘙痒或皮炎,可能在寄生处引起轻度异体反应。主人常因突然发现狗身上的寄生蜱,用手摘除蜱时将口器留在皮内,引起轻度皮炎。其叮咬还会传播血液寄生虫病。

【防 治】 每月口服 1 次体虫清或者外用拜宠爽是首选的治疗措施;也可以使用福来恩滴剂或喷剂。或者将煤油、凡士林等油类涂在蜱寄生处,待蜱窒息后,与皮肤垂直方向将蜱拔除。双甲脒定期外用,有预防作用,但是要注意药物浓度不能过高,以防中毒!

预防主要是注意环境消毒与卫生。

蠕形螨病

蠕形螨寄生在狗的毛囊或皮脂腺中，其全部生活史（约24d）都在狗身上完成。正常情况下，在狗皮肤中有少量存在，严重感染多发生在闷热的夏季，常继发细菌性毛囊炎。以皮肤褶皱多的犬种更常见，如沙皮犬和长毛狗。毛囊大的部位症状重。本病有垂直遗传的趋向。

【临床症状】 分为脓疱型和鳞屑型2种，临床上以脓疱型的发生率高。鳞屑型感染处发生脱毛、秃斑，界限明显，几乎不痒。脓疱型可能由鳞屑型转变而来，也可能病初就是脓疱型的，红斑代表皮肤的炎症过程；病症发展或治疗不当，可造成全身感染。

被蠕形螨寄生的毛囊膨胀，破溃后螨虫扩散，细菌和碎屑进入皮肤中，引起异体反应，有脓疱或小脓肿形成，螨虫产生免疫抑制性血清因子，助长细菌的感染，形成细菌性毛囊炎。

严重感染时患部有红斑、脓疱，皮肤增厚，瘙痒，色素沉着；常有皮肤异味。患部主要在腹下部、股内侧、颈部和胸部。

【诊　断】 将皮肤结节或脓疱处刮取物做涂片，于显微镜下检查，见到虫体或幼虫即可确诊。

【防　治】 皮下注射伊维菌素，每周1次，4～6次为一个疗程（注意伊维菌素易引起柯利犬和喜乐蒂犬中毒）；局部配合外用伊维菌素类灭螨药。辅以局部应用抗菌、止痒、抗过敏药物。全身感染面积大时，可以口服这些药物，有助于治疗继发性细菌感染；常用头孢类抗菌药，外用抗菌止痒喷剂。瘙痒严重者可以皮下注射曲安奈德。

减少肉食量是预防蠕形螨发生的措施之一，尤其是藏獒。

疥螨病

本病临床上发生率高,夏季多发,因直接接触患病动物或被其污染的用具及环境而被感染,以皮肤严重瘙痒、脱毛为主要特征。

【临床症状】 常见患部在耳缘、肘后、跗关节后和尾部,进一步发展到全身;患部脱毛,出现红斑、小结节,甚至小水疱或脓疱,有皮屑和皮肤增厚,除掉痂皮后皮肤湿润并呈鲜红色。由于剧痒,患狗不断地啃咬摩擦患部,使被毛稀少,出现湿疹性皮炎。

【诊　断】 在红斑处刮取少量表皮,放在载玻片上镜检,出现疥螨虫体可以确诊。

【治　疗】 皮下注射伊维菌素效果好,每周 1 次,连用 4 次;局部皮肤破损严重的,可给予抗炎止痒药,推荐抗菌止痒喷剂;瘙痒严重者可以皮下注射曲安奈德。

耳螨病

本病由犬耳痒螨引起,为直接接触传染。耳痒螨生活在外耳道,整个生活史需要 18～28d,引起耳部瘙痒等一系列症状。

【临床症状】 耳痒螨靠刺破皮肤吸吮淋巴液和渗出液为生,使耳道内出现褐色渗出物,有时有鳞状痂皮。继发细菌感染后,病变可深入到中耳、内耳及脑膜等处。患狗因耳部瘙痒抓挠而造成伤口,渗出液在耳壳上结痂,耳部肿厚。病狗常摇头、不安。

早期感染是双侧性的,进一步发展为整个耳郭广泛性感染,鳞屑明显,角化过度。

虽然犬耳痒螨常侵害外耳道,但也可引起狗耳和尾尖部的瘙痒性皮炎。

【诊　断】 用耳镜检查耳道,可以发现细小的、白色或肉色的犬耳痒螨在暗褐色的渗出物上运动。在低倍镜下检查渗出物，可以确诊犬耳痒螨的存在。

【治　疗】　清洁耳道，耳内滴注杀螨剂(伊维菌素)，或涂擦灭螨药，皮下注射伊维菌素。若继发细菌感染引起中耳炎，应使用抗生素。

恙螨病

恙螨的幼虫寄生在人和动物体上。幼虫呈橙黄色至红色，用爪和头部附在宿主的皮肤上，引起瘙痒。常见成群生长，出现在耳郭内侧、肛门周围和内眼角等部位。

【治　疗】　皮下注射伊维菌素，每周1次，连用4周。

钩虫幼虫性皮炎

钩虫属于弯口线虫，寄生在狗的小肠内，主要在十二指肠；也感染狐狸和猫等动物。野外生活和犬场的狗发生率高于家养宠物狗。

【临床症状】　病狗消瘦，结膜苍白，被毛易脱落，钩虫的幼虫侵害常使爪部出现慢性瘙痒皮炎(格力犬常见)，皮肤可能有脓疱。患狗还出现呕吐、腹泻与腹泻交替等肠炎症状，粪便带血或呈黑色。

【诊　断】　用饱和盐水浮集法，检查出粪便中的虫卵即可确诊。

【治　疗】　首选口服犬内虫清或拜宠清片剂；也可以口服伊维菌素(注射剂量即可)；给予高蛋白全价日粮。

犬恶丝虫性皮炎

犬恶丝虫主要寄生在右心室和肺动脉,以跳蚤、蚊子为中间宿主,引起呼吸困难、贫血和循环障碍等症状,也可引起皮炎。

【临床症状】 病初病狗有慢性咳嗽,皮肤有红斑,有时出现结节性皮肤病,以瘙痒性多发性灶状结节为特征。皮肤结节是血管中化脓性肉芽肿引起的。

【诊　断】 皮肤刮取物或组织活检中,发现有大量犬恶丝虫(主要存在于皮肤的毛细血管中)即可确诊。

【治　疗】 首选犬心宝和犬心安。也可以使用硫乙胂胺驱成虫。在治疗成虫3～6周内治疗微丝蚴,可用二噻扎宁或左旋咪唑,也可使用杀螨菌素、倍硫磷、左旋咪唑或伊维菌素驱除犬恶丝虫的微丝蚴。

皮肤真菌病

本病又称癣。由真菌感染皮肤、毛发和爪甲后患病。

【病原及流行病学】 本病主要是由犬小孢子菌(约占70%)感染,其次是由石膏样小孢子菌(约占20%)感染和须发癣菌感染(约占10%)引起的。本病为接触性感染,人兽共患,幼龄、衰老、瘦弱及免疫缺陷者易感染。真菌在失活的角质组织中生长,当感染扩散到活组织细胞时立即扩散,一般病程为1～3个月。多为良性,常自行消退。

【临床症状】 常表现断毛、掉毛或出现圆形脱毛区,皮屑较多。也有不脱毛、无皮屑但患部有丘疹、脓疮,或者脱毛区有皮肤隆起、发红、结节化的病灶,为急性真菌感染或存在细菌性感染所致,称为脓癣。它与周围界限明显,也可能与局部过敏反应有关。

须发癣菌感染时，患部多在鼻梁的两侧，呈对称性感染，很容易与其他疾病混淆。

全身性癣病比较少见，除非伴发免疫缺陷（如用皮质类固醇或其他免疫抑制剂治疗和肾上腺皮质激素亢进）或者代谢病（如糖尿病）。

【诊　断】 进行真菌培养、显微镜检查和伍德氏灯检查，发现病原菌即可确诊。

【治　疗】 小面积真菌感染，可外用抗真菌软膏，推荐用兰美舒软膏或霉菌净（伊曲康唑＋洗必泰）软膏。全身性感染或慢性严重病例，可内服真菌灭（特比萘芬＋维生素 B_2）片剂，10mg/kgbw·d，连用 4 周；之后再做皮肤刮皮检查，继续给药直到真菌消失。

为防止真菌病再度感染，对患病狗的用具、周围环境也应消毒，可采用药物或火焰喷灯（金属笼具）。

脓皮病

脓皮病是敏感细菌感染引起皮肤引起的化脓性皮肤病，分为原发性和继发性 2 种，有浅表、浅层和深层之分。皮褶多的犬易发病。

【病　原】 最常分离到的病原微生物包括：凝固酶阳性的金黄色葡萄球菌、凝固酶阴性的表皮葡萄球菌、溶血性或非溶血性链球菌、棒状杆菌、假单胞菌和奇异变形杆菌；大多数病例的病原为中间葡萄球菌。

代谢紊乱、免疫缺陷、内分泌失调和各种变态反应性疾病，均可促进本病的发生。

【临床症状】 以丘疹、毛囊性脓疮、蜀黍性红斑颈等浅表性化脓性皮炎为特征。深部脓皮病常局限于面部、腿部和趾（指）间等部位，也可能是全身性的。德国牧羊犬的病变部位常有化脓性通道。

幼犬(皮肤脂质层不足)脓皮病以浅层脓皮症及蜂窝织炎为主。常见于皮褶多的犬种,如北京犬、藏獒、德国牧羊犬、巴吉度犬、斗牛犬、腊肠犬和可卡犬等。局部淋巴结肿大,耳、眼和口腔周围水肿、脓肿和脱毛。

临床上以表皮脓疱疹、皮肤皲裂、毛囊炎(包括疖或痈)和干性脓皮病为主。

【诊　断】 从病变部位采取病料进行细菌染色、细菌培养和药敏实验。

【治　疗】 外用抗菌止痒喷剂,每天 2～4 次,连用 7～14d;外用聚维酮碘膏有效;口服或者注射头孢类药物、喹诺酮类药物有效,一般在症状消失后再用抗菌药物 7d。

根据病原分离和药敏试验结果,选择全身应用抗生素。

对非细菌性感染,可应用大剂量的皮质类固醇(强的松或强的松龙),病初用 1mg/kgbw,2 次/d,30d 内逐渐减少药量并停药,同时使用抗生素。顽固性或复发性的脓皮病,必须找到病因后对症治疗。由于多数葡萄球菌能够产生青霉素酶,所以选择抗生素时应使用确实有效药物,并按照顺序用药。

第十三章　产科病

假　孕

假孕是母狗发情而未配种或配种而未受孕之后，全身状况和行为出现妊娠所特有变化的一种综合征。狗排卵后，不论妊娠与否，排卵的卵泡都能形成黄体并存在较长时间(可维持 60～100d)，此黄体持续分泌孕酮，由于孕酮的持续作用，使母狗出现类似妊娠的明显征候。本病的发病率尚不清楚，据报道可占妊娠狗的 50%或更高。

【临床症状】　主要症状有乳腺发育、胀大并能泌乳。行为发生变化，如搭窝、母性增强、厌食、呕吐、表现不安、急躁等。腹部逐渐扩张增大，触诊腹壁可感觉到子宫增长，直径变粗，但触不到胎囊、胎体。临床表现程度不一，严重者可出现临近分娩时的症状。部分母狗在配种 45d 以后，增大的腹围逐渐缩小，B 超检查可知其为假孕。

【诊　断】　根据配种史和临床症状，不难作出诊断。X 线是常用的鉴别方法之一。其主要根据是扩张的子宫内有无胎儿的轮廓(骨骼)。但在时间上要求在胎儿骨骼形成，即发情配种约 40d 后进行。B 超是另一种快速、有效且损伤甚微的鉴别诊断方法；其主要根据也是子宫内有无胎儿。由于胎囊胎体一旦形成即可被 B 超检测到，所以在时间上 B 超检查可提早到配种后 20d 左右。另外，B 超还可用于鉴别诊断假孕与腹水及膀胱积尿等症。

【防　治】　轻症无须治疗。一般采取对症和支持疗法，可按 2mg/kgbw 肌内注射睾酮；或按 2mg/kgbw 口服甲地孕酮，每日 1

次,连服数日;或同时肌内注射睾丸素和雌激素(己烯雌酚),后者效果可能更好。总的来说,激素治疗效果不稳定。

临床上常用益母草膏+维生素 B_6,连用7d,效果不错。

双侧子宫卵巢切除术,是防止假孕的最根本措施。手术后给予止痛药物(痛立消)5d。

注意:繁殖期母狗不应使用激素,因激素可能引起子宫内膜病或增加子宫内膜病的严重程度。

流产

本病是胎儿或母体的生理功能发生紊乱而使妊娠中断。

【病　因】 流产可分为传染性流产、寄生虫性流产及普通流产。布鲁氏菌病及犬疱疹病毒病是引起传染性流产最主要的原因;引起流产的寄生虫病主要是弓形虫病,它是由龚地弓形虫引起的一种原虫病。普通流产的原因很复杂,包括由于生殖细胞缺陷而造成的胚胎发育异常、胎儿数目过多、胎盘异常、内分泌失调(甲状腺功能减退、孕酮分泌不足)、应激因素(高温、惊吓、殴斗、饥饿)、营养因素(营养缺乏或过剩、过肥)、慢性全身性疾病、生殖器官疾病及用药不当等。

【症状与诊断】 表现轻微不安,腹壁收缩,努责,从阴道排出分泌物,最终排出活的或死亡胎儿。发生的时期、引起的原因及母体本身的抗病能力有所不同,流产的过程、胎儿出现的变化和临床症状并不完全一样。

早期流产,胎儿往往被吸收。中后期流产,或排出死亡的胎儿,或胎儿腐败分解后从阴道排出腐败液体和分解产物。排出的流产胎儿往往在人发现之前已被母狗自己吃掉。而从阴道排出的腐败液体则又很难与宫颈开放的子宫蓄脓相区别。因此,本病的诊断必须结合详细的配种史及病史。

B超诊断流产具有很大的优越性。因其既可查明有无胎儿，更重要的是还可观察胎儿的发育情况及判断胎儿的死活(根据胎儿有无心跳)。

必要时,可做一些实验室检验项目,如血甲状腺素测定、血浆孕酮水平测定等。

【防　治】 加强妊娠狗的饲养管理,使其保持最佳的健康状况,避免受到损伤和外界刺激。妊娠初期,尽量避免使用化学药物,防止疾病和中毒的发生。对习惯性流产的母狗再次妊娠之后,可于适当时间肌内注射孕酮(2mg/kgbw),每周2～3次。

在胎儿已经死亡、流产不可避免的情况下,应促进母体将胎儿及其子宫内容物排出,可使用前列腺素(PG)$F_2α$、催产素或雌激素。对已出现中毒和休克先兆或全身情况不佳的母狗,需及时输液、补糖。同时根据体温和血象变化,适当使用抗生素。

难　产

难产是指母犬在分娩过程中不能将胎儿顺利娩出体外的一种疾病。

【病　因】 本病的发生既有母体的因素,也有胎儿的因素。母体因素有产道狭窄(主要是软产道扩张不全及骨盆未充分扩张)和产力不足(包括腹压不够和子宫阵缩有问题,如子宫乏力、子宫破裂、子宫扭转等)两个方面。常见的胎儿因素有胎儿过大(包括绝对过大和畸形发育)、胎儿位置不当(包括胎位、胎向、胎势异常)。临床实践证明,狗的难产有两种主要致病因素,一是原发性子宫收缩无力,二是胎儿堵塞产道。发生率与品种有密切关系,如短头品种狗易发生阻塞性难产。此外,过于肥胖或过早妊娠的母狗均易发生难产。较小品种的母狗与较大品种的公狗交配,也易发生难产。

【症状与诊断】

第一,预产期已到或已过,出现分娩预兆,但阵缩和努责次数少、时间短、力量弱,胎儿久不娩出,检查母狗,胎儿仍留在宫内。

第二,已娩出1个或数个胎儿,母狗仍有分娩动作,检查发现子宫内仍有胎儿,但迟迟不能将所剩胎儿排出体外。

第三,少数狗生出数只胎儿后,分娩动作即告停止,但仔细检查,腹内仍有胎儿。因此,宠物主人和医护人员都应注意这一点。在条件允许和必要时,可利用B超进行监护。

第四,产道触诊及腹部触诊是诊断狗难产最方便、最常用、最经济的方法。触诊内容包括有无胎儿、软产道的开张情况、胎儿的发育情况以及胎位、胎向及胎势是否正常等。

【防　治】 治疗体格较小的狗的难产时,采用牵引术、矫正术、截胎术等助产措施多难以奏效,通过阴道、直肠检查确定胎儿的位置、方向、姿势等亦有一定困难。因此对胎儿和产道方面因素所引起的难产应尽快采用剖宫产术,手术愈早,胎儿成活率愈高,母体康复愈快。由于阵缩与努责微弱、产道干燥所致的难产,可采用药物催产和人工助产措施。

药物治疗:最常用的药物是催产素,每次肌内注射5～10U。先用雌激素作预处理则效果更佳。应注意的是,阻塞性难产严禁使用催产素。产道干燥的,可用无菌胶管或漏斗向产道和子宫内灌入液状石蜡或胡麻子油100～200mL,待产道润滑后,采用助产方法促进胎儿的娩出。如软产道开张不全,且胎儿情况良好,可先用雌激素处理使软产道充分开张,然后或自行分娩或药物催产或手术助产。如使用催产素后40min效果不佳,就应该立即做剖宫产手术。

手术助产:①用手指和产钳经阴道取出胎儿的方法:病狗站立保定于手术台上,清洗阴门及周围区域并消毒,向产道内灌入适量润滑剂。术者操作时要严格遵守消毒规则。无论是徒手还是用器械助产，在阴道不收缩的情况下，将手指或器械伸入产道后，均须用手在腹壁外将胎儿固定住，这样里外配合，将胎儿拉出。②会阴切开术：适用于相对或绝对阴门狭窄引起的难产。在临床上应用这种手术解救难产的机会不多。③剖宫产术。

子宫内膜炎

子宫内膜炎是指母狗在分娩、流产后或在其他情况下，细菌侵入子宫腔内所引起的子宫黏膜的炎症。按病程可分为急性和慢性2种。急性子宫内膜炎多是由分娩或难产时消毒不严的助产、产道损伤、子宫破裂、胎盘及死胎滞留而引起感染。慢性子宫内膜炎除由急性炎症转化而来外，尚可见于休情期子宫内膜的囊性增生。

【症状与诊断】

(1)急性子宫内膜炎　最初的症状出现于分娩后12h至4d内。病狗精神沉郁，厌食，体温升高达39.5℃以上，脉搏频数，泌乳量下降或拒绝哺乳，有的伴发乳房炎。拱背、努责。阴道排出物稀薄，带有恶臭，呈红色(胎膜滞留的为绿色或黑色)。排出物中如有大量黏膜，则为中毒症状，往往出现抽搐、精神高度抑郁，并经常舔触阴唇。

腹部触诊可感知松弛的子宫，继发腹膜炎时因疼痛而拒绝触诊。实验室检验，白细胞数明显增高或显著减少。白细胞数增高时，绝大多数伴有核左移。

(2)慢性卡他性子宫内膜炎　性周期正常，但屡配不孕；常见从阴门中流出浑浊絮状黏液，并常混有血液。阴道黏膜充血，子宫颈口开张。

(3)慢性化脓性子宫内膜炎　性周期紊乱，从阴门中流出黏液脓性渗出物，并混有血液。触诊腹部，子宫体积增大，有波动感。阴道黏膜和子宫颈水肿并严重充血。

处于发情期的母狗,可从子宫颈采取黏液或收集子宫内容物进行细菌培养,有助于作出诊断。B超检查,可见子宫内积有液体(暗区)。如有死胎残留,可在见子宫积液的同时,尚有死胎骨骼的强回声反射。对疑有死胎残留的病例,亦可用X线技术检查。

【防　治】 全身治疗:先做药敏试验,然后用选定的抗生素(推荐阿米卡星注射液)进行全身治疗,并且当体温降到正常以后,至少应继续用药3～4d。静脉补液,以解毒、防止脱水及纠正电解质平衡紊乱。

宫颈开放的化脓性子宫内膜炎,可用0.1%雷佛奴尔液冲洗子宫,冲洗后向其内注入选定的抗生素。不论冲洗与否,子宫内注入抗生素(合用雌激素更好)都有益于防止感染扩散。

促进子宫收缩及子宫内容物的排出,可肌内注射1%人造雌酚(己烷雌酚)0.5～1.5mL,或肌内注射催产素5～10U,或灌服麦角新碱0.2mg(每日3次,连用2～3d)。此外,通过腹壁按摩子宫也有一定效果。

注意:子宫极度扩张的病例禁用子宫收缩药,否则可能导致子宫破裂或腹膜炎。

子宫蓄脓

子宫蓄脓是指在子宫内蓄积多量的脓性分泌物。按子宫颈开放与否可分为闭锁型与开放型2种。注意,子宫蓄脓的发生一般是较慢的过程,最后形成脓毒败血症。

【病　因】 本病常继发于化脓性子宫内膜炎及急、慢性子宫内膜炎。化脓性乳房炎及其他部位化脓灶的转移也是本病的诱因。体内激素代谢紊乱及微生物侵入子宫是引起本病的主要原因。研究证明,在发生子宫蓄脓之前,通常都有囊性子宫内膜增生,而后者则是发情周期黄体期子宫对孕酮持续刺激的一种异常反应。细菌侵入子宫的途径主要是尿道和肛门、阴门区域。最常见的病原菌为埃希氏大肠杆菌。

【症状与诊断】 患狗精神不振，厌食，一般体温正常，发生脓毒血症时体温升高。呕吐，喜饮水，多尿，夜尿。闭锁型病例腹围增大，触诊腹部可感知胀满的子宫角。开放型病例阴道流出大量灰黄或红褐色脓液，具腥臭味。

实验室检验：白细胞增多，为 2 700～4 000 个/mm^3。多数患狗嗜中性白细胞核左移显著，幼稚型中性白细胞可达 35%～50%或以上。白细胞增多的患狗，大都是子宫颈紧闭、子宫已发生感染者。临床上偶尔可以见到母狗白细胞数正常，血象也正常，但子宫异常膨胀扩大。通常这种患狗的子宫尚未受到感染，其内容物为清亮的类似黏液的液体，称为子宫积液或子宫积水。有些病例出现贫血现象，红细胞压积 28%～35%。阴道涂片检查，可见大量嗜中性白细胞和微生物。

X 线检查：可见从腹中部到腹下部有旋转的香肠样均质液体密度，有时能见到滞留的死胎。

B 超检查：可评价子宫的大小和子宫壁的厚度，可见子宫内有多量液体(暗区)。但要注意与子宫液体积蓄或早期妊娠鉴别，观察子宫内有无滞留的死胎。

【治　疗】

(1)手术疗法　尽早实施卵巢子宫全摘除手术，是本病最好的根治方法。适用于种用价值不大或药物治疗无效的狗。体温升高的狗，必须先用抗生素控制体温，待体温降至正常范围并稳定数日后方可手术。手术 48h 后才是安全时期。

(2)药物疗法　适用于已经中毒或施行手术可能引起死亡的病例。治疗的一般原则是：促进子宫内容物的排出及子宫的复旧，控制或防止发生感染，增强机体抵抗力。①静脉补液，治疗休克，纠正脱水和电解质及酸碱异常。全身使用广谱杀菌性抗生素，推荐给予泰乐菌素(肺炎灵)5 d,之后给予阿米卡星 7d;静脉给予左氧氟沙星注射液 3d。②前列腺素 $F_2\alpha$ 治疗:按 250μg/kgbw 皮下或肌内注射,用于宫颈口开张的病例效果更好。应同时使用抗生素。③催产素、麦角制剂可治疗开放型子宫蓄脓。使用催产素前,须先用雌激素敏化子宫,以便提高疗效。④开放型的病例,可冲洗子宫后再做相应的处理(见子宫内膜炎)。⑤闭锁型的病例,可试用前列腺素 $F_2\alpha$ 或雌激素以扩张子宫颈,然后再做处理,但效果难预料。

产后搐搦症

产后搐搦症又称产后子痫、产后癫痫或泌乳期惊厥。本病是以低钙血症和运动神经异常兴奋而引起肌肉强直性收缩为特征的严重代谢疾病。虽然本病在产前、分娩过程中或产后 6 周之内均可发生,但以产后 2～4 周期间发生最多。本病多见于产仔数多、泌乳量高的小型母狗。产后血钙浓度急剧降低是本病发生的直接原因,饲喂含钙量低、营养不平衡的食物是发生的诱因。

【临床症状】 病初母狗运步蹒跚,流涎,呻吟,步样强拘。随后全身肌肉震颤,颈和腿伸直,全身僵直。卧地不起,呼吸迫促,脉搏加快,体温升高(40℃以上),可视黏膜充血,眼球向上翻动,口角常附有白色泡沫。如不及时治疗,可于 1～2d 后窒息死亡。

血钙浓度降为 8mg/100mL,严重者只有 6～7mg/100mL 或更低(正常母狗血钙浓度为 9～12mg/100mL)。

【防　治】 用 10%葡萄糖酸钙 10～30mL,缓慢静脉滴注。一般于 24h 后重复 1 次,重症病例可重复 2～3 次。

对单纯使用葡萄糖酸钙效果不佳或持续痉挛的,可静脉注射戊巴比妥钠 10～10mg/kgbw 或硫喷妥钠 15～18mg/kgbw。也可口服强的松龙 0.5mg/kgbw,每日 2 次。

立即(或尽量提早)给幼狗断奶,进行人工哺乳。立即断奶困难者,也应严格控制幼狗的吃奶量,做到逐次逐日地减少,直至断奶。

在妊娠后期、哺乳期增加日粮中钙的含量,供给含有适量钙、维生素D和能量平衡的日粮。适量增加户外运动及多晒太阳,可有效地预防本病的发生。治愈的病狗在下次分娩前后更应注意预防。

卵巢囊肿

卵巢囊肿有4种类型:卵泡囊肿、黄体囊肿、上皮小管囊肿和卵巢网囊肿。前2种较为常见。卵泡囊肿是由于卵泡上皮变性、卵泡壁结缔组织增生变质、卵细胞死亡、卵泡液未被吸收或者增多而形成。黄体囊肿由未排卵的卵泡壁上皮细胞黄体化而形成,因而又称为黄化囊肿。卵巢囊肿多因促性腺激素分泌紊乱而引起,多见于老龄狗。本病是导致不孕的原因之一。

【症状与诊断】 卵泡囊肿的病狗表现为频繁或持续发情,有时爬跨公狗,即所谓慕雄狂状态。精神急躁,行为反常,甚至攻击主人。若一侧发病,另一侧卵泡可正常发育,但多不排卵,或排卵但不能受孕。手术可见卵泡囊壁很薄,充满水样液体。黄体囊肿时,性周期完全停止。卵泡囊肿的血浆雌二醇水平升高。

大的卵巢囊肿,能形成可以触知的腹部团块,含有大囊肿的卵巢可能发生扭转,如囊肿较大,腹部X线检查,可显示肾后液体密度的团块。B超检查,肾后区卵巢位置可见局限性液性暗区(囊肿)。

注意与多囊肾、肾上腺和肾的肿瘤、卵巢肿瘤及其他中腹部团块鉴别诊断。确诊应做剖宫探查。

【治　疗】 多数卵泡囊肿,不经治疗可能在数月内自然消失。

对于持久的卵泡囊肿，可肌内注射人绒毛膜促性腺激素(HCG)使其黄体化，剂量为500IU，48h后重复。如果有效，1～2d内由前情期转入发情期，在2周内，病狗应完全停止交配。

手术摘除卵巢子宫是本病的根治方法。如果囊肿限于一侧卵巢，则切除患侧卵巢可取得良好效果。

外阴炎和阴道炎

外阴炎是指阴门和前庭部的炎症。多因分娩时外阴创伤，助产时手或器械消毒不严以及尾巴带入细菌而感染。交配时，外阴黏膜损伤也可引发本病。阴道炎即阴道的炎症。原发性阴道炎多见于某些性成熟前的大型犬，如德国牧羊犬、拳师犬等。继发性阴道炎多见于成年狗。诱因为发情期过长、交配不洁、分娩时感染，以及继发于子宫、膀胱、尿道及前庭感染。阴道炎常并发外阴炎。

【症状与诊断】 外阴炎与阴道炎的症状相似。外阴炎病狗不安，拱背，频频排尿，伴有呻吟。阴门排出黏液脓性分泌物，阴唇肿胀，多数病狗因疼痛而拒绝检查外阴。阴门周围常被分泌物污染而诱发皮炎。原发性阴道炎多表现为性成熟前狗阴道持续流出大量脓性分泌物；继发性阴道炎除可见阴道流出异味分泌物外，病狗常舔舐外阴，并有尿频与少尿症状。阴道检查，可见阴道黏膜充血肿胀。外阴炎与阴道炎的其他全身症状不明显。

实验室检验：分泌物镜检，可见大量脓细胞及上皮细胞，并有β-溶血性链球菌和类大肠杆菌。阴道细胞学检查，可见大量变性的嗜中性白细胞。血象和生化指标一般正常。

为排除尿道感染，可于耻骨前进行膀胱穿刺，取尿液进行分析和培养。

【治　疗】 对于外阴炎，可先清洗尾部和外阴部，张开阴门裂，用0.1%高锰酸钾或0.1%雷佛奴尔液冲洗前庭部。将尾根缠上绷带系于一侧，以免过于刺激阴门。清洗后外阴部涂以消炎软膏。

性成熟前的阴道炎不需治疗，一般在第一次发情时自行消散。

对于成年狗的阴道炎，应根治细菌感染。为此，可选择如下药液进行阴道冲洗：0.1％高锰酸钾、0.1％雷佛奴尔、0.2％呋喃西林、0.5％聚乙烯吡咯酮碘、0.05％洗必泰等。阴道冲洗应于配种前1周停止。冲洗之后，可涂抗生素软膏，阴道内填塞洗必泰栓，口服灭滴灵等。必要时，全身可使用抗生素，但要以阴道培养物所做的药敏试验结果为依据。如未培养，要选择对埃希氏大肠杆菌有效的抗生素，如甲氧苄啶等。

注意：全身应用抗生素和阴道冲洗，应持续到阴道排出物消失后约1周。

阴道脱出

母狗发情时，由于受到雌激素的作用，阴道黏膜都有不同程度的增生或充血。如果增生过度，长时间不消退，部分或全部阴道就会翻出阴门之外，造成阴道脱出。本病的发生率不高，可见于年轻的大型犬。

【症状与诊断】 部分阴道脱出的患狗，病初卧地时往往可见粉红色阴道组织团块突出于阴门之外，站立时可复原。若脱出时间过久，脱出部分增大，患狗站立后也不能还纳于阴道。若脱出部分接触异物而被擦伤，则可引起黏膜出血或糜烂。

阴道全部脱出的患狗，整个阴道翻出于阴门之外，呈红色球状物，站立时不能自行还纳。如脱出时间较短，可见黏膜充血；如脱出时间较长，则黏膜发紫、水肿、发热，表面干裂，裂口中有渗出液流出。

本病应注意与阴道平滑肌瘤鉴别诊断。阴道肿瘤的特点是：

附着有阴道任何部位的坚实无蒂团块,一旦突出于阴门之外就不能复位,其发生与发情无关,常发生于老龄狗,不能自然退化。阴道增生与脱出的特点是:脱出团块柔软,能够复位。其发生明显与发情有关,间情期自然退化。

【治　疗】 轻度脱出者,如脱出的阴道黏膜仍保持湿润状态,未受损伤,亦未被粪尿、泥土沾污,局部涂抹抗生素-甾体激素软膏后,加以整复即可。

全部脱出的病例,可用2%明矾或1%硼酸液洗净脱出部分,将后肢提起,在脱出部涂上润滑油,用手指轻轻将阴道送入阴门,投入一些抗生素软膏后,做阴门结节缝合,可防止阴道再次脱出。若脱出的阴道黏膜已变干燥,发生坏死,有严重损伤无法整复或组织已失去活性时,则必须采用手术疗法,将脱出部分切除。

妊娠期间发生阴道脱出时,大都采取保守疗法。保守疗法无效时,为了保存母狗生命,方施行剖宫产术。

子宫脱出

子宫角前端翻入子宫颈或阴道时,称为子宫内翻。子宫内翻进一步发展,造成部分或全部子宫脱出于阴门之外,即为子宫脱出。

【病　因】 引起子宫脱出的原因有妊娠期运动不足、过肥或胎水过多,胎儿过多,子宫肌过度伸张和松弛,助产时粗暴牵拉胎儿,产后努责仍很强烈等。

【症状与诊断】 患狗表现不安、忧郁(卧于暗处),阴门中脱出不规则、红色的长圆形物,黏膜水肿、增厚,表面干裂,从裂口中渗出血液或渗出物。腹部紧张、疼痛。如继发感染则体温升高,食欲减退,不适,呕吐等。

根据新近分娩史、视诊检查、手指检查阴道或阴道镜检查,一般不难作出诊断。

注意与阴道脱出及阴道新生物鉴别诊断。

【治 疗】 先将患病动物全身麻醉,用刺激性小的消毒液冲洗子宫,除去异物和淤血。再以2%热明矾液或1%硼酸液洗净黏膜,并在黏膜上涂布抗生素软膏。然后进行手术整复。

手术整复:助手提起两后肢,术者用手指推回脱出的子宫,同时另一手从腹壁上向前拉回子宫。完全脱出或脱出部严重淤血、水肿不易经阴道整复时,可在下腹的正中部剃毛、消毒,切开一小口,伸入两手指从腹腔内拉回子宫,这种方法很容易整复,而且不会损伤脱出的子宫。为防止再次脱出,可做阴门缝合。脱出子宫损伤严重、组织失活或不能整复时,可做卵巢子宫的全切除术。

药物治疗:促进子宫复位,可肌内注射催产素5～10IU。除局部涂抹抗生素软膏外,全身给予广谱杀菌性抗生素7～10d。根据情况,考虑静脉补液,以纠正脱水和电解质异常。

泌乳不足及无乳

【病 因】 产后或泌乳期乳腺功能异常,可引起泌乳不足,甚至无乳,多见于初产母狗。原因有乳腺发育不全、内分泌功能障碍、体质瘦弱、肥胖或患有严重疾病,以及妊娠后期营养缺乏等。此外,精神紧张也是引起本病的原因之一。

【临床症状】 临床可见乳房松软、缩小,乳汁逐渐减少或无乳,或突然无乳汁排出。仔狗吮乳次数增加,并经常用头抵撞乳房,并且常因饥饿而鸣叫。母狗有时因为疼痛而拒绝哺乳。

【防 治】 改善饲养管理,喂以富含营养的食物或催乳。让病狗在安静、熟悉的环境中生活。温敷及按摩乳房是一项重要的刺激乳腺功能的方法,每日进行2～3次。

母狗产后即喂催乳糖浆或催乳糖片。也可试用中药催乳:王不留行25g,通草、山甲、白术各10g,白芍、当归、黄芪、党参各12g,共研为末,混于食物中或水煎服之。

乳房炎

乳房炎又称乳腺炎,指狗的1个或多个乳区的炎症过程。按照病程,本病可分为急性和慢性2种;按照有无临床症状,又可分为临床型和隐性型2种。此外,根据局部病变特点,还有一种囊泡性乳房炎。

【病　因】　本病多由外伤和微生物侵入乳腺所致。多发于哺乳期。常见的病原菌有链球菌、葡萄球菌、大肠杆菌等。感染途径主要是通过幼狗抓伤、咬伤以及摩擦、挤压、碰撞、划破等机械因素引起的损伤而感染,亦可经乳头管上行感染。某些疾病如结核病、布鲁氏菌病、子宫炎等可并发乳房炎。

【症状与诊断】　急性乳房炎可出现发热、精神沉郁、食欲减退、喜卧等全身症状。患部充血肿胀、变硬,温热疼痛,乳上淋巴结肿大,乳汁排出不畅或泌乳减少、停乳。病初乳汁稀薄,化脓性乳房炎时乳汁脓样,内含黄絮状物或血液。

慢性乳房炎全身症状不明显,1个或多个乳区变硬,强压亦可挤出水样分泌物。

囊泡性乳房炎多发于老龄狗,乳房变硬,触诊可摸及增生的囊泡。

实验室检验,血中白细胞总数升高。

【治　疗】　治疗越早效果越好,如果转为慢性,即使治愈也易丧失泌乳能力。立即隔离幼仔,按时清洗乳房并挤出乳汁,以减轻乳房压力,缓解疼痛。

抗生素(头孢唑林)注入乳头效果良好,每日1～2次,注入后两手指捏住乳头轻揉乳房,使药液尽量扩散;每次注入前应挤净留奶。抗生素的选择最好以药物敏感试验结果为依据,全身应用抗生素。

炎症急性期,可于局部冷敷;慢性期,可于局部热敷。

母狗不孕症

本病是指母狗在体成熟之后,或在分娩之后超过正常时限仍不能发情配种受孕,或虽经过数次交配仍不能受孕的一种病理状态。

【病　因】 造成不孕的原因极其复杂,包括:

①饲养管理不当。如主人过分宠爱,长期、单一饲喂过多的蛋白质、脂肪和碳水化合物,再加之缺乏运动,使母狗过于肥胖,卵巢内脂肪沉积,卵泡上皮发生脂肪变性,患狗表现不发情,或虽发情但不受孕,或虽受孕但早期容易流产。

②营养不良。常见的有日粮单调、劣质或缺乏必要氨基酸、矿物质和维生素等。维生素 A 缺乏,可引起子宫内膜的上皮细胞、卵细胞及卵泡上皮细胞变性、卵泡闭锁或形成囊肿;维生素 E 缺乏,可引起妊娠中断、死胎或隐性流产(胎儿被吸收);维生素 B 缺乏,可使子宫收缩功能减弱,卵细胞的生成和排卵遭到破坏,使母狗长期不发情;维生素 D 缺乏,可引起体内矿物质(特别是钙、磷)代谢紊乱,从而可间接引起不孕。此外,钙、磷、硒、钴、锌等的缺乏亦可导致母狗的不孕。

③性器官发育异常。如达到配种年龄而生殖器官发育不全,或者缺乏繁殖能力(幼稚病)。两性畸形,即同时具有雌雄两种性腺,或虽具有一种性腺,但其他生殖器官却像另一种性别。生殖道异常,如子宫颈、子宫角纤细,子宫颈缺陷或闭锁,阴道或阴门过于狭窄或闭锁(不能交配)等。

④疾病性不孕。如囊性子宫内膜增生-子宫积脓综合征、子宫

炎、阴道炎、卵巢囊肿、卵巢肿瘤、子宫和阴道肿瘤、布鲁氏菌病、弓形虫病、钩端螺旋体病等。

⑤繁殖技术性不孕。主要是人工授精技术不良、精液处理不当等。

⑥环境变迁。气温、日照骤变等也可导致不孕。

⑦衰老性不孕。

由于不孕的原因复杂,给诊断、治疗带来了困难。

【治　疗】 治疗不孕症的关键是正确诊断及查明病因。诊断时既要详细问诊,又要系统检查。问诊内容应包括年龄、胎次、病史、日粮情况(来源、质量、成分、数量等)、交配情况及公狗情况等。不孕症的治疗宜早不宜迟。

治疗包括一般治疗和针对性治疗。一般治疗指加强饲养管理,饲喂全价日粮,并给以必要的添加剂,加强运动等。针对性治疗指针对原发病进行及时的治疗,如治疗生殖器官的疾病等。此外,激素疗法是治疗母狗不孕症的重要而有效的手段,可选用的激素有三合激素、前列腺素、孕马血清促性腺激素、人绒毛膜促性腺激素、孕酮、雌激素等。

使用时必须根据病情和激素的特点斟酌选择、对症下药。

公狗不育症

公狗的不育症是指公狗不能授精或其精子不能使卵子受精。

【病　因】 公狗不育的种类很多,有原发性不育、低受精力及获得性不育。

(1)原发性不育　最常见的是睾丸发育不全,体积较小,质地坚硬或柔软。多数病狗有正常的性欲,但无精子。两侧附睾阶段性发育不良的病狗,射精反射虽然正常,但射出的精液无精子。低受精力通常是指精子数目减少、精子数目虽然正常但活力极差或异常精子数很多等情况。低受精力狗的精子不是存在近中心质滴，就是头分离，或者尾部或顶体畸形。任何一种畸形的比率超过20%，就会导致受精力降低。

(2)获得性不育

①高温应激　睾丸的温度升高到与体温相同时，其中的精子就会失去活力，持续时间稍长，睾丸就会丧失生精能力。

②局部贫血　当睾丸发生扭转时，供应睾丸的血量将大大减少，使其发生严重的贫血，从而影响睾丸的生精能力。另外，睾丸动脉流注减少，即使时间较短，也能使其产生睾酮的细胞一半以上受到损害。

③自身免疫　当睾丸发生损伤时，精子溢出，导致自身免疫系统产生抗体，而使白细胞致敏，引起局部免疫反应。抗原抗体的结合，使授精能力大大下降。

④化学物质中毒　如锌能使睾丸间质细胞和曲细精管发生严重坏死，α-氯代甘油和烷基化合物一类的药物(苯丁酸氮芥、磷酰胺)能引起睾丸和附睾发生病理变化，两性霉素B、雌激素可引起睾丸萎缩，磷酰胺、长春花碱等抗肿瘤有丝分裂剂能抑制睾丸细胞分裂。

⑤激素不平衡　甲状腺功能亢进时，睾丸生精能力下降。肾上腺甾体激素含量变化，可影响垂体和睾丸的功能。丘脑下部或垂体发生肿瘤，促性腺激素的产生与释放减少，可引起睾丸变性和萎缩。

⑥阴囊皮炎　狗的阴囊皮肤非常敏感，受到外伤或化学物质的刺激易引起炎症。阴囊皮炎可导致精子异常，如活力差、卷尾和环头畸形精子数增多。

⑦性交过度　可使生精力降低。

⑧环境变化　可对公狗的生育力产生可逆的不良影响。

⑨肿瘤　精细胞瘤、足细胞和间质细胞瘤都可使睾丸生精能

力下降。

⑩睾丸管道阻塞　睾丸炎、附睾炎时多发。

⑪年龄　即衰老性不育。

【诊　断】 包括病史调查及全身检查、精液品质检查、睾丸活组织检查、激素检查、性行为观察等。

【治　疗】 对存在生殖器官疾病和全身性疾病的,要针对原发病进行相应的治疗。先天性不育、衰老性不育一般无治疗价值,除珍贵的品种外,一般做淘汰处理。对饲养管理造成的不育,可改善饲养管理,加强运动,供给营养充足、平衡的食物。对精液品质不良、阳痿等引起的不育,除加强饲养管理和针对病因采取相应措施外,可根据病情试用睾丸素、孕马血清促性腺激素或人绒毛膜促性腺激素等治疗。

第十四章　常见手术

一、断尾术

【适应证】　为了治疗的目的或为了美观而断尾。

【保定与麻醉】　全身麻醉，俯卧保定。推荐丙泊酚诱导麻醉、异氟醚吸入麻醉。

【术　部】　为了美观而断尾一般选在尾椎 2～3 或 3～4 关节处。也可依治疗目的、主人意见选定手术部位。

【术　式】　在尾根上装止血带，于切断处尾椎关节的背面和腹侧面做一半圆形或弧形切口，切口的两端在要切断的尾关节的左右侧面相遇。稍分离皮肤至欲切断的关节处，用外科刀将该处的软组织与关节软骨切断。用止血钳钳夹尾中血管止血。修整两皮瓣边缘，间断结节缝合两皮瓣。装置尾绷带。

【术后护理】　为避免舔咬术部，以防感染。术后半小时后去掉止血带。

二、声带摘除术

【适应证】　降低狗的音量和音调。

【保定与麻醉】　全身麻醉，仰卧保定，头部略低。

【术　部】　颈上 1/3 处的甲状软骨正中矢面。

【术　式】　①颈上 1/3 处，喉部周围剃毛、消毒。②视狗体型大小，沿甲状软骨正中矢面切开皮肤 4～6cm。③分离深部的胸骨舌骨肌及结缔组织，暴露甲状软骨和环甲软骨韧带。④充分止血后,沿甲状软骨突起正中切开,直至下方的环甲韧带。⑤用小创钩向左右两侧拉开甲状软骨,暴露喉室和声带。⑥完整剪除声带。⑦彻底止血后,间断结节缝合甲状软骨,使之密闭。⑧缝合胸骨舌骨肌。⑨结节缝合皮肤,颈部装置绷带。

【术后护理】 单独饲养,给予营养丰富的流食。防止外界侵扰使病狗吼叫,必要时给予镇静剂和抗生素。

三、去势术

【适应证】 正常公狗的永久性绝育,使其温驯,去腥臊味;治疗睾丸或阴囊的创伤、挫伤感染及肿瘤;治疗精索炎、前列腺肿大等。有些公犬术后会发胖、掉毛。

【保定与麻醉】 全身麻醉,将狗仰卧保定,尾拉向背侧并固定。

【术 式】 术者左手捏紧阴囊基部,使一侧睾丸向前下方突起,右手持刀,在紧张的阴囊前下方沿中线切开(猫为沿一侧阴囊皮肤平行中线切开)。切口打开后,左手稍用力,使睾丸及其总鞘膜即从切口脱出。以后的术式可以采取 2 种方法:

(1)开放式 纵向切开总鞘膜,拉出睾丸,同时分离睾丸系膜,暴露精索。用双钳夹住精索进行捻转,直至精索断裂,或用手指来回刮断精索,摘掉睾丸,必要时结扎精索。

(2)闭合式(非开放式) 不切开总鞘膜,先切断睾丸后方的阴囊韧带,精索连同精索外的总鞘膜一起结扎(结扎要确实),在结扎线远端段切断精索及总鞘膜,摘除睾丸。从同一切口内摘除另一侧睾丸,阴囊切口分层缝合,术部皮肤外用聚维酮碘膏。口服止痛药(痛立消)5d 有益。

【术后护理】 术后应保持创口干燥,防止舔咬。注意观察阴囊变化,以防出血或感染。若用肠线缝合阴囊皮肤(皮内缝合,使之外翻），则不必拆线。

四、卵巢子宫切除术

【适应证】　母狗的绝育以及子宫、卵巢、输卵管疾病的治疗。生理性绝育可只切除卵巢，但卵巢、子宫的一并切除可以预防子宫发生疾病。一般的生理性绝育，手术时间并不受年龄的限制，但最好在性成熟后或发情间期，以1岁以后为宜，术前1d晚餐停食。

手术前检查血常规、血液生化、血气和凝血时间，对于判断手术成功及预测手术前、手术中的注意事项十分必要。

手术前给予止痛药，如痛立定。手术后给予4～5d止痛药物，如痛立消（美洛昔康）片。

手术中输液，对于水盐电解质平衡、纠正血液酸碱平衡失调、保持血压和维护肾脏功能十分必要。

【保定与麻醉】　全身麻醉，仰卧保定。

【术　部】　由于母狗卵巢肾脏韧带较短，一般采用腹白线正中切口。由脐孔起向后1～2cm沿腹白线正中做4～8cm长皮肤切口。

【术　式】　①术部常规剪毛、消毒。②沿腹白线纵向切开皮肤。③分离皮下组织直到腹膜，提起并剪开腹膜，充分暴露腹腔。④用食指与中指顺着腹壁进入腹腔探寻卵巢。卵巢位于第三至第四腰椎横突下方的腰沟内，被卵巢囊所包裹。也可以先找到子宫体，再顺着子宫体找到卵巢。子宫体为一质度较硬的管状物，触摸时手感与肠管、输尿管、血管不同。⑤探寻到卵巢以后，屈曲指节将之夹在指腹与腹壁之间带出，尽量将卵巢牵引出创口外，先剪断卵巢肾脏韧带，用止血钳夹住子宫卵巢韧带。⑥牵拉双侧子宫角显露子宫体，分别在两侧的子宫体阔韧带上穿一根线结扎子宫角至子宫体之间的阔韧带。将子宫与子宫阔韧带分离。双重钳夹子宫体,分别结扎夹钳后方的子宫体连同两侧的子宫头、静脉,于双钳之间切除子宫体,连卵巢一并摘除。拆钳,检查两断端是否有出血或结扎线松脱。⑦常规方法闭合肠壁切口,整理创缘,皮肤切口创部外用聚维酮碘膏。

【术后护理】 手术后应严密监视其全身反应。若怀疑腹腔内出血,应采取方法证实并止血,全身用抗生素预防感染。

五、剖宫产

【适应证】 难产或经人工助产仍无法解决难产时,应立即施剖宫产术。

【保定与麻醉】 全身麻醉,仰卧保定。

【术 部】 脐孔往后正中线。

【术前准备】 术前应注意纠正水盐代谢平衡紊乱。准备接生或抢救胎儿的器具。必要时应考虑子宫、卵巢的一并切除。

【术 式】 ①脐孔后腹正中线做一切口,注意勿伤及切口两侧已增大的乳腺。②抓住一侧子宫角,将整个子宫拉出,必要时可以扩大腹壁切口。③在子宫与腹壁切口之间应实行严密的隔离。④根据胎儿的数目与位置,在方便取出所有胎儿的子宫角或子宫体背中线做一预定纵向切口,切口长度以能使胎儿顺利通过为准,先在预定切口上做一小切口,然后在探针或镊子的保护下扩大切口。⑤轻轻挤压靠近切口处的胎儿,当胎儿被推至切口处时,将其连同胎膜一起拉出,结扎或挫断脐带,送走胎儿,如此取出所有胎儿及胎膜。若超时,必要时另行切口。⑥清除干净子宫内组织,冲洗子宫,撒布抗菌药物后闭合子宫切口。在闭合子宫切口的基础上实施包埋缝合,如果狗的主人希望狗继续繁殖,缝合方法要注意。⑦摘除创巾及器械,彻底清除并清洗子宫壁或腹腔。⑧闭合腹壁切口。

【术后护理】 腹壁切口的保护要切实可靠，防止幼狗吮吸使伤口皮肤崩开。调节机体酸碱平衡，并用抗生素治疗。

六、眼球摘除术

【适应证】 化脓性全眼球炎、严重眼伤已破坏视神经干等病症。

【保定与麻醉】 患眼在上，侧卧保定，两前肢与两后肢分别拴系在一起。全身麻醉，配合眼表面浸润麻醉（选用利多卡因）。

【术　式】 眼睑剃毛，常规消毒。眼消毒选用2%～4%硼酸。对于全眼球化脓的病例，在上下眼睑各缝一牵张线，或用镊子将眼睑皮肤向上下牵拉，以镊子夹住巩膜将眼球固定。用直眼科剪或手术刀在球结膜上（眼球上方距球结膜穹隆3mm处）做一环形切口，将球头弯剪伸入球结膜的切口，环行一周剪开球结膜；沿巩膜外壁向后分离周围组织，暴露、结扎并剪断眼部肌肉和视神经干；止血后将纱布取出，将瞬膜、眼睑（眼睑缘皮肤应剪破少许）分层缝合。

【术后护理】 眼局部应用抗生素软膏7d，全身应用抗生素7d，给予止痛药（痛立消）5d左右；术后7d拆线。

七、胃切开术

【适应证】 胃内异物取除；有时也用于靠近贲门的食管异物手术。

【保定与麻醉】 全身麻醉，仰卧保定。

【术　式】 术前禁食24h，禁饮4h。腹前部剪毛剃毛消毒。脐上正中切口长5～8cm，将胃自腹腔内牵至创口外，创口垫灭菌纱布。用手触到胃内异物后，用舌钳在胃大弯处提起胃组织，用手术刀在胃大弯处切一小孔,用剪刀扩创,用异物钳取出胃内异物(注意不要污染周围组织),冲洗创口。闭合胃壁,可选择连续缝合加库兴氏缝合,或库兴氏缝合加网膜包裹创口的方法。冲洗胃组织后还纳于腹腔,将少许抗生素撒入腹腔。缝合胃壁用肠线。腹膜和腹直肌采用连续缝合方法闭合,皮肤用结节缝合。

【术后护理】 术后 7～10d 全身应用抗生素;术后 4d 静脉输液,禁食;手术前后给予止痛药物(痛立消片)4～5d。开始进食时以流食为主,逐渐恢复原日粮饲喂。

八、肠管吻合术

【适应证】 肠异物、肠管坏死。

【保定与麻醉】 全身麻醉,仰卧保定。

【术 式】 根据手术具体要求和肠管坏死部位或肠异物、粪结的发生部位,决定切口的位置。一般均采用腹中线切开。将要处理的肠段牵至腹壁切口外,切口处垫灭菌纱布隔离。

肠异物的去除:采用肠系膜对侧与肠管长轴平行的方法切开肠管,用异物钳取出异物(常见异物有塑料制品、果核、毛粪团、结肠大量干粪结、小肠成团的寄生虫等)。冲洗肠壁,用肠线连续缝合后,换器械再做包埋缝合,或单层库兴氏缝合后加网膜肠创口外包裹。

肠管吻合:当因肠扭转、肠套叠等造成某段肠管坏死时,用肠钳(每端 2 个)夹住肠管,结扎肠系膜血管后,在每对肠钳之间剪断肠管。冲洗肠断端后,用肠线缝合。根据两端肠管的粗细,可以选择端端吻合、端侧吻合或侧侧吻合。肠管吻合术后,用网膜覆盖在肠道切口处,并用肠线缝合固定;之后,将蠕动良好的肠管还纳于腹腔。

腹腔注入速诺。连续缝合腹肌和腹膜,皮肤行结节缝合。

【术后护理】 术后4d静脉输液，全身应用抗生素7～10d；术后给予止痛药物（痛立消等）4～5d。术后7～10d拆线。进食开始时以流食为主，逐渐恢复到正常日粮。

九、膀胱切开术

【适应证】 膀胱结石、膀胱肿瘤。

【保定与麻醉】 全身麻醉，仰卧保定。

【术　式】 公狗在阴茎侧方2cm、母狗在耻骨前沿腹白线切开皮肤，切开腹直肌和腹膜，找到膀胱，若膀胱尿液多，可按压膀胱排尿。对于尿结石病例，应先用大注射器抽出尿液，将膀胱牵至腹部切口外，切口处垫灭菌纱布隔离创口，在膀胱顶部无血管区做2～3cm的切口，用异物钳取出结石。若为肿瘤，则视发生部位和大小决定切口及位置。可以预留导尿管。

用生理盐水冲洗膀胱后，用肠线缝合膀胱壁切口，腹腔应用抗生素。然后连续缝合腹膜与腹直肌，结节缝合皮肤。

【术后护理】 全身应用抗生素7d，手术当天给予止血药。术后4～5d抽出导尿管，术后给予止痛药物（痛立消等）4～5d；术后7～12d拆除皮肤缝线。

十、尿道切开术

【适应证】 下泌尿道结石等。

【保定与麻醉】 全身麻醉，仰卧保定。

【术　式】 从公狗阴茎口插入导尿管，可探知结石阻塞处，一般在阴茎骨后。根据X光片确定尿结石的数量和部位，并确定皮肤切口的位置。

沿阴茎腹侧正中切开皮肤，分离皮下组织和肌肉，看清尿道后,在近结石处切开尿道黏膜,取出尿道结石,使尿液通畅地排出即可。若膀胱结石多或尿道中有多数结石,可用导尿管将尿道结石推入膀胱,做膀胱切开术取出结石。然后分层用可吸收缝线缝合切口,留导尿管5d左右,按常规方法闭合腹壁切口。

【术后护理】 全身应用抗生素7～14d,注意保持创口干燥。术后4～5d拆除导尿管,术后7～14d拆除皮肤缝线。

术后尿道切口可能漏尿,主要是导尿管粗细不一定合适、缝合失当或局部感染。如果创口漏尿严重,可将尿道切口处做排尿口,将尿道黏膜与创口皮肤缝合。

十一、会阴疝手术

【适应证】 腹腔器官(主要是肠管)经骨盆腔后的结缔组织凹陷脱至会阴部皮下。临床上见狗尾侧部有单侧肿胀,多日排便不畅,主要出现在中老年狗。

【保定与麻醉】 全身麻醉,腹卧保定,前低后高姿势,打尾绷带并拉向前方。

【术 式】 在肿胀处剪毛剃毛消毒,术前最好先灌肠排出积粪,然后用大的纱布块堵塞肛门。在肿胀中心皱襞处切开皮肤,分离皮下组织,找到疝囊,将疝内容物还纳于腹腔。用舌形钳夹住疝囊底部,沿着长轴方向捻转疝囊数周,在疝囊颈部结扎,将捻转的疝囊作为生物填塞物固定在周围组织上。环状缝合肛门括约肌与尾肌、荐坐韧带。皮肤行结节缝合。术后取出肛门内填塞的纱布块。

【术后护理】 术后吃流食,7～14d拆线。口服或者注射抗生素7～14d,给予止痛药(痛立消)4～5d。

十二、肛门囊摘除术

【适应证】 肛门囊瘘等。

【保定与麻醉】 全身麻醉,腹卧或侧卧保定,打尾绷带。

【术　式】 常规消毒。先挤出肛门囊内化脓的分泌物,冲洗后,用有沟探针自肛门腺开口处插入肛门囊,沿囊壁剪开,分离并摘除肛门囊。也可在肛门囊皱襞处切开皮肤,分离肛门囊并使之游离,结扎肛门囊排泄管后摘除肛门囊。

术部冲洗后,结节缝合皮肤切口。术中注意不要损伤肛门括约肌。

【术后护理】 局部和全身应用抗生素 7～14d,术后 7～14d 拆线(遵医嘱)。

十三、绷带法

临床上狗常用的绷带按其材料性质划分有纱布绷带、弹性绷带、石膏绷带、夹板绷带和弹性黏性绷带等。按其形式划分有单式和复式 2 种。单绷带是长条卷轴纱布带或三角巾,用以缠裹肢体端部。复绷带是按患部大小制成的多头绷带,适用于复杂部位。绷带加敷料具有保护(防创口污染)、压迫(止血、腹腔透创时压迫腹壁,防止内脏脱出)、固定(骨折、脱臼整复后防止移位)、促进吸收(创伤渗出液)和保温等作用。

注意:开放性化脓创不能用绷带,以免脓汁不能顺畅地排出。脱臼(尤其是四肢近端)时,采用弹性黏性绷带包扎效果好。

打绷带时禁忌打得过紧,以防因局部血液循环不畅(局部组织凉)引起组织坏死。

十四、引流术

引流是排除创液和脓性分泌物的一种方法。临床上多用于深部创伤而有脓性液体排出的局部炎症,或感染创的处理。一般见于刺创、皮肤感染创、手术创伤口化脓时。引流方法有纱布条引流、胶管引流和塑料管(如一次性静脉输液器)引流等。

注意:已长出肉芽的创面不能采用以上方法引流。若引流后体温突然升高,局部组织状况恶化,应及时检查引流管并拆除引流纱布或引流管,以防厌氧菌感染。

十五、创伤的处理

根据创伤的具体情况决定创伤的处理方法。

伤后6h内,应先止血,将创内异物、坏死组织和血凝块剔除,用生理盐水冲洗局部伤口达到眼观清洁,而后缝合。

污染严重的创伤,经局部处理后,可用高锰酸钾溶液、新洁尔灭溶液、雷佛奴尔溶液或洗必泰溶液冲洗,而后缝合创口,但应留排液口。

化脓性创口,应先清除脓汁,用3%过氧化氢溶液冲洗,而后用生理盐水冲洗,创面应用抗生素软膏或冰片散。创口不缝合或假缝合,留排液口。

创面深的创伤,应局部处理后用消毒的探针查明创面大小和方向,根据具体情况采用以上方法处理,在创囊的最低点做反对孔。

深而窄的创伤,局部清洁后可用碘仿醚处理,不缝合。

肉芽组织生长良好的创面,不能在肉芽面上使用刺激药,采用二次缝合的方法。赘生的肉芽可用硝酸银棒、硫酸铜结晶烧灼。

氧化锌软膏对上皮生长有益。

创伤处理时禁用可的松类药物，因为此类药影响创伤愈合。

大的创面缝合，采用皮肤成角缝合的原则，必要时做辅助切口。皮肤创伤缝合后 7d 拆线。减张缝合 3～4d 后拆线。全身应用抗生素。所有创伤在治疗中，均应该给予止痛药，常用痛立消(美洛昔康)片、痛立定注射液、维他昔布、托芬那酸等。

第十五章　中毒与急救

一、中毒的一般治疗原则

有毒物质可以通过皮肤、黏膜、消化道和呼吸道进入机体，引起机体中毒。一般的治疗原则如下。

1. 阻止毒物的进一步吸收

这是第一步，也是最重要的一步。

①冲洗法，尤其是毒物经皮肤吸收时，用清水反复冲洗患狗的皮肤和被毛，彻底冲净，或放入浴缸中清洗。清洗时，人应戴胶皮或橡胶手套，轻擦轻洗。为了加快有毒物质的消除，在皮肤上可以使用肥皂水(敌百虫中毒时例外)冲洗，以加快可溶性毒物的清除。

②催吐，是使进入胃的毒物排出体外的急救措施，在毒物吃入的短时间内效果好，常用硫酸铜溶液。也可使用阿扑吗啡，静脉注射 0.04mg/kgbw，或肌内、皮下注射 0.08mg/kgbw；如果用药后出现呼吸抑制，长时间呕吐不止，可用麻醉性拮抗药减轻其毒副作用。当毒物已食入 4h，大多数毒物已进入十二指肠时，不能用催吐药物。

③洗胃，是在不能催吐或催吐后未见效的情况下使用的方法。毒物摄入 2h 内使用效果好。它可以排出胃内容物，调节酸碱度，解除对胃壁的刺激及幽门括约肌的痉挛，恢复胃的蠕动和分泌功能。对于急性胃扩张也可用此方法。主要用胃管、开口器和洗胃液，常用温盐水、温开水、1%～2%氯化钠溶液、温肥皂水、浓茶水和 1%苏打液等。最好在麻醉状态下进行。有时在麻醉过程中，动物即呕吐，可排出部分毒物。洗胃液按 5～10mL/kgbw 的量，

反复冲洗,加入0.02%～0.05%的活性炭,可加强洗胃效果。

④吸附法,是使用活性炭等吸附剂,使毒物吸附于药的表面,从而有效地防止毒物吸收。但应注意的是,治疗中毒要用植物类活性炭,不要使用矿物类或动物类活性炭。具体方法是:按1g活性炭溶于5～10mL水中,剂量为2～8g/kgbw,每日3～4次,连用2～3d。服用活性炭后30min,应服泻剂硫酸钠,同时配合催吐或洗胃,疗效更好。但活性炭对氰化物中毒无效。

⑤应用泻药,是促进胃肠内毒物排出的又一种方法,常用盐类泻剂如硫酸钠和硫酸镁,口服,1g/kgbw。液状石蜡,口服5～50mL。注意不能使用植物油,因为毒物可溶于其中,延长中毒时间。

2. 加快已吸收毒物的排除

利尿剂可加速毒物从尿液中排除,但应在水及电解质正常、肾功能正常的情况下应用。常用速尿和甘露醇。速尿,5mg/kgbw,每6h 1次,静脉或肌内注射。甘露醇,2g/kgbw·h,静脉注射。使用时,若不见尿量增加,应禁止重复使用。见效后,为防脱水,可配合静脉补液。

改变尿液酸碱度可加速毒物的排除。口服氯化铵可使尿酸化,200mg/kgbw,可治疗酰胺、苯丙胺、奎尼丁等的中毒。苏打可使尿液呈碱性,治疗弱酸性化合物中毒,如阿司匹林、巴比妥中毒等,420mg/kgbw,静脉注射或口服。

二、灭鼠药中毒

1. 安妥类中毒

这是一类强力灭鼠药,为白色、无臭味结晶粉末,引起肺毛细血管通透性加大,血浆大量进入肺组织,导致肺水肿。

【临床症状】　狗食入几分钟至数小时,出现呕吐、口吐白沫,继而腹泻、咳嗽、呼吸困难、精神沉郁、可视黏膜发绀、鼻孔流出泡沫状血色黏液。一般摄入后10～12h出现昏迷嗜睡,少数在摄入后2～4h内死亡。

【治　疗】 其中毒无特效解毒药,可用催吐、洗胃、导泻和利尿的方法。

2. 磷化锌类中毒

这是一种常用灭鼠药,呈灰色粉末,食入几天后,它在胃中与水和胃酸混合,释放出磷化氢气体,引起严重的胃肠炎。

【临床症状】 病狗腹痛,不食,呕吐不止,昏迷嗜睡,呼吸快而深,窒息,腹泻,粪中带血。

【治　疗】 灌服0.2%～0.5%的硫酸铜溶液10～30mL,以诱发呕吐,排出胃内毒物。洗胃可用0.02%高锰酸钾溶液,然后用15g硫酸钠导泻。静注高渗葡萄糖溶液,利于保肝。

3. 有机氟化物类中毒

这是剧毒药,吃后2～3d病狗骚动不安,呕吐,胃肠功能亢进,乱跑乱吠,全身阵发性痉挛,持续约1min,最后死亡。

【治　疗】 肌内注射解氟灵,0.1～0.2g/kgbw,首次用量为全天量的1/2,剩下的1/2量分成4份,每2h注射1次。

配合催吐和洗胃。催吐可灌服硫酸铜溶液。给病狗喂食生鸡蛋清,有利于保护消化道黏膜。静脉注射葡萄糖酸钙5～10mL是有益的。

三、有机磷农药中毒

有机磷作为杀虫剂广泛应用于农业上,如敌百虫、乐果、敌敌畏等。误食可引起狗大量流涎、流泪,腹泻、腹痛,小便失禁,呼吸困难,咳嗽,结膜发绀,肌肉抽搐,继而麻痹,瞳孔缩小,昏迷,多因呼吸障碍而死亡。

【治　疗】 首先缓慢静脉注射硫酸阿托品，0.05mg/kgbw，间隔6h后，皮下或肌内注射0.15mg/kgbw硫酸阿托品。应用解磷定可增强阿托品的功能，缓解肌肉痉挛的药，有助于症状的缓和，但有个别狗过敏。

四、氯化烃类中毒

此类农药包括DDT、六六六等(国内已禁止生产、使用)。

【临床症状】 中毒狗极度兴奋、狂躁不安或高度沉郁，头颈部肌肉首先震颤，继而波及全身，肌肉痉挛收缩，随后精神沉郁，流涎不止，不食或少食，腹泻。

【治　疗】 可用清洗和洗胃法，然后用盐类泻剂导泻。对症治疗：给予镇静药，治疗过度兴奋；治疗脱水、不食，应静脉输液。

五、砷化物中毒

即砒霜中毒。因为它含有亚砷酸钠、砷酸钙、砷酸铅等，狗误食后可发生中毒。

【临床症状】 急性中毒时，狗突发剧烈腹痛，肌肉震颤，流涎，呕吐，运步蹒跚，腹泻，口渴，病狗后肢麻痹，口腔黏膜肿胀，齿龈变成暗黑色。严重时，可见口腔黏膜溃烂、脱落。个别的狗呈兴奋状态，抽搐，出汗，身体末梢发凉，有的部位肌肉麻痹。公狗可见阴茎脱出。

【治　疗】 常用10%二巯基丙醇1～2mL，间隔1～2h肌内注射1次，连用3～4次。也可静脉注射5%硫代硫酸钠溶液50～80mL。

六、食物中毒

狗食入腐败变质的鱼、肉、酸奶和其他食物后,由于这些变质的食物中含有较多数量的变形杆菌、葡萄球菌毒素、沙门氏菌肠毒素和肉毒梭菌毒素而引起中毒。

1. 变质鱼肉中毒

变质的鱼因为有变形杆菌的污染,引起蛋白质分解,产生组胺,引发中毒。

【临床症状】 潜伏期不超过2h,狗突然呕吐,腹泻,呼吸困难,鼻涕多,瞳孔散大,共济失调,有的昏迷,后躯麻痹,体弱,血尿,粪便呈黑色。

【治　疗】 静脉或皮下注射葡萄糖、维生素C,内服苯海拉明,肌内或皮下注射青霉素。

2. 葡萄球菌毒素中毒

【临床症状】 可引起急性胃肠炎症状,病狗呕吐、腹痛、腹泻。严重时出现呼吸困难、抽搐和惊厥。

【治　疗】 采用催吐、补液和对症治疗。必要时可以洗胃、灌肠。

3. 肉毒梭菌毒素中毒

【临床症状】 症状与食入量有关。初期,颈部、肩部肌肉麻痹,逐渐出现四肢瘫痪,反射迟钝,瞳孔散大,吞咽困难,唾液外流,两耳下垂。结膜炎和溃疡性角膜炎多见。最后因呼吸麻痹而死亡。

病程短,死亡率高。

【治　疗】 发病后立即静脉或肌内注射抗毒素。对症治疗可用0.01%高锰酸钾溶液洗胃,投服泻药或灌肠,静脉输液,肌内注射青霉素。

预防食物中毒的最好方法是食物应煮熟，不能久放。

七、酚中毒

酚类制剂广泛用于公共卫生消毒和兽医临床工作中，常见苯酚（石炭酸）、来苏儿、愈创木酚、二甲苯等制剂。酚作为腐蚀剂和灭菌剂，可以消毒地面、狗舍、狗食具，如果被狗舔食一定的量，会导致中毒。

【临床症状】　酚制剂能引起神经系统损害。与酚制剂接触的皮肤发红，有渗出。病狗精神不振，呕吐，强直性痉挛，麻痹。

【治　疗】　皮肤沾染酚制剂的，先将局部皮肤用水洗净，然后用10％乙醇冲洗受侵害部位的皮肤，以中和酚，而后用浸油敷料包扎患部，以进一步排除酚。食入酚制剂而中毒的狗，可以洗胃，口服牛奶、鸡蛋清或药用炭，静脉给予利尿剂，肌内注射异丙肾上腺素，加强血液循环以抗休克。

八、蛇毒中毒

被毒蛇咬伤后，常发生蛇毒中毒。这种情况主要见于警犬、猎犬在丛林地带执行任务，或山区家狗外出觅食时。被毒蛇咬伤以面部和四肢最常见。咬伤处越接近神经中枢或血管丰富处，症状越重。其症状也根据蛇毒的种类而有所不同。

【临床症状】

(1)*血液循环毒素*　包括蝰蛇、蝮蛇、竹叶青蛇、五步蛇等分泌的毒素，可造成被咬伤处迅速肿胀、发硬、流血不止，剧痛，皮肤呈紫黑色，常发生皮肤坏死，淋巴结肿大。经6～8h可扩散到头部、颈部、四肢和腰背部。病狗战栗，体温升高，心动加快，呼吸困难，不能站立。鼻出血，尿血，抽搐。如果咬伤后4h内未得到有效治疗,则最后因心力衰竭或休克而死亡。

(2)神经毒素 包括金环蛇、银环蛇等分泌的毒素。咬伤后,局部症状不明显,流血少,红肿热痛轻微。但是伤后数小时内出现急剧的全身症状,病狗兴奋不安,痛苦呻吟,全身肌肉颤抖,吐白沫,吞咽困难,呼吸困难,最后卧地不起,全身抽搐,呼吸肌麻痹而死亡。

(3)混合毒素 眼镜蛇和眼镜王蛇的蛇毒属于此类。局部伤口红肿,发热,有痛感,可出现坏死。毒素被吸收后,全身症状严重而复杂,既有神经症状,又有血循毒素造成的损害,最后死于窒息或心力衰竭。

【治 疗】 越快越好。

第一,防止毒液的扩散。用布带、绳子等扎紧伤口上方。注意止血带不要松,但是只能使用2h,否则易造成所扎紧部位远端缺血性坏死。也可每隔15～20min松开1～2min。

第二,除去毒液,可用清水或氨水彻底冲洗咬伤处,也可用1∶5 000高锰酸钾溶液冲洗。接着应用三棱针乱刺伤口及周围红肿部,或通过蛇牙痕做直线切开以排毒,如有蛇毒牙应立即取出。

第三,中和毒液。静脉注射单价或多价抗蛇毒血清。为防过敏,可用0.01%肾上腺素。

第四,局部对症治疗。可用冷敷,外用止痛药,给予皮质类固醇和血容量扩充剂,以治疗中毒性休克。用抗生素预防感染。注射破伤风抗毒素,以防破伤风。

九、士的宁中毒

本病主要由马钱子(主要成分为士的宁和马钱子碱)中毒引起。

【临床症状】 病初狗不安,对外界刺激敏感,引起肌肉的强烈收缩或震颤，可能出现惊厥。严重时，牙关紧闭，瞬膜突出。呈周期性发作，最后因呼吸肌痉挛性收缩而窒息。特别严重的病狗，可能迅速出现中枢性麻痹死亡现象。

【病理变化】 主要病变为黏膜发绀、出血，心、肺、脑有病变，淤血严重，静脉血色深，凝固不全。

【治　疗】 采用洗胃、保护胃肠黏膜和降低神经兴奋性的措施。在安静的条件下，用硫酸铜溶液、0.01%～0.05%高锰酸钾溶液或2%～3%鞣酸溶液洗胃。口服药用炭，而后给予盐类泻药。小剂量注射苯巴比妥、硫喷妥钠、846合剂、隆朋等药物，以降低神经的兴奋性。

十、阿托品中毒

主要是医源性用药过量造成的。如大型犬一次注射量超过1g(有的0.5g)则过量。

【临床症状】 病狗兴奋不安，口腔干燥，吞咽困难，肠音弱，结膜红，瞳孔散大，臌气，排粪尿减少。可能出现阵发性痉挛，反射迟钝，末梢变凉。最后死于呼吸麻痹。

【治　疗】 病初应洗胃加泻药。必须给予拮抗剂，常用3%毛果芸香碱0.1～0.5mL(根据阿托品的用量)，6h 1次，皮下注射，直至瞳孔缩小。对于兴奋的病狗，可用氯丙嗪或小剂量氯胺酮，但不能用于沉郁的病狗。静脉输液有益于排毒。呼吸抑制时可以输氧。

第十六章　病狗的护理

一、传染病的护理

这里所说的传染病,主要指犬瘟热、细小病毒病、钩端螺旋体、传染性肝炎、传染性支气管炎和副流感。本节以犬瘟热和细小病毒病为例,谈一谈传染病护理问题。

犬瘟热在初期表现为鼻镜干,眼红肿有脓性分泌物,干呕。病程继续发展出现呕吐、腹泻带血,严重时抽搐,最后死亡。因此,在病初应注射血清。离动物医院较远的养狗者,可自己每天给狗喂药打针。抗生素可以肌内注射,部位在后腿股前部,也可在颈部皮下注射,将皮肤垂直提起,用酒精消毒后,将针头插入 0.5cm 深,感觉到针头通过皮肤后无阻力且针尖活动灵活,用提着皮肤的手可触摸到针尖,然后轻轻将药液推入。喂药时可将药放在小匙上,伸到舌根处压一下舌根,狗即吞咽下药物。此法无效时,可将药裹入狗平时喜欢吃的食物内服用。另一种方法是用注射器(去掉针头)将药水射入口腔舌根部,狗即把药水服下。注射抗菌药物应每日 2 次,连用 3～5d。注意不要给病狗洗澡,以免降低抵抗力。

在动物医院护理静脉输液的狗时,尤其是犬瘟热病后期的细小病毒病(呕吐,不食,从肛门中喷射出血便),应注意静脉输液的速度,滴速太快会引起狗呕吐。一般以输液时狗不会感到不安、不吐为宜,玩具型犬每分钟 6～10 滴,小型犬每分钟 15～30 滴,中型犬每分钟 30～45 滴,大型犬每分钟可达 45 滴。患细小病毒病的狗,静脉滴速一定要慢。

给药时一定要按医嘱使用一个疗程,不要今天用青霉素,明天用先锋霉素，后天又有什么用什么，这样细菌极易产生抗药性，以后再用这些药则药效差。

二、内科病的护理

内科病以胃肠炎为例，患狗一般表现为不食、呕吐、腹泻，所以脱水严重，抵抗力低。一般以静脉输液效果最好。给予健胃增食的药物是可以的，但光给这些药是不够的。养狗者应遵照兽医的意见和处方给药。

一般家庭中常配备有黄连素、呋喃唑酮等药，但这些药物对狗胃肠炎效果不佳，疗效不如口服庆大霉素。在动物医院静脉输液时应注意速度，有无过敏反应（给药后身上尤其是腹下皮肤立即出现成片的红疹，眼睑肿胀，心跳弱而快），是否呕吐，药液何时输完，还要用什么药，怎么服用，每天给药次数，药物间有无配伍禁忌等。

静脉输液后，狗 1d 所需的营养已给齐，回家后不必再喂食，但应供水。

胃复安、强力止泻片、乳酶生、多酶片、酵母片、复合维生素 B、泼尼松片等药，应是养犬者常备的药物。

营养膏是不食狗（尤其幼狗）的良好营养来源，推荐维克的犬用营养膏。

三、外寄生虫病的护理

螨虫感染是狗在夏季闷热天气的常见病，治愈需要较长的时间，而且容易复发，不易根治，因此预防是关键。除了使用预防螨虫的药物，如大宠爱滴剂、福来恩滴剂、体虫清片剂等。注意不让狗走进铺设地毯的房间，尽量避免与患皮肤病的狗接触，不去草地，尤其不去其他狗经常去的草地。

狗有瘙痒感时,可口服一些止痒的药物,如扑尔敏、息斯敏、地塞米松类药物,外用抗菌止痒喷剂效果好;也可以使用一些软膏制剂,如曲咪新软膏、曲安奈德软膏等,涂擦在患部,以防感染,增进皮肤愈合。

四、外科病的护理

手术后的病狗,应给予易消化的流食,并配合抗菌药物,以防感染。术后狗常常舔伤口,有时摩、抓、咬患部,应想办法限制,例如使用伊丽莎白项圈,给爪子套上袜子,用硬纸板固定头部使之不能回头,固定肢的 2 个关节以使之只能走小步、不能抓患部等方法,都是有效的。

手术后必须给予止痛药物 4～5d。

术后应限制狗的活动,以防缝线被绷开。骨折的狗不宜给予止痛药,尤其在未治疗前,以防骨折肢不适当的运动造成骨折的加剧。耳部血肿、耳淋巴外渗的狗更要防止爪子抓患部。

五、产后母狗的护理

产后母狗体质差,又要承担哺乳的重任,所以母狗的护理不仅关系到其本身的健康,而且直接关系到仔狗的生长发育。因此,营养要全面,食物应易消化,每天定量补充钙制剂,以防产后缺钙。如果母狗产后(尤其是产后 7～20d)幼仔高速生长,母狗极易表现出发喘、高热、厌食,在这种情况下,应当尽快去动物医院进行静脉补液补钙,连输 3 次可以缓解症状。

第十七章　临床用药注意事项

在临床防治狗病时必须注意正确用药。用药量是有一定范围的，并非越大越好。有些药物对某些器官的损害较大，而且不同动物个体对某些药物有过敏现象。另外，不同药物在一起应用时，有可能出现协同作用或配伍禁忌。常用药物的使用注意事项如下。

一、磺胺类药物

磺胺类都是氨苯磺胺(SN)的衍生物，其分子中的对位氨基与抗菌作用有密切关系。磺胺药的抗菌谱较广，能抑制大多数革兰氏阳性及部分阴性细菌。在革兰氏阳性菌中，高度敏感的有链球菌和肺炎球菌；中度敏感的有葡萄球菌、产气荚膜杆菌(即气性坏疽的病原菌)、炭疽杆菌和破伤风杆菌。在革兰氏阴性菌中，最敏感的是脑膜炎双球菌、淋球菌、流感杆菌、鼠疫杆菌，其次为大肠杆菌、痢疾杆菌、布鲁氏菌、霍乱弧菌、奇异变形杆菌，再次为其他变形杆菌和沙门氏菌。少数真菌(放线菌)、衣原体(沙眼病原体)、原虫(疟原虫及弓形虫)也较敏感。磺胺甲基异噁唑(SMZ)对伤寒杆菌，磺胺邻二甲氧嘧啶(SDM′)和磺胺甲基苯吡唑(SMPZ)对麻风杆菌，羟喹酞磺胺噻唑(OQPST)对阿米巴，磺胺苯酰(SmL)和磺胺嘧啶银(SD-Ag)对绿脓杆菌也有效。

值得注意的是对于立克次体，磺胺药不仅不能抑制，反而能刺激其生长。

磺胺药主要是抑制细菌的繁殖，它与细菌生长时需要的一种生长物质——对氨苯甲酸(PABA)竞争二氢叶酸合成酶，妨碍二氢叶酸的形成，最终影响核蛋白的合成，抑制细菌的生长与繁殖。

磺胺药的不良反应比较常见,其中有的比较严重,常见的反应可以分为 4 类:①泌尿系统的损害。由于磺胺药从肾脏排泄时,尿中浓度较高,可在肾小管、肾盏、肾盂、输尿管或膀胱内形成结晶沉淀,因而发生刺激和阻塞现象,出现血尿、疼痛、尿闭等症状。结晶尿的出现决定于 2 个因素:尿中的药物浓度和药物的溶解度,溶解度又和尿液的酸碱度有关。磺胺药大都在碱性尿中容易溶解,出现泌尿系统症状者,多数尿液 pH 值均在 5.5 或更低,在酸性尿中一些溶解度较低的磺胺药或其乙酰化物则易于析出结晶。此种反应以磺胺噻唑(ST)较多见,磺胺嘧啶(SD)次之,磺胺二甲异噁唑(SIZ)的溶解度较高,很少或不易引起这种反应;长效磺胺制剂排泄慢,尿中浓度不高,也不易损害泌尿系统。②过敏反应。有皮疹、药热等,以 SMZ 和 ST 最常见,药热多发生于服药后 5～10d,皮疹多发生于服药后 7～9d,常伴有发热。皮疹的形式呈多样性,有麻疹样疹、淤斑、猩红热样疹、荨麻疹或巨泡型皮炎,严重时常伴发其他器官病变,如肝炎和哮喘。③对血液系统的反应。磺胺药能抑制骨髓的白细胞生成,产生白细胞减少症,因形成变性血红蛋白和硫化血红蛋白而引起发绀,对于先天性缺乏葡萄糖-6-磷酸脱氢酶者可致溶血性贫血,对幼龄狗和妊娠狗可致黄疸。④直接作用于中枢神经系统,引起头晕、头痛、全身乏力等,呕吐和恶心等消化道症状也可见到。

磺胺药能治疗多种细菌感染,如脑膜炎球菌性脑膜炎,溶血性链球菌所致的丹毒、咽喉炎、中耳炎及产褥热等,肺炎球菌性肺炎,泌尿系统感染,细菌性痢疾,肠炎等,对肺鼠疫和败血症无效。

磺胺药的使用注意事项:①剂量充足。因为磺胺药仅具抑菌作用,而且浓度必须大大超过组织中对氨苯甲酸的浓度才能发挥作用,所以治疗时应予以充足的剂量和一定的疗程,以维持血中有效的浓度。用药不足或停药过早不但得不到预期的效果,而且易使细菌产生耐药性。同时应注意,剂量过大或不适当地延长疗程,又易产生不良反应。一般第一次给药时剂量加倍，以迅速达到有效血浓度。感染严重时可静脉注射，以争取迅速显效，然后每隔4～6h给予短效磺胺一次维持量，每12h或24h给予中效磺胺维持量，待症状消退后，继续以半量治疗2～3d，以免复发。②预防不良反应。有过敏史者禁用；服药过程中应多饮水，以防损害肾脏；经常测体温以防药热；妊娠狗和幼龄狗不宜服用磺胺药。注射剂磺胺嘧啶钠或磺胺噻唑钠均为强碱性药，有刺激性，宜缓慢静脉注射，且勿漏于皮下。

二、甲氧苄啶(TMP)

抗药性强，最初与磺胺药合用以增强后者的疗效而称为磺胺增效剂。其主要是抑菌作用，与磺胺药联合应用抗菌作用可增加数倍至数十倍，并出现强大的杀菌作用。对多种抗生素(如四环素、青霉素、红霉素、庆大霉素等)都有增效作用。其抗菌机制是通过抑制二氢叶酸还原酶，使二氢叶酸不能还原成四氢叶酸，从而切断叶酸的代谢途径。

长期应用或每日剂量超过0.5g/60kgbw时，可影响叶酸的代谢和利用。其他不良反应有药疹、恶心、腹泻等。对磺胺药有过敏史者，对TMP不一定发生交叉过敏现象。

复方TMP-SMZ的主要适应证为肺炎球菌、链球菌、金黄色葡萄球菌以及革兰氏阴性杆菌(绿脓杆菌除外)引起的呼吸道感染、尿路感染、软组织感染、败血症等，也用于幼龄狗腹泻、菌痢和伤寒等肠道传染病、急性中耳炎和脑膜炎。TMP可与磺胺嘧啶合用治疗肺部感染，与磺胺对甲氧嘧啶(消炎磺，SMD)合用治疗尿路感染。

患严重的肺、肾疾病和血液病(如白细胞减少症、血小板减少症、紫癜症等)禁用。对于妊娠狗、新生狗免用。一般使用超过1

周时,应注意血象变化。

三、呋喃类药物

常用呋喃类药物包括呋喃西林、呋喃妥因、呋喃唑酮(痢特灵)和呋喃肟等。

呋喃西林常用作表面消毒药,治疗化脓性中耳炎、化脓性结膜炎、泪囊炎、褥疮、伤口感染以及膀胱冲洗等,抗菌范围广,不易产生耐药菌株,但可能引起皮肤过敏。因内服毒性大,一般不作内服用。

呋喃妥因是有效的泌尿系统消毒药,特别对大肠杆菌、变形杆菌、肺炎杆菌以及粪链球菌所引起的泌尿感染有效。本品在酸性环境中的杀菌力比在碱性环境中强(如在 pH 值 5.5 环境中比在 pH 值 8 的环境中效力强 100 倍),与萘啶酸之间有拮抗作用,二者不能同时使用。不良反应主要有恶心、呕吐。使用糖衣片剂大多能避免呕吐。肾功能不全者忌用。

呋喃唑酮口服吸收少,主要用于治疗肠道感染,如菌痢、肠炎与霍乱,但临床疗效不如庆大霉素好。不良反应有轻度恶心、呕吐、头痛、头晕。

呋喃肟主要抗白色念珠菌,治疗阴道感染,常与呋喃唑酮合用,兼有抗滴虫和抗真菌感染的效果。

四、抗生素类药物

1. 作用机制

抗生素对细菌的直接作用主要是影响细胞壁的形成、原生质膜的功能、蛋白质合成和核酸代谢 4 个方面。

影响细胞壁形成的抗生素很多,如青霉素、头孢霉素、万古霉素、杆菌肽、环丝氨酸等。影响原生质膜的抗生素有多肽类和多烯类抗生素，多肽类临床常用的有多粘霉素类（如多黏菌素 B 和多黏菌素 E)，主要作用于革兰氏阴性杆菌中的绿脓杆菌感染。临床常用的多烯类抗生素有制霉菌素、曲古霉素、二性霉素等，主要用于真菌感染。抑制蛋白质合成的抗生素很多，临床上常用的有氨基糖苷类、氯霉素类、四环素类以及大环内酯类等抗生素。氨基糖苷类抗生素包括链霉素、卡那霉素、庆大霉素、春雷霉素等。大环内酯类抗生素包括红霉素、螺旋霉素、竹桃霉素、林可霉素和吉他霉素等。

2. 抗生素对机体防御机制的影响

部分抗生素对微生物的作用只是抑菌，即使有些抗生素具有杀菌功能，但在发挥治疗作用中也必须有机体的防御机制的参与。例如，粒细胞缺乏症中，动物机体的免疫反应很差时，抗生素往往不能发挥较好的疗效，即使杀菌剂青霉素也难以发挥很好的治疗作用。抑菌剂如四环素等更需要机体的防御机制参与。由此可见，抗生素作为外因虽然在控制病原菌方面发挥了重要作用，但往往要通过内因才能最终消灭体内的病原体，因此使用抗生素时必须注意机体的防御机制。

注意抗生素的二重性。抗生素能控制侵入机体的细菌，对机体的康复起着有利作用，可是许多抑制蛋白质合成的抗生素却能降低机体的免疫能力。在已污染的手术中，预防性地使用抗生素极为有用，但对清洁手术不但无效，还可增加感染的发生率。这就提示某些抗生素本身可以引起宿主的防御功能不全，可能是改变了补体活性、吞噬细胞的吞噬功能与细胞内的杀菌作用、免疫球蛋白的合成和迟发型变态反应等多种免疫功能。而抗生素对吞噬细胞的功能一般影响不大。

因此，临床上使用抗生素时，必须注意增强机体的免疫功能，同时还要注意由于免疫功能降低，可能增加耐药菌株的感染。

3. 协同与拮抗

过去人们认为多种药物合用的总作用就是简单的相加,后来证明许多抗生素可以加强或干扰青霉素的杀菌作用。虽然这种情况在临床上并不多见,但却可影响治疗成败。在临床上可将常用的抗生素分为 2 组:

第一组是杀菌抗生素,包括青霉素类、氨基糖苷类、杆菌肽、万古霉素(多黏菌素类也有抑菌作用)。

第二组是抑菌抗生素,包括氯霉素、四环素类、红霉素、新生霉素(磺胺药也有抑菌作用)。

第一组内各抗生素之间的杀菌作用相加,也可能有增强作用。例如青霉素破坏肠球菌的细胞壁合成之后,氨基糖苷类易于进入菌体内产生协同。第二组内各抗生素之间抑菌作用相加,不会增强杀菌作用,而且可能拮抗青霉素以及第一组内其他抗生素的杀菌作用。

临床上抗生素联合应用中真正有协同或拮抗的为数很少。在人医临床上得到明确结论的有:青霉素 G 和链霉素等氨基糖苷类合用于肠球菌或草绿色链球菌所致的心内膜炎,链霉素和异烟肼或对氨水杨酸用于结核病,链霉素和磺胺嘧啶合用于鼠疫,四环素类和链霉素合用于布鲁氏菌病等,有协同作用。拮抗现象虽然少见,但一旦发生则后果严重。例如,用金霉素加大剂量的青霉素 G 治疗肺炎球菌性脑膜炎的死亡率,比单用青霉素治疗高出 1 倍多。用磺胺嘧啶加青霉素治疗肺炎球菌类肺炎,也得到类似的拮抗效果。

总之,凡用一种抗菌药物能控制的,就不必加用第二种。有些宠物医院中某些医生在一张处方中同时开出 3～4 种抗生素,只能说明是为了多挣钱,或者根本不会应用抗生素。

4. 细菌的耐药性

细菌耐药性的产生主要有以下 3 个方面:天然耐药、获得性耐药和耐药性的转移。

(1)天然耐药　是指自然界中细菌的某些种、属、株或1个株内的个别细菌,对某些抗生素天然不敏感。例如,绿脓杆菌对多种抗生素有天然耐药性。金黄色葡萄球菌中本来只有极少数菌株可产生青霉素酶,对青霉素G具有天然耐药性,由于临床上广泛使用青霉素G后,敏感菌株被清除,而耐药菌株得以保存下来大量繁殖,所以临床上耐药金黄色葡萄球菌的存在不是少数,这种现象被称之为“治疗选择”。

(2)获得性耐药　是指敏感菌与药物接触后产生耐药的变异菌株。从耐药的表现来看又可分为两种:一种是链霉素型,即耐药性发展非常迅速,而且往往是永久性耐药。另一种是青霉素型,这种耐药性一般是逐步产生的,是不稳定的,撤除药物后可以消失。细菌对庆大霉素、卡那霉素、新霉素等产生的耐药性属于青霉素型。

(3)耐药性的转移　是指耐药菌将耐药性转移给敏感菌的一种现象。其又分为2种:

①转导　耐药菌通过噬菌体将耐药性转移给敏感菌,称之为转导。此现象主要发生在金黄色葡萄球菌,原来对青霉素敏感的金黄色葡萄球菌没有产生青霉素酶的能力,经过转导后产生青霉素酶而成为耐药菌。通过噬菌体转导的耐药性因受噬菌体宿主范围的限制,不同属的细菌之间没有转导现象。

②配接　也称接合或传染性耐药。是耐药菌(雄株)与敏感菌(雌株)在接触时,通过雄株的性纤毛与雌株相接形成配接桥,耐药因子(R因子)即通过配接桥进入雌株,于是敏感菌变成耐药菌,同时获得了产生性纤毛的能力,再将耐药因子转移至其他敏感菌。这一方式出现在革兰氏阴性菌,特别是肠道细菌之间,弧菌也可由这种方式获得耐药性。耐药因子不仅在同种细菌间转移,而且能在同一属内不同种的细菌间转移。虽然在一般情况下这种药物转

移的频率不高,但在用抗生素治疗时,通过“治疗选择”,耐药菌有可能占优势,促进了耐药性的转移,而且大肠杆菌(有配接现象)为肠道内常在菌,可能成为耐药性转移的根源。

5. 菌群紊乱

随着医药学研究的进展,抗生素的品种越来越多,抗菌谱越来越广,许多细菌性疾病已得到控制,这本是一件好事,但是滥用抗生素就会出现一些严重的并发症——肠道菌群紊乱。临床上常见的肠道菌群紊乱的结果是引起严重的腹泻,每天数次排出海苔状墨绿色便,或带血丝的稀大便。

正常肠道内存有大量肠杆菌,它们在肠道内有帮助消化食物的作用。当滥用抗生素时,在杀死致病菌的同时也大量杀死了正常的大肠杆菌,破坏了正常的细菌分布,导致难辨梭状杆菌乘机滋生,并产生大量毒素,此时若仍继续使用之前的抗生素就非常危险。

因此,使用抗生素时应进行严格选择,要有针对性,能用窄谱抗生素者就不用广谱抗生素,一定要纠正越新越贵的抗生素就越好的观念。

在临床上有些感染性疾病并非细菌引起的,而是病毒感染,此时在病初使用抗生素有害而无益。感冒都是由病毒引起的,只是在病的后期机体抵抗力下降时才继发细菌感染,因此感冒初期不宜使用抗生素治疗。幼龄狗、久病狗、老龄狗的免疫能力低下,滥用抗生素可造成免疫力进一步降低,更容易导致菌群紊乱,使用抗生素时更应该严格选择。

当发生菌群紊乱后,应停用原用的抗生素,改用针对难辨梭状杆菌的万古霉素或甲硝唑,并使用乳酸菌素片等,以培植正常肠道细菌。注意当肠道内一些细菌被消灭后,某些真菌有可能乘机发展壮大而致病。

五、药物相互作用

见表17-1。

表17-1　药物相互作用效果表

<table>
<tr><th>类别</th><th>药物（甲）</th><th>并用药物（乙）</th><th>相互作用效果</th><th>原理或说明</th></tr>
<tr><td rowspan="2">麻醉药</td><td>甲氧氟烷</td><td>氨基糖苷类抗生素及四环素类抗生素</td><td>肾毒性增加</td><td></td></tr>
<tr><td>甲氧氟烷、氟烷、环丙烷</td><td>肾上腺素及非儿茶酚胺类交感神经兴奋药</td><td>心律失常</td><td></td></tr>
<tr><td rowspan="3">局麻药</td><td rowspan="3">普鲁卡因</td><td>磺胺类药对氨基水杨酸钠</td><td>乙药降效</td><td>乙药抑菌效能降低</td></tr>
<tr><td>琥珀胆碱</td><td>乙药作用加强并延长</td><td>竞争同一药物的水解酶</td></tr>
<tr><td>单胺氧化酶抑制剂如苯乙肼、优降宁、呋喃唑酮</td><td>甲药作用加强</td><td>增强普鲁卡因作用</td></tr>
</table>

续表 17-1

类别	药物(甲)	并用药物(乙)	相互作用效果	原理或说明
镇静催眠药	苯巴比妥	苯妥英、氢化可的松、灰黄霉素、华法令、雌激素、孕激素、地塞米松、强力霉素	使乙药作用减弱或半存留期缩短	甲药的酶促作用
		苯妥英钠	癫痫患犬出现软骨病	两药均有加速维生素 D 代谢的作用
		灰黄霉素	乙药代谢加速,血浓度降低	甲药的酶促作用,减少乙药吸收
		单胺氧化酶抑制剂	催眠效应增强	乙药有酶抑作用
		乙　醇	催眠效应增强	促进甲药吸收。长期饮酒使甲药代谢加快,效力下降
		氯磺丙脲	催眠作用加强	
	水合氯醛	单胺氧化酶抑制剂	中枢抑制作用延长	乙药抑制酶系
		华法令	乙药抗凝作用增强	甲药置换与蛋白结合之乙药使之游离
		双香豆素	乙药抗凝作用减弱	甲药酶促作用
	眠尔通	丙咪嗪	镇静催眠作用增强	乙药酶抑作用

续表 17-1

类别	药物（甲）	并用药物（乙）	相互作用效果	原理或说明
抗精神失常药	氯丙嗪	阿托品	甲药抗胆碱作用增强，副作用加大	两药作用相加
		抗组胺药如苯海拉明、赛庚啶、扑尔敏、异丙嗪	增强甲药中枢抑制作用及抗胆碱作用	两药作用相加
		降压药	降压作用明显增加	两药作用协同
		氢氯噻嗪	引起严重低血压	
		苯丙胺	对抗甲药的中枢抑制作用	
	三环类抗忧郁药如阿米替林、丙咪嗪、多虑平	胍乙啶	减弱降压作用	
	哌甲酯（利他林）	巴比妥类、双香豆素、苯妥英钠、扑痫酮	增强乙药活性	甲药抑制药酶活性，减少乙药代谢
	丙咪嗪	苯乙肼	毒性增加、可致死亡	
	安定药	乙醇、巴比妥类	中枢抑制作用相加	
抗震颤麻痹药	左旋多巴	单胺氧化酶抑制剂	易引起高血压危象	使甲药代谢减少，血浓度增高
		甲基多巴	增强甲药效果，减少其副作用	抑制甲药在外周组织的代谢，增加其中枢浓度
		利血平	降低甲药效果	两药相互拮抗

续表 17-1

类别	药物(甲)	并用药物(乙)	相互作用效果	原理或说明
镇痛药及抗痛风药	哌替啶(度冷丁)	阿托品	增强解痉镇痛效果	两药协同
		安定药、催眠药、抗组胺药、三环抗忧郁药	增强甲药中枢抑制。有降血压作用	
		单胺氧化酶抑制剂	兴奋、惊厥、幻觉、升压或降压、发热、呼吸抑制	抑制甲药的代谢,体内浓度增加。乙药可使中枢去甲肾上腺素、5-羟色胺增加
	阿司匹林	甲磺丁脲	增强乙药活性	甲药抑制药酶、使乙药代谢减少。甲药置换出与蛋白质结合之乙药,使其游离型浓度增加
		氯磺丙脲	增强乙药活性	甲药置换出与蛋白质结合之乙药,使其游离型浓度增加
		香豆素类抗凝血药	出血、凝血酶原时间延长	甲药置换出与蛋白质结合之乙药,使其游离型浓度增加
		氨甲蝶呤	乙药毒性增加,有肝障碍、骨髓抑制	甲药置换出与蛋白质结合之乙药,使其游离型浓度增加

续表 17-1

类别	药物（甲）	并用药物（乙）	相互作用效果	原理或说明
镇痛药及抗痛风药	阿司匹林	可的松类	抗炎作用增强，易致消化道溃疡	两类作用协同
		排尿酸药如丙磺舒、保泰松	尿酸排出减少	竞争性抑制尿酸排出
		抗酸药如氧化镁、碳酸氢钠	甲药吸收增加	乙药使甲药解离度增加，促进其吸收
		青霉素	降低乙药血浓度及疗效	甲药促进乙药排泄
	阿司匹林 扑热息痛	甲氧氯普胺（灭吐灵）	缩短甲药血浓度达峰时间	乙药促进胃排空率
	保泰松	肾上腺皮质激素如强的松、地塞米松	抗炎作用加强	两药协同作用
		华法令	乙药活性增加	甲药置换结合的乙药，使之游离型浓度增加
		青霉素 头孢菌素类	乙药排泄减少	甲药抑制乙药在肾小管的分泌
	消炎痛	阿司匹林	甲药作用减弱	乙药影响甲药吸收
		华法令	乙药活性增加	甲药置换结合的乙药，使之游离型浓度增加
	丙磺舒	青霉素类、头孢菌素类、磺胺类、利福平、消炎痛、氨苯砜、对氨水杨酸	乙药排泄减少	甲药抑制乙药在肾小管的分泌

续表 17-1

类别	药物（甲）	并用药物（乙）	相互作用效果	原理或说明
肌肉松弛药	骨骼肌松弛药，如琥珀胆碱、已氨胆碱	奎尼丁多肽类抗生素，如多粘菌素 B、多粘菌素 E、杆菌肽	增强呼吸抑制及肌肉松弛作用	
拟交感胺类药	肾上腺素 去甲肾上腺素 异丙肾上腺素	环丙烷、氯仿、氟烷	诱发心律失常	乙药使心肌对拟交感胺的毒性敏感化
		胍乙啶 利血平	引起严重高血压	乙药抑制交感神经末梢突触前膜，摄取去甲肾上腺素，提高血中浓度
	肾上腺素	氯丙嗪	引起低血压	阻断甲药的升压作用
	阿拉明 酪胺	单胺氧化酶抑制剂	引起严重高血压	乙药抑制甲药的代谢，提高甲药的血浓度
	麻黄素	胍乙啶	引起严重高血压	增强甲药的结果
		苯巴比妥	消除甲药的中枢兴奋作用	两药产生药理性拮抗
拟胆碱药	新斯的明	磺胺药	促进乙药吸收	甲药影响肠黏膜通透性
抗胆碱药	普鲁本辛	扑热息痛、磺胺异噁唑、磺胺甲基异噁唑	乙药吸收减少，血浓度下降	甲药减慢胃排空速度
		地高辛 核黄素	乙药吸收增加	甲药减慢胃排空速度

续表 17-1

类别	药物（甲）	并用药物（乙）	相互作用效果	原理或说明
抗高血压药	利血平	阿拉明 恢压敏 新福林	乙药的升压作用减弱	甲药“耗竭”交感神经末梢介质
		苯巴比妥 异戊巴比妥 司可巴比妥	增加乙药的中枢抑制作用	两者作用相加
	胍乙啶	氯丙嗪 乙醇	易引起体位性低血压。氯丙嗪阻断降压作用，甚至引起升压	乙醇与甲药有协同作用
	甲基多巴	氯丙嗪	中枢神经抑制增强和锥体外系症状加重	两药协同作用
		去甲肾上腺素	乙药升压作用被强化	乙药代谢被阻滞
	可乐定（110降压片）	三环抗忧郁药	降压作用减弱	
	单胺氧化酶抑制剂	交感神经兴奋药如肾上腺素、去甲肾上腺素	血压迅速上升，可致颅内出血	禁与苯丙胺、麻黄素、间羟胺同用
		三环抗忧郁药	痉挛、昏睡、异常高热、惊厥可致死亡	甲药抑制乙药代谢，禁止同用
		口服降血糖药	降血糖作用增强	甲药抑制乙药代谢

续表 17-1

类别	药物(甲)	并用药物(乙)	相互作用效果	原理或说明
抗心律失常药	苯妥英钠	地塞米松 氢化可的松 强力霉素	乙药活性降低	甲药有酶促作用
	心得安	氯丙嗪、降压药	增强降压作用	各药剂量相应酌减
		扑尔敏	对抗甲药的肾上腺素β-受体阻断作用。加强甲药的奎尼丁样作用	乙药阻止肾上腺素神经摄取介质。两药对心肌都有抑制作用
		氯仿 乙醚	引起心律失常	禁止并用
		硝酸酯类如硝酸甘油、硝酸异山梨醇	疗效增加,副作用减少	两药作用协同,注意应对血压偏低者的观察
	利多卡因	苯巴比妥 苯妥英	甲药血浓度降低	乙药有酶促作用
		中枢神经抑制药如溴化钠、水合氯醛	中枢抑制作用增强	
		琥珀酰胆碱	延长肌肉松弛作用	

续表 17-1

类别	药物（甲）	并用药物（乙）	相互作用效果	原理或说明
抗酸药	碳酸氢钠	氯喹	减少乙药排泄	尿液碱化
		四环素类	减少乙药吸收	胃液 pH 值升高，降低四环素溶解性
		红霉素	乙药效果增强	碱化尿液，提高乙药尿浓度
	西咪替丁（甲氰咪胍）	四环素（口服）	乙药降效	甲药减少胃酸分泌，使乙药溶出少而肝代谢加速
		心得安	乙药血浓度升高	甲药减少肝血流，使乙药在肝内的损耗减少
		安　定	乙药血浓度较正常时高	使乙药的消除速率减慢
		苯妥英 卡马西平	乙药作用加强	使乙药的半存留期延长
		华法令	乙药效应增强可致出血	使乙药的消除速度减慢
		抗酸药 抗胆碱药	甲药降效	使甲药吸收减少
		胃复安	甲药降效	使甲药吸收减少
	尿液碱化药如碳酸氢钠、乳酸钠、柠檬酸钠	苯巴比妥、磺胺药、萘啶酸、呋喃妥因、链霉素	乙药排泄增加	乙药解离度增加，排泄加快
	氢氧化铝	心得安、氯丙嗪、乙胺丁醇	降低乙药吸收	延迟胃排空速度

续表 17-1

类别	药物（甲）	并用药物（乙）	相互作用效果	原理或说明
抗凝血药	口服抗凝血药如双香豆素、华法令	乙醇、苯巴比妥、导眠能、氟哌啶醇	缩短甲药的半存留期	乙药促进药酶活性，加快甲药代谢
		维生素 K	降低甲药作用	乙药促进凝血因子的生成，对抗甲药的作用
		氟灭酸、磺胺药、萘啶酸、安妥明	增强抗凝作用	乙药置换与蛋白结合之甲药，提高甲药血中游离型浓度
		保泰松 羟基保泰松	增强抗凝效果，甚至出血	乙药置换与蛋白结合之甲药，提高甲药血中游离型浓度
		阿司匹林及水杨酸制剂	增强抗凝效果，甚至出血	乙药能降低血小板的聚集作用，并且直接损害胃黏膜
		消炎痛	增强抗凝效果，甚至出血	乙药有致消化道溃疡作用，禁与其配伍
		甲磺丁脲	抗凝作用开始增强，随后减弱	乙药置换与蛋白结合之甲药，提高其游离型血浓度，随后促进其代谢，降低其血中浓度
		四环素类 氯霉素	增强抗凝作用	乙药抑制肠道细菌合成维生素 K，与甲药协同

续表 17-1

类别	药物（甲）	并用药物（乙）	相互作用效果	原理或说明
抗凝血药	口服抗凝血药如双香豆素、华法令	抗癌药	增强抗凝作用	乙药损害肝脏
		苯妥英钠	增强乙药作用	甲药抑制药酶，使乙药代谢受阻，体内浓度堆积
		氢氯噻嗪 速尿 利尿酸	增强抗凝作用，但又对抗抗凝作用	乙药置换与蛋白结合之甲药提高其游离型血浓度。因利尿使血浆浓缩提高凝血因子浓度
		利福平 异烟肼	拮抗抗凝作用，乙药促进甲药代谢及凝血因子的合成	
		灰黄霉素	减弱抗凝作用	乙药有酶促作用
	肝　素	右旋糖酐	协同抗凝	乙药抑制血小板聚集
		阿司匹林 潘生丁	增强抗凝作用	
		利尿酸	促进胃肠道出血	

续表 17-1

类别	药物（甲）	并用药物（乙）	相互作用效果	原理或说明
利尿药	氢氯噻嗪 速尿 利尿酸	降压药	增强降压效果	协同降压
		氢化可的松	加重低血钾	二药都排钾
		丙磺舒	减弱乙药排尿酸作用。利尿作用延长	甲药抑制尿酸排泄，可诱发痛风
	氢氯噻嗪 利尿酸	降血糖药	降血糖作用减弱，甚至消失	甲药有升血糖作用
	速　尿	水杨酸盐	乙药排出减少可致中毒	乙药排泄受抑制
		先锋霉素Ⅱ	增加肾脏毒性	抑制乙药的排泄
	乙酰唑胺	阿司匹林	乙药降效	甲药使尿液显碱性，促使乙药排泄增多
		抗胆碱药	甲药降效	甲药降低眼压作用被乙药拮抗，禁用于青光眼患者
		普鲁卡因	乙药作用加强并延长	甲药抑制碳酸酐酶使乙药在体内水解也减少

续表 17-1

类别	药物（甲）	并用药物（乙）	相互作用效果	原理或说明
激素制剂	氯化可的松	苯妥英 抗组胺药	降低甲药效应	乙药有酶促作用，可用于减轻柯兴氏综合征
		水杨酸类 保泰松	增强抗炎作用，诱发溃疡	两药作用协同。乙药置换与蛋白结合之甲药，提高其血中游离型浓度
		降血糖药	降低乙药的作用	两药呈生理性对抗
	可的松	口服避孕药 卵泡激素	增强甲药的作用	增加血清中可的松结合球蛋白，延缓其代谢
	甲状腺素	口服抗凝血药	增强抗凝作用	甲药增强抗凝剂对其受体的结合。降低血脂，减少维生素 K 的利用率
降血糖药	胰岛素	心得安	增强降血糖作用	两者作用协同
	口服降血糖药如甲苯磺丁脲、优降糖、氯磺丙脲	心得安	增强降血糖作用，抑制反跳现象，抑制低血糖症状	必要时甲药用量酌减
	口服降糖药如甲苯磺丁脲、优降糖等	保泰松	增强降血糖作用	乙药能提高磺酰脲类降血糖药物的作用
		双香豆素	增强降血糖作用	乙药有酶抑作用，使甲苯磺丁脲、氯磺丙脲代谢受阻
	降糖灵	维生素 B_{12}	降低乙药吸收	

续表 17-1

类别	药物（甲）	并用药物（乙）	相互作用效果	原理或说明
磺胺药	磺胺药	氨甲蝶呤	乙药毒性增加	甲药置换与蛋白质结合之乙药,尤其是磺胺异噁唑
	磺胺异噁唑、磺胺甲基异噁唑	甲氧苄啶	抗菌效力增强	两药作用协同
		青霉素	乙药血浓度及疗效降低	甲药促进青霉素排泄
抗生素	青霉素	阿司匹林	降低甲药血浓度	乙药置换与蛋白结合之甲药,并促进其排泄
	先锋霉素类	丙磺舒	增加甲药对肾脏的毒性	乙药抑制甲药的肾脏排泄,血中浓度升高
	先锋霉素Ⅱ	口服抗凝剂	延长凝血时间	
		强效利尿药	增加对肾小管坏死发生率和损害程度	
	红霉素	青霉素 G	在猩红热患者中出现拮抗作用	
		林可霉素	出现拮抗作用	在耐红霉素金葡菌感染时
	氨基糖苷类抗生素如链霉素、新霉素、卡那霉素、庆大霉素	羧苄青霉素	同瓶静滴时,降低甲药浓度及抗菌活力	甲药为庆大霉素、卡那霉素
		利尿酸	加重听神经毒性	毒性相加
	卡那霉素	甲氧苯青霉素钠	抗菌活性丧失	
	多黏菌素	先锋霉素Ⅰ	增强多黏菌素 E 对肾脏的毒性	

续表 17-1

类别	药物（甲）	并用药物（乙）	相互作用效果	原理或说明
抗生素	多黏菌素	骨骼肌松弛药	增强肌松弛作用，可致呼吸抑制	甲药对神经肌肉接头的阻滞作用不被新斯的明所逆转
	氯霉素	铁剂、叶酸、维生素 B_{12}	降低乙药的作用	甲药抑制红细胞的成长和对铁的摄取
		青霉素类	降低乙药抗菌效果	甲药抑制细菌细胞分裂而降低乙药抗菌效果
		氨甲蝶呤	增加对骨髓的抑制	两者不能并用
	四环素类	含钙、镁、钾、铝、铋等离子之药物或食物如牛奶	减少甲药的吸收，降低其血浓度	甲药与金属离子生成稳定的螯合物，阻碍其在胃肠中吸收
		红霉素、氯丙嗪、氢氯噻嗪、氯磺丙脲、保泰松	增加对肝脏的毒性	
抗结核药	对氨水杨酸	维生素 B_{12}	降低乙药血浓度	降低乙药的肠道吸收
		利福平	降低乙药血浓度	竞争同一吸收部位
	利福平	雌激素、双香豆素、降糖灵	加快乙药代谢	甲药诱导药酶
		氨硫脲	乙药降效	使乙药代谢加速

续表 17-1

类别	药物(甲)	并用药物(乙)	相互作用效果	原理或说明
抗癌药	抗癌药	磺胺药 氯霉素 氨基比林类	甲药毒性增大	加重甲药对骨髓的抑制作用
		皮质激素	甲药毒性增加	免疫系统抑制加重
		种痘	引起全身性痘疹	甲药引起免疫功能不全

注:酶促:促进(或诱导)药物代谢酶活性,加快药物的代谢

酶抑:抑制药物的代谢酶的活性,抑制药物的代谢

附　录

附录　计量单位中英文对照

英文	中文	英文	中文
km	千米	mL	毫升
m	米	μL	微升
cm	厘米	mol	摩尔
mm	毫米	mmol	毫摩尔
μm	微米	μmol	微摩尔
nm	纳米	nmol	纳摩尔
mm^2	平方毫米	IU	国际单位
mm^3	立方毫米	U	单位
kg	千克	d	天
g	克	h	小时
mg	毫克	min	分钟
μg	微克	s	秒
ng	纳克	cal	卡
kgbw	千克体重	kcal	千卡
L	升	J	焦
dL	分升	kJ	千焦